브렌다 킨셀이 제안하는
패션 메이크오버
Fashion Makeover

옮긴이 **최수희**

대구대학교 실내디자인학과를 전공하고 성균관대학교 번역대학원을 졸업하였다. (주)엔터스코리아 전속번역가로 활동 중이다.
주요 역서로는 〈남자는 왜 화를 잘 내고, 여자는 왜 따지기를 좋아할까?〉 〈그 많던 공룡은 다 어디로 갔을까?〉 〈좋은 엄마 신화 깨기-가제〉 〈고등학생의 영어로 다시 읽는 세계 명작 시리즈 – 거울 나라의 앨리스〉 〈중학생의 영어로 다시 읽는 세계 명작 시리즈 – 셜록홈즈의 회상〉 〈인생 정치-가제〉 〈포켓 차이나 아틀라스〉 〈스키니 비치〉 등 다수가 있다.

패션 메이크오버

2009년 6월 10일 초판 1쇄 인쇄
2009년 6월 15일 초판 1쇄 발행

지은이 브렌다 킨셀, 모니카 린드
옮긴이 최수희
편집기획 이원도
교정 홍미경, 이혜림, 이준표
제작 서동욱, 이경진
영업기획 김관호, 이장호
디자인 이창욱
발행인 윤국진
발행처 베이직북스
E-mail basicbooks@hanmail.net
주소 서울 마포구 동교동 165-8 LG팰리스 1508호
등록번호 제320-2005-58호
전화 02) 2678-0455
팩스 02) 2678-0454
ISBN 978-89-93279-23-8 13590
값 25,000원

* 잘못된 책이나 파본은 교환하여 드립니다.

Fashion Makeover

브렌다 킨셀이 제안하는

패션 메이크오버

브렌다 킨셀 & 모니카 린드 공저 | 최수희 옮김

베이직북스

Contents

Week 1

디바 어드바이스

디바 스포트라이트

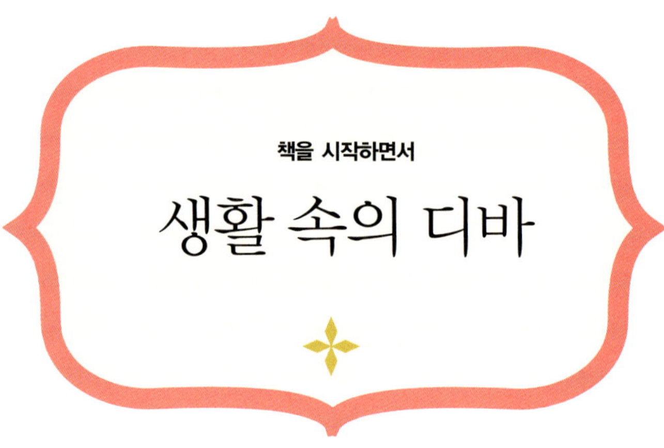

얼마 전, 고객인 스테파니가 전화를 걸어와 내 가슴을 갈기갈기 찢어놓았다.

"브렌다, 우리 엄마가 오셨는데요, 내 옷을 보고 혀를 끌끌 차시네요. 젊은 애들이나

입을 법한 옷을 네가 왜 입느냐는 둥 네가 지금 패션에 신경 쓸 나이냐는 둥 하면서 말이죠.

엄마 말마따나 그만 포기해야 할까 봐요."

"잠깐만요, 스테파니, 일단 진정하세요. 제가 지금 그리로 갈게요."

나는 한 걸음에 스테파니의 집으로 달려가 그녀에게 물었다.

"도대체 왜 패션을 단념하려는 거예요? 무슨 이유라도 있어요?"

"음, 솔직히 패션을 포기하고 싶진 않아요. 그렇지만 제가 벌써 쉰이 넘었

잖아요……"

스테파니는 눈을 바닥으로 내리 깔았다. 나는 그녀의 턱을 들어 올려 나를

똑바로 바라보게 했다.

"스테파니, 지금껏 살아오면서 요즘처럼 멋지게 보인 적이 있었나요?"

내가 큰소리로 물었다. 나는 그녀의 장점을 일사천리로 읊조렸다. 반짝이

는 갈색 눈동자, 탐스러운 머릿결, 허리와 엉덩이 라인의 관능미.

"또 있어요! 나이가 든다는 건 그만큼 더 현명해진다는 뜻 아닌가요?"

그러자 스테파니의 눈이 반짝였다. 그녀는 벌떡 일어나더니 어깨를 뒤로 쭉 젖혔다. 그녀는 자신이 어떤 선택을 할 수 있을까 곰곰이 생각하는 듯하더니 열정적인 목소리로 말했다.

"쉰 살이 뭐 어때서? 그래요, 난 아직 죽지 않았어요!"

맞는 말이다. 그리고 지금 이 책을 읽고 있는 당신 역시 죽지 않았다! 적어도 내가 아는 한, 스테파니뿐만 아니라 서른다섯 살이 넘은 여성들은 모두 찬사를 들어 마땅하다. 당신 역시 칭찬받을 만하지 않은가? 직장에서 당신이 세운 놀라운 실적을 보라. 일주일에 한 번씩 아동 보호소에서 부모 없는 아이들을 돌봐주는 사람이 당신 아닌가? 훌륭하게 키워주셔서 감사하다고 당신에게 말하는 자녀들을 보라. 당신이 얼마나 멋진 사람인지 아직도 모르겠는가! 당신은 항상 최고였다! 이런 당신의 모습을 있는 그대로 표현하는 게 뭐가 잘못됐단 말인가?

내가 너무 막무가내라고 생각하는가? 물론 패션 감각을 키우는 건 힘든 일이다. 아이디어를 얻으려고 패션잡지를 뒤적여 봐도 오히려 마음만 더 심난해질 뿐이다. 모델들은 식빵 한 덩어리 무게도 안 돼 보이고, 여고생처럼 발갛게 상기된 얼굴은 또 왜 그리 싱그러운지. 그러나 이런 모델들을 기준으로 삼아선 안 된다. 지금 우리의 몸은 우리 의지와 전혀 상관없이 변하고 있다. 살덩어리들이 제멋대로 출렁이고 호흡도 예전 같지 않아 계단을 조금만 올라도 숨이 턱에 찬다. 우리는 눈코 뜰 새 없이 바쁘게 돌아가는 일상에 파묻혀 옷장 정리할 시간도 없이 1년, 2년, 15년을 훌쩍 보내고 있지 않은가! 구경이라도 하려고 들어간 옷가게는 눈부신 디스코볼이 번쩍번쩍 돌아가고 음악소리가 고막을 찌르는 나이트클럽처럼 변해버렸다. 갑자기 머리가 어질어질하고 기가 팍 죽어서는 가까운 출입구를 미친 듯 찾아 헤맨다.

혹시 당신은 자신에 대한 자부심을 억지로 숨기고 있진 않은가? 부디 그러지 마라. 사십 대가 넘은 여성이라면 누구나 지금까지 자신이 이루어 놓은 일에 대해 찬사를 받을 자격이 있다. 자신있게 당당하게 자신의 모습을 표현해도 된다. 그것도 아니라면, 혹시 당신은 오랫동안 패션과 담쌓고 자신을 방치한 사람인가? 그렇다면 당신은 실제 나이보다 훨씬 늙어 보일 것이다. 당신의 마음을 후벼 파려고 일부러 이러는 것이 아니다. 몇 달, 몇 년을 그렇게 방치하면 결과가 어떨지 눈에 빤히 보이기 때문에 진실을 말해주려는 것이다. 촌티를 줄줄 내고픈 사람이 있는가? 절대 없을 것이다! '촌스럽다' 는 말은 유행에 뒤쳐진다는 뜻이며, 나이보다 늙은 티가 팍팍 나고 매력이 하나도 없다는 말이다. 자신을 그대로 방치하면 결국 맞닥뜨리게 될 운명이다. 따라서 우리는 목숨 걸고 촌티를 무찔러야 한다!

당신을 포함하여 자신의 분야에서 성공한 진취적인 여성들이 촌스러울 수밖에 없는 이유가 있다. 너무 오랫동안 다른 사람 위주로 살다보니, 자기 자신을 위한 시간을 어떻게 써야 할지 감을 잃어버린 것이다. 잡히는 대로 아무렇게나 옷을 입고 몇 년 동안이나 가발처럼 똑같은 헤어스타일로 살았더니, 이제 리모델링이 시급할 정도로 전락해버렸다. 화장품도 늘 바르던 것만 바를 것이다. 머리부터 발끝까지 대체 어떻게 매치를 시켜야 할지 감도 못 잡고 그저 옷만 부지런히 사 모으는 여성도 있다. 패션은 원래 하찮은 것이라고 무시하는 여성들도 있다. 물론 당신은 패션에 치중하는 대신 자신의 지적, 정신적 성숙을 더 중요시하고 사회적 대의를 위해 노력한 것이다. 그런데, 이런 사실을 아는가? 이 모든 것에 열심이면서도 자신의 미와 스타일 역시 완벽하게 가꾸는 여성이 존재한다는 것을. 당신도 그런 사람이 될 수 있다. 이를 위해 내가 온 것이 아닌가!

곁으로 드러나든 아니든 당신이란 사람을 이루는 요소는 너무나 다양하다. 이제부터 그것들을 모두 활용해보자! 당신의 사람됨과 라이프스타일, 열정을 들여다보면 진정한 당신을 표현할 수 있는 공식이 나온다. 너무 걱정할 필요는 없다. 내가 설마 터질 것 같은 초미니스커트를 권할 것이며, 시크해 보이려면 짙은 회색 옷만 입어야 한다고 강요하겠는가? 나는 당신이 자신에게 가장 잘 어울리는 옷을 결정할 수 있도록 전심전력을 다해 도울 것이다.

당신! 자신은 디바 스타일이 아니라고? 다시 한 번 생각해보라. 지금까지 당신은 현명하고 지혜롭게 열심히 살아왔다. 여러 차례 힘든 고비도 넘겼지만 결국 출구를 찾아 어려움을 극복했다. 그 어느 때보다 지금 당신의 모습이 가장 멋져 보인다. 이토록 멋진 당신을 설명할 말은 디바뿐이다. 디바는 당신의 가치, 인품, 열정을 비롯해 당신의 모든 것을 나타내는 말이다.

대체 디바가 무엇이기에 이토록 호들갑을 떠느냐고? 디바란 이탈리아어로 '여신'이란 뜻이며, 요즘에는 눈부실 정도로 아름답고 품위가 있는 여성을 지칭한다. 보통 디바라면 파워풀한 가창력의 여가수나 무대를 장악할 정도로 화려한 여배우만 떠올릴 것이다. 하지만 내 생각은 다르다. 디바란 성숙미와 톡톡 튀는 재기발랄함을 갖춘 여성이다. 그녀들은 사랑에 자유롭고 무엇이든 긍정적으로 수용하며 자신의 소질과 재능을 잘 파악해 멋지게 활용한다. 밝게 빛나는 자신을 마음껏 표출한다. 디바는 인생이라는 게임에서 최고의 자리에 오른다. 찬란한 별처럼 빛나는 그녀는 다른 사람을 존중하고, 그들에게 진정 탁월한 능력이 무엇인지를 일깨워준다. 항상 예의바르고 정직히며 신뢰를 주는 사람이 진정 디바인 것이다. 언뜻 생각해도 금방 떠오르는 디바들이 있지 않은가? 골디 혼, 다이앤 쇼어, 오프라 윈프리, 퀸 라티파를 보라.

물론 디바에는 부정적인 의미도 있다. 그러나 나는 다른 사람은 안중에도 없고 자만심으로 가득 차서 나만 바라보라고 말하는 디바를 말하려는 게 아니다. 내가 생각하는 디바는 자신만의 스타일로 특별하고 당당하게 자신을 표현하는 여성이다. 당신도 그런 디바가 될 수 있다.

촌티를 벗고 멋진 디바로 변신하는 30일! 당신은 구닥다리 화장품과 옷에서 탈출하여 자신을 관리하는 습관을 익히고, 머리부터 발끝까지 완벽하게 스타일링하는 방법을 배우게 될 것이다. 나는 당신이 옷장과 화장대에 널린 촌티 아이템을 모두 정리하고 자신을 세련되게 연출할 수 있도록 도울 것이다. 디바 어드바이저들도 나와 함께 자기관리에 대한 다양한 아이디어를 제공할 것이다. 이제 당신은 언제 어디서나 감각적인 스타일로 자신을 표현할 수 있는 멋진 디바로 다시 태어나는 거다!

주어진 시간은 30일이다! 그렇다, 이 프로그램의 목적은 4주라는 짧은 시간 동안 당신의 옷장 속을 확 바꾸는 것이다. 목표가 있다면 30일간 흥미를 잃지 않고 더욱 열심히 집중할 것 같아서, 선물을 준비했다. 이 프로그램을 훌륭하게 완수한 기념으로 세 번의 데이트 기회를 당신에게 선사하겠다. 어떤가? 구미가 당기는가? 오랫동안 숨겨왔던 진정한 당신의 모습을 멋지게 표출하기만 하면 달콤한 데이트를 할 수 있다. 물론 촌티 풀풀 나는 20년 전의 옷을 버리고 새로운 데이트 룩을 준비해야 할 테니, 우리가 적극적으로 도울 것이다. 멋진 데이트를 위해 다양한 조언을 해줄 디바 어드바이저들도 이미 대기했다. 장담하건대, 이제 당신은 새로운, 아니 우리가 넋을 잃을 정도로 아름다운 여성으로 변신할 것이다.

자, 이제 스테파니 이야기로 돌아가 보자. 그녀는 조금 전까지 스타일리시한 옷을 포기하려 했다. 그러나 그녀는 자신의 스타일이 마음에 들었다고 솔직하게 털어 놓았다. 나는 그녀가 되도록 피해야 할 스타일을 조언해 주었다. 가령 스테파니는 바지를 즐겨 입었지만 사실 어울리지 않았다. 그녀의 몸매를 살리려면 부드러운 소재의 옷을 입어야 하는데, 그걸 모르고 시종일관 뻣뻣한 소재의 옷만 입었다.

나는 스테파니에게 자신의 몸매에 가장 잘 어울리는 실루엣을 살려야 한다고 충고했다. 스테파티는 성격이 활발해서 프린트가 화려하고 주름이 많아서 나풀나풀 펄럭이는 섹시한 옷이 적격이었다. 나는 스테파니에게 촌스런 아이템들, 그러니까 더 이상 몸에 맞지도 않고 어울리지도 않는 싸구려들을 모두 버리자고 제안했다. 그래야 스테파니가 자신의 옷장에도 디바 스타일의 아이템이 있다는 사실을 깨닫게 될 것이다.

나는 문자 그대로 스테파니를 섹시함으로 휘감았다. 꽃무늬의 하늘거리는 실크 시폰 스커트와 살구컬러의 화려한 상의, 그리고 대담한 목걸이로 그녀의 룩을 마무리했다. 대담한 액세서리는 전체 룩에 빛과 광택을 주어 스타일을 더욱 돋보이게 한다. 역시 스테파니의 얼굴에서 빛이 났다. 촌티패션은 눈곱만큼도 찾아볼 수 없었다. 새로운 디바로 등극한 것이다! 물론 스테파니만의 독특한 스타일로 말이다.

스테파니의 이야기를 듣고 난 당신의 기분은 어떤가? 가슴이 답답하고 꽉 막힌 느낌 아닌가? 당신에게도 가능성이 있다는 증거다. 당신에게도 자신을 당당하게 표현하고 싶은 마음이 있는 것이다. 어떻게 그런 마음을 몇 년 동안이나 억누르고 살아왔는지

● 하늘거리는 의상을 입은 스테파니, 생활 속의 디바로 변신했다.

정말 놀랍다. 자 이제 밖으로 터트릴 때가 왔다. 더 이상 참기도 어렵고 또 그럴 마음도 없지 않은가? 당신의 몸매가 어떻든, 수중에 돈이 얼마가 있든, 당신은 이제 자신의 삶에 스포트라이트를 비출 준비가 되었다. 만세, 만세, 만만세!

여성이라면 누구나 디바가 될 수 있다. 44사이즈의 옷을 입고 찰랑거리는 긴 생머리를 해야 디바가 되는 것은 아니다. 키가 170센티미터를 넘어야 한다는 법도 없다. 어떤 얼굴이든, 어떤 몸매든 우리는 모두 디바가 될 수 있다. 연예인들만 디바가 되라는 법이 있는가? 우리도 모두 '생활 속의 디바'가 될 수 있다. 당신이 참석하는 회의나 혹은 교양강좌 시간을 둘러보라. 주위를 돌아보면 생활 속의 디바는 아주 쉽게 찾을 수 있다.

스테파니의 이야기를 듣고 당신은 어떤 느낌을 받았는가? 외모를 좀 더 감각적으로 표현하고 싶다는 생각이 들지 않았는가? 지금까지 자신을 방치하고 살았다면, 왜 자신이 하찮게 느껴지고 볼품없어 보이는지 도대체 영문을 모르겠다면, 전체적인 스타일링 해법을 찾는다면, 바로 이 책이 그 길을 정확하게 알려줄 것이다.

이 책에서 소개하는 방법은 쉬워서 누구나 실천할 수 있다. 그리고 무엇보다 정말 재미있다. 우선 프로그램을 시작하기 전에 하루 정도 시간을 내어 당신을 가로막는 장애물을 싹 치우자. 달력에 빼곡히 적힌 수많은 약속도 지우고 당신을 억누르는 걱정거리도 잊어버리자. 프로그램을 시작하고 1주일이 지나면, 당신은 자신에게 어울리는 컬러를 선택하는 방법, 스스로 기분이 좋아지는 스타일링 방법을 익히게 될 것이다. 현재 당신의 모습에서 창출할 수 있는 디바 스타일은 어떤 것이고 어떤 옷을 입어야 몸매를 살려 줄 수 있는지 알게 될 것이다. 2주가 지나면 당신은 자신의 옷장을 스스로 평가하고 멋진 옷들로 옷장을 채울 수 있을 것이다. 3주째에는 세 번의 멋진 데이트를 대비해 헤어스타일에 변화를 주고 새로운 화장법도 익히게 된다. 그리고 모든 과정이 끝나면, 지금까지 자신이 얼마나 발전했는지 뒤돌아보는 시간도 가질 것이다. 또 힘들게 찾은 당신만의 스타일을 계속 유지하려면 어떤 목표를 세우고 어떻게 계속 관리해야 하는지도 배울 것이다.

우리의 목표는 30일 안에 대 변신을 하는 것이다. 그러나 사람에 따라 60일, 90일이 걸릴 수도 있다. 하지만 괜찮다. 한 단계씩 거칠 때마다 당신의 외모와 감정에 커다란 변화가 생기고, 다른 사람들이 당신을 다르게 보기 시작했다면 기간은 그리 중요하지 않다. 이 프로그램을 끝까지 열심히 실천한다면, 쇼핑할 때, 동창들을 만날 때, 연극을 관람할 때 등 언제 어디서나 자신만의 독특한 아름다움을 온 천하에 발산하게 될 것이다.

몇몇 분야에 관해서는 디바 어드바이저들이 당신을 도와줄 것이다. 어떻게 보면 당신은 지금 인생의 황금기에 선 자신에게 재투자하는 것이다. 먼저 마케팅 전문가인 캐롤 앤을 만나서 왜 최신 유행을 따라야 하는지, 어떻게 하면 성공적으로 재투자할 수 있는지 알아보자.

● **30일후 당신의 모습**

자신에게 재투자하는 법

– 캐롤 앤 라이언스 –

캐롤 앤 라이언스는 출판업, 소매 마케팅, 다이렉트 마케팅 등 전문 직업에 종사하면서 자신을 끊임없이 변화시켰다. 요즘 회사 사람들은 그녀를 '창조광' 이라고 부른다. 그녀는 1996년에 캘리포니아 카미오에 밀러 매니악이라는 비디오 프로덕션과 마케팅 회사를 세웠다. 일생일대의 승부수를 띄운 것이다.

디바는 우리를 자극하고 영감을 불러일으킨다. 그러나 막상 우리 자신을 변화시키겠다는 생각을 하면 머리가 지끈거려서 침대에 드러눕고 싶어진다. 변신이라니, 말만 들어도 마음이 심란해진다. 누가 자신만의 안전지대를 스스로 박차고 나오고 싶겠는가?

스타일에 관한 한 많은 사람들이 시대적 착오 속에 갇혀 살고 있다. 자신의 삶이 한 치의 오차도 없이 정확하게 움직이던 시절만 생각하는 것이다. 당신도 머리와 화장을 완벽하게 하고 만족스러운 몸매를 가졌던 시절이 있었다. 친구도 많고 애인들은 모두 당신에게 푹 빠져 있었다. 그 시절엔 일도 척척 잘했다. 그러다 이런 생각을 하게 된 것이다. "모든 일이 이렇게 잘 흘러가고 있는데, 왜 변해야 해?" 자신의 이미지를 발전시킬 필요성을 느끼지 못한 사람들은 자신만의 방에 들어가 버렸다. 문을 열고 나가는 것은 너무 위험하다는 생각에 빠져 버린 것이다. 딱 적당한 시간에 멈추어 버렸다.

그러나 사실은 그렇지 않다. 자신을 변화시키는 것은 흥미진진한 모험의 연속이다. 질 좋은 와인처럼 오랜 시간을 인내하며 경험을 많이 하면 우리에게서도 더욱 진한 풍미가 배어 나온다. 이제 당신이 따라 할 수 있는 가이드라인을 몇 가지 제시해 보겠다.

1. 십년마다 변신하라

현실을 직시하자. 삼십대에 당신이 가장 좋아했던 일이 사십대에는 정말 하찮게 느껴질 수도 있다. 당신은 직업적으로 성공하기 위해 마흔 살이 될 때까지 바쁘게 지냈을 것이다. 혹은 아이들을 키우거나 남자를 만나느라 정신없었을 것이다. 십년 주기로 당신 이미지나 스타일의 진화 상태를 체크하라. 자신이 거둔 성공을 성대하게 자축하고, 손이 많이 가는 주택이나 당신을 지치게 만드는 관계처럼, 당신에게 맞지 않는 것은 과감히 버려라. 쉬지 말고 진화하라. 외면과 내면이 모두 녹아들어간 경험이라는 실로 당신이 멋진 천을 짜고 있다는 것을 잊지 말자.

2. 당신만의 비밀 무기를 개발하라

내 성은 라이온스다. 내 비밀무기는 뭘까? 뻔해 보이겠지만 사자머리 모양의 18K 금반지다. 이십대 때 내가 직접 디자인한 것으로, 사자의 눈은 다이아몬드, 입은 가닛으로 장식했다. 그 반지는 나를 상징하는 심벌이다. 그 반지를 끼고 있으면 반지의 힘이 느껴지는 것 같다. 내가 얼마나 능력이 많은 사람인지 더 강하게 느낄 수 있다. 사람들은 그 특이한 모양 때문에 그 반지를 쉽게 기억하고, 그 반지를 낀 나까지 쉽게 떠올린다.

　딱 하나뿐인 핸드백이나 참이 달린 팔찌도 당신만의 비밀 무기가 될 수 있다. 참 하나하나에 당신만의 특별한 의미를 부여하는 것이다. 전 국무장관 매들린 올브라이트처럼 아름다운 장식이 달린 핀을 수집해서 모임이나 행사가 있을 때마다 그에 맞는 핀으로 자신을 스타일링하는 것도 좋다.

3. 변화에 대한 두려움을 정복하라

당신은 매일 똑같은 점심을 먹고 출퇴근할 때도 똑같은 길로 다니며 해마다 같은 친구들과 똑같은 리조트로 놀러 가는 사람인가? 그럼 자신이 변화를 두려워하는 사람이라는 사실을 인정해야 한다. 그렇다고 한꺼번에 싹 바꿀 수도 없는 일이다. 작은 것부터 시작하자. 오늘은 매일 가던 곳 말고 다른 슈퍼마켓에 가보자. 헤어스타일을 바꿀 때가 되지 않았는가? 우연히 지나가는 낯선 사람의 커트 스타일이 좋아 보이는가? 그럼 어디에서 그런 머리를 했는지 과감하게 물어보라. 그리고 직접 그곳에 가서 당신의 헤어스타일에 관한 상담을 받아라.

4. 삶이 당신을 속일지라도

현실을 직시하자. 모든 일이 당신이 계획한 대로 착착 진행되는 것은 아니다. 그게 인생이다. 직업을 바꾸거나 병에 걸리거나 이혼처럼 전혀 예상하지 못한 변화가 일어나면 그야말로 비극의 구렁텅이에 빠진 기분이 든다. 그렇다고 아예 처음으로 돌아갈 수도 없다. 자신이 계획하지 않았던 변화가 생기더라도 받아들여야 한다. 그래야 끊임없이 진화할 수 있다.

5. 젊음은 영원히 유지할 수 있다

나이를 먹는다고 반드시 늙는 것은 아니다. 나이를 잊어라. 유머감각을 키우고 자신의 실수를 웃어넘길 수 있는 여유를 가져라. 주변 사람들에게 신경 쓰고 더 나아가 전 세계 지구촌 사람들을 생각하라. 항상 현재를 직시하되,

자신에게 끊임없이 도전장을 던져라. 타인의 말에 귀를 기울이고, 사랑과 중용의 태도로 자신의 지혜와 지식을 나누어 주라. 당신과 똑같은 사람은 이세상 어디에도 없다. 당신은 언제나 독특한 존재라는 사실을 명심하라. 더는자신을 하찮게 여기지 마라.

● 참이 달린 팔찌는 정말 멋진 비밀무기다.

Chapter 1

브렌다의 30일
뷰티캠프로의 초대

Invitation to Brenda's 30-days Beauty Camp

기분이 어떤가? 이 프로그램을 얼른 시작하고 싶어서 온몸이 근질거리는가? 혹시 정신없이 비상구만 찾아다니는 건 아닌가? 조금 더 미룰 수 있는 변명거리를 찾으려고 머리 굴리는 소리가 여기까지 들린다. 얼마나 더 미루려고? 한 달, 일 년, 아니 십 년? 지금 당신의 기분이 어떨지 충분히 이해한다. 하루하루 너무 바쁜 일상에 지쳤는데 거기다가 〈브렌다의 30일 뷰티캠프〉까지 참가하려니 별별 생각이 다 들 것이다. "내가 이런 걸 할 시간이 있나? 돈은 또 어떻고?" 맞는 말이다. 시작을 조금이라도 늦추고 싶다면, 왜 흔쾌히 나서지 못하는지 그 이유를 하나씩 짚어보자.

스트레스가 심한 일은 절대 맡으면 안 된다는 게 내 생각이다. 그러나 뷰티캠프는 전체적으로 사랑스럽고 자유분방하고 재미있는 자기변신프로그램이다. 물론 시간과 돈이 든다. 본격적으로 프로그램을 시작하기 전에 한번쯤은 반드시 짚고 넘어가야 할 문제다.

우선 돈 문제다. 나는 당신이 파티에 입고 갈 드레스나 야회복에 은행잔고를 모두 쏟아 붓는 것을 바라지 않는다. 필요한 것의 리스트를 작성해서 당신의 잔고를 적절하게 분배해야 한다. 오랫동안 미루기만 했던 머리손질이나 새로운 메이크업 도구, 당신의 연령대에 맞는 스킨케어 제품이나 화장품을 사느라 돈이 들 수도 있다. 굳이 원한다면 당신의 메이크업 도구를 그대로 사용해도 되지만 원하는 결과를 기대하긴 어렵다.

옷장 안을 한 단계 업그레이드시키려면 옷을 더 살 수도 있다. 그러나 나는 당신의 재정상태가 허용하는 한도 내에서 디바 스타일의 옷을 구입하도록 도울 것이다. 물론 옷을 사는 것도 진지으로 당신에세 달렸다. 즉시 숨겨

둔 비상금이 있다면 지금 당신 옷장에 걸린 옷보다 더 좋은 옷을 사는 데 투자하라. 그러나 유행에 너무 치우쳐서 5분만 지나도 이상해서 못 입을 옷을 사면 안 된다. 앞으로 몇 년간 꾸준히 입을 옷을 사야 한다. 옛날에야 옷을 살 때 몇 번이고 그런 실수를 저질렀겠지만, 이제는 정말 입고 싶어 안달할 정도의 옷, 당신의 옷장 한쪽을 차지할 만한 것들만 사게 될 것이다. 이렇게 공들여서 옷을 고르면 결과적으로 돈을 절약하는 셈 아니겠는가?

나는 대책 없이 돈을 써대는 사람도 아니고 당신도 그런 사람이 아니길 바란다. 나는 이 일을 하면서 옷값으로 일 년에 오십 만원만 쓰는 고객도 만나봤고, 이천만 원이나 쓰는 고객을 만난 적도 있다. 지출 면에서는 극과 극을 달렸지만, 어쨌든 두 여성은 모두 자신만의 디바 스타일을 한껏 발산할 수 있는 옷을 구입했다.

다음은 여성들이 가장 심각하게 생각하는 시간문제다. 30일간 프로그램을 따라하다 보면 당신이 잘하는 부분도 있고 굉장히 취약한 부분도 있을 것이다. 이미 관리를 잘하고 있다면, 스킨케어나 머리손질, 염색에 쏟는 시간을 줄여서 당신의 옷장을 채워 넣는 데 더 쓰면 된다. 그럼 당신은 여유롭게 당신의 디바 스타일에 필요한 아이템을 살 수 있다.

♠ 전문가와 함께 하는 자기변신 프로그램

왜 굳이 30일로 정했는지 궁금한가? 할 일을 리스트로 만들어서 각자 알아서 하면 더 편하지 않을까? 원한다면 그렇게 해도 상관없다. 그러나 한 달 동안 이 프로그램에 몰입하라는 데는 그만한 이유가 있다. 새로운 당신이 되려면 전환의 과정을 거쳐야 하기 때문이다. 한 달이라는 시간 동안 예전과 다른 독특한 환경에 빠져 있다 보면 오래된 습관이나 버릇을 없애기 쉬울 것이다. 그럼 당신도 모르는 사이에 빛의 속도만큼 빠르게 변할 수 있다. 촌티 나던 시절이 언제였는지 기억이 가물가물할 정도로 말이다.

　이렇게 생각하자. 요리를 배우려고 쿠킹 클래스에 등록하고 한 달에 두 번 저녁마다 강습을 듣는다. 그리고 친구나 가족에게 당신이 배운 요리 몇 가지를 만들어 준다. 하지만 당신의 집 부엌에 요리 선생님을 모셔다 놓는 게 더 쉬운 방법 아닌가? 당신이 요리하는 것을 바로 옆에서 도와주고 냉장고 정리까지 싹 다 해준다면? 선생님의 도움으로 한 번에 8인분의 식사를 너끈히 만들 수 있다면 더 효율적이지 않은가? 이렇게 진문가의 집중적인 도움을 받아야 요리 실력을 자유자재로 발휘할 수 있지 않을까? 그러나 음식은 매일 먹는 것이니 언제어디서라도 능숙하게 요리할 수 있어야 한다.

　먹는 것 말고도 매일 해야 하는 일에 위와 같은 방법을 적용할 것이다. 또 하나는 옷 입기다. 옷장 속을 들여다보고 입을 만한 옷과 구닥다리 옷을 구분할 수 있어야 언제든지 순식간에 완벽히 차려입을 수 있다. 그러므로 기본적인 일들은 처음 배울 때 충분한 시간을 투자하여 열심히 배우자. 당신의 식구, 친구, 직장동료에게 널리 알리든지, 그냥 당신만의 비밀로 간직하든지, 어쨌든 나와 30일만 함께 생활하자. 캠프에 참여하는 동안 예상치 못한 사건이나 다른 일 때문에 잠시 나와 떨어져 있어야 한다면, 끝나는 즉시 돌아오면 된다. 디바 어드바이저들은 당신이 돌아오길 기다리고 있을 것이다. 물론 나도 마찬가지다.

생각보다 당신은 아주 많은 일을 처리한다. 집 안팎에서 바쁘게 움직이며 자녀, 손자, 남편까지 돌본다. 거기다 당신의 건강도 스스로 책임져야 한다. 이제 여기에 한 가지 일을 더 하자. 당신이 품고 있는 작은 씨앗도 돌봐야 한다는 것. 바로 디바 DNA가 들어있는 씨앗이다. 그 디바 DNA 속에 진정한 당신의 모습과 그동안 당신이 쌓은 지식, 자신감이 모두 들어 있다. 문제는 그 씨앗을 발견하고 잘 키우는 일이 어렵다는 것이다. 당신을 방해하는 일상에서 자신을 분리시켜야 진정한 자신을 발견할 여유가 생긴다. 하루하루를 숨 가쁘게 보내면서, 콸콸 넘쳐나는 지혜의 샘이 당신 안에 존재한다는 것을 어떻게 실감하겠는가. "여보, 이거 좀 해주겠어?"라고 남편이 부탁해도 이번만은 거절하자. 앞으로 30일 동안은 무슨 일이 있어도 당신을 찾지 말라고 남편이나 식구들, 애인이나 친구들에게 당부하라. 그 정도는 할 수 있지 않은가?

만족스런 결과를 얻으려면 이 프로그램이 더 열심히 몰입해야 한다. 그러니 병원 기금 모금 행사에 자원봉사자로 참가할 계획이 있더라도 딱 한 달만 미루자. 되도록 이 달에 피했으면 하는 일들의 예를 적어 보았다.

♣ 부엌 개조
♣ 가족 모임
♣ 암 연구기금 모금행사의 자원봉사
♣ 학위 청구 논문 쓰기

♣ 새로운 다이어트 시작

♣ 독서 클럽 모임 주관

♣ 남편 사무실 정리

♣ 친구 결혼식 웨딩플래너 되기

♣ 새로 태어날 쌍둥이를 위한 퀼트 담요 만들기

♣ 애인, 남편 등 소중한 사람과의 관계 개선을 위해 노력하기

♣ 새로운 데이트를 시작하거나 애인과 작별하기

♣ ________________________

(개인적으로 처리해야 할 일을 적는다)

♠ 촌티 측정 테스트

뷰티캠프를 피하고 싶은 가장 큰 이유를 생각해 보았다. 자신의 외모를 업그레이드할 필요성을 못 느끼는 것은 아닐까? 당신은 이미 디바로 살고 있는지도 모르니 말이다!

촌디 풀풀 나는 어싱에서 니바로 변하는 여러 단계 중 당신의 위치를 알아보기 위해 질문 몇 가지를 준비했다. 당신의 최근 상태를 잘 나타낸 문항에 동그라미를 치면 된다.

1. 당신은 영화제의 오프닝 파티에 초청 받았다. 주최측에 잘 아는 사람이 있어서 영화배우들과 동석하게 될 것이다. 당신의 답변은?

ⓐ "그래요, 당연히 가야죠." 그리고 옷장으로 가서 완벽한 의상을 고른다.

ⓑ "나중에 대답해도 될까요?" 그리고 뛰쳐나가 미친 듯이 쇼핑을 한다.

ⓒ "이런, 가고 싶긴 한데, 마침 CSI하는 날이네요. 집에 티보가 없어서 녹화를

CSI : 라스베가스 범죄수사학부 요원들의 이야기를 그린 인기 드라마
티보(Tivo) : 하드디스크에 TV프로그램을 녹화할 수 있는 셋톱박스 및 관련 서비스

할 수 없어요." 사실 당신의 거실엔 티보가 있다. 파티에 입고 갈 옷이 없는 것이다.

ⓓ "전 파티는 잘 안가요." 그리고는 초콜릿 상자와 리모컨을 감싸 안고 거실로 향한다. 파티에서 입을 옷을 고를 생각만 해도 온몸에 힘이 쭉 빠진다.

2. 당신의 보석함에는 어떤 종류가 있나요?

ⓐ 모조보석과 진짜 보석이 두루 갖추어져 있다.

ⓑ 생일마다 남편이 선물한 금 목걸이들이 서로 엉켜있다.

ⓒ 아이들이 만들어준 색종이 목걸이가 들어 있다.

ⓓ 보석? 무슨 보석?

3. 옷을 사려고 돈을 좀 썼다. 옷과 어울리는 액세서리가 필요할 때 당신은?

ⓐ 가방과 구두, 액세서리가 있어야 룩이 완성된다. 모두 구입하기 전에는 집에 들어가지 않는다.

ⓑ 집에 있는 액세서리도 괜찮을 것 같다.

ⓒ 일단 예산대로 할당 금액을 다 썼으니, 액세서리는 나중에 생각해 봐야겠다.

ⓓ 점원이 액세서리를 이것저것 권한다. 너무 심하게 참견하는 것 같아 성가시다.

4. 옷에서부터 화장, 머리, 액세서리까지 잘 갖춰 입었던 날은 언제 무렵인가?

ⓐ 어제

ⓑ 지난주

ⓒ 지난해

ⓓ 결혼식 때

5. 최근에 자신이 매력적이라고 느꼈던 때는 언제였는가?

    ⓐ 어제 사람들을 회사까지 태워주었을 때

    ⓑ 지난 주 여자 친구들끼리 모여서 저녁식사를 할 때

    ⓒ 지난해 사촌 결혼식 때

    ⓓ 당신 자신의 결혼식 때

6. 자신을 위해 최근 쇼핑한 적이 있다면 언제, 어디서인가?

    ⓐ 지난 달, 심심해서

    ⓑ 지난해 캐나다에 사는 여동생이 왔을 때

    ⓒ 3년 전 어느 할인매장에서

    ⓓ 15년 전 결혼식 준비할 때

7. 브라가 몸에 딱 맞았을 때 언제였나요?

    ⓐ 6개월 전

    ⓑ 지난해

    ⓒ 10년 전

    ⓓ 12살 때

8. 최근에 미용실에서 머리를 한 적이 있다면 언제쯤인가?

    ⓐ 6개월 전

    ⓑ 1년전

    ⓒ 3년전

    ⓓ 5년전

9. 화장할 때 당신은 어떻게 하나요?

ⓐ 다섯 가지 이상의 화장품을 바른다.

ⓑ 외출할 때 립스틱만 바른다.

ⓒ 가뭄에 콩 나듯 아주 가끔씩 마스카라와 컨실러까지 바른다.

ⓓ 자연그대로! 자연주의가 최고다.

10. 누군가 당신이 한 번도 입어보지 않은 컬러를 권한다면, 당신은?

ⓐ 그 컬러가 당신과 맞을지 호기심이 생긴다.

ⓑ 20년 전부터 사용하던 컬러 팔레트를 꺼내어 본 후 보지 못한 컬러면 "아니오, 그 컬러는 안 되겠어요."라고 말해 버린다.

ⓒ 당황한 기색을 애써 감추며 "저에게 맞는 컬러가 아닌 것 같은데요." 하고 말한다.

ⓓ 블랙이 아니니 그냥 무시해 버린다.

11. 지금 당신의 립스틱 컬러는 언제부터 바르기 시작한 것인가?

ⓐ 크리스마스 때부터

ⓑ 지난해 여름부터

ⓒ 아이들이 기저귀를 찰 때부터

ⓓ 화장을 처음 시작했을 때부터

12. 옷을 살 때 핏이 염려된다면 대책은?

ⓐ 사람들이 칭찬하는 옷이면 핏에 상관없이 무조건 구입하여 몸에 맞게 고친다.

ⓑ 몸에 꽉 끼든 헐렁하든 상관없이 무조건 77사이즈만 산다.

ⓒ 몸에 맞고 안 맞고를 따지지 않고 무조건 헐렁한 옷을 산다.

ⓓ 수선하면 된다고 생각한다. 그러나 절대 수선하지 않는다.

13. 몇 년 사이에 체중이 많이 늘었다. 이때 당신은?

ⓐ 캐주얼 코너와 이별하고 기쁜 마음으로 부인복 코너에서 쇼핑을 한다.

ⓑ '부인복 전문' 카탈로그를 보고 홈쇼핑으로 주문한다.

ⓒ 15년 전 몸무게로 돌아갈 수 있다고 철썩 같이 믿으면서 몇 년 동안 똑같은
옷 두벌로 버티고 있다.

ⓓ 쇼핑을 피한다. 헐렁한 옷만 입었더니 힙합스타일이냐고 비웃는 사람들이 있
지만, 그래도 몸매가 드러나는 옷을 입을 순 없다.

14. "와, 당신 정말 멋있어요!"라는 말을 들어본 적은 언제인가?

ⓐ 어제

ⓑ 지난 주

ⓒ 지난해

ⓓ 1985년 언제쯤

15. 패션과 화장법에 대한 아이디어를 어디서 구하나?

ⓐ 디자인회사에서 일했던 친구에게 전적으로 의지한다.

ⓑ 남편

ⓒ 주말판 신문의 특별 부록에서

ⓓ 치과 대기실에서 읽은 월간지

ⓐ가 대부분이라면 :

당신은 패션 경향도 잘 알고 있고 최신 유행 아이템들을 가지고 있을 것이다. 패션과 뷰티를 즐길 줄 아는 당신에게는 이 〈브렌다의 뷰티캠프〉가 정말 신나고 즐거운 경험이 될 것이다. 1부터 10까지 디바 스타일 단계를 나누었을 때 당신은 4-8단계 사이다. 뷰티캠프에서 다양한 스타일 연출 방법과 아이디어를 익혀서 당신의 라이프스타일에 적용한다면, 디바로 변신하는 것은 시간문제다. 뷰티캠프를 통해 당신에게 잘 어울리는 패션스타일을 꼭 찾길 바란다. 많은 정보와 경험을 쌓으면 자신감도 커질 것이다.

ⓑ가 대부분이라면 :

노력파인 당신, 그러나 사람을 믿지 않는다. 그동안 전적으로 믿고 상담할 만한 실력 있는 전문가를 만나지 못했기 때문이다. 이제 우리들이 나섰으니 뷰티캠프의 각 단계를 거치는 동안 돈과 시간을 효율적으로 쓰는 법 등 많은 것을 얻게 될 것이다. 옷을 고르고 화장법을 익히는 데 시간을 좀 더 투자한다면 놀라운 결과를 얻을 수 있다.

ⓒ가 대부분이라면 :

그동안 자신을 방치한 대가를 톡톡히 치르고 있다. 지금 당신의 스타일이 싫다면, 지금까지와 다른 방법을 써야 한다. 당신은 너무 오랫동안 '시원찮은' 것만 걸치고 다녔다! 이것저것 걸쳐보면서 실험이라도 해야 할 텐데 시간도 없고 그럴만한 공간도 없다. 그동안 무기력감에 빠져 있었는지도 모른다. 그러나 이제 걱정은 붙들어 매시라. 뷰티캠프에 '참여하겠다!' 고 외쳐라. '변할 수 있다!' 고 되뇌어라. 외모가 변하면 기분도 따라 변한다. 일단 뷰티캠프를 시작하기만 하면 당신의 인생이 아주 편하게 변할 것이다!

ⓓ가 대부분이라면 :

당신의 변신은 영화 '트랜스포머' 에서 자가용이 로봇으로 변하는 것과 같다. 쓰러져가는 헛간을 궁전으로 개조하는 것, 메마른 땅을 일구어 포도가 주렁주렁 열리게 만드는 것과 같다. 뷰티캠프를 성공적으로 완수하고 나면, 사랑에 빠진 것이냐, 카리브 해로 휴가가려고 하느냐는 질문을 받을 만큼 변해 있을 것이다. 사람들은 당신이 몸무게를 5킬로그램이나 뺀 것인지 아니면 만나는 사람이 있는지 궁금해 안달할 것이다. 당신 역시 옷장 속에서 살고 싶을 만큼 옷 입는 것을 즐기게 될 것이다. 옷장이나 드레스 룸에서 보내는 시간이 길어지고, 아이쇼핑을 하면서 자신의 스타일 감각을 키울 만큼 노련해질 것이다.

♠ 뷰티캠프로의 초대장

브렌다의 30일 뷰티캠프에 당신을 초대한다. 지금 모습 그대로 환영이다. 당신이 어떤 스타일이고 어떤 자질을 가졌느냐에 상관없이, 또 기본적인 뷰디 상식이 전혀 없다 해도 당신은 이 프로그램에서 무조건 성공힐 깃이다. 몸매나 체형이 무슨 상관인가? 어느 나라 사람이라도 상관없다. 부끄럼을 많이 타든 활달하든 아무 상관없이, 모두 이 캠프를 즐기게 될 것이다.

원한다면 프로그램에 함께 참가할 친구를 부르자. 친구와 뷰티캠프를 함께 한다면 얼마나 재밌겠는가? 둘이 함께라면 멋진 디바로 거듭나는 데 필요한 것들을 서로 골라주고, 우리가 지시하는 여러 가지 훈련에서 도움을 주고받을 수 있다. 캠프가 끝난 후 세 번의 데이트를 할 때도 서로에게 충분한 조언을 해줄 수 있다.

물론 나도 당신이 필요할 때 손을 잡아 줄 것이다. 디바 어드바이저인 서니와 게리 예이츠 부부(Sunny and Gary Yates)도 마찬가지다. 예이츠 부부는 이 프로그램에서 성공적인 결과를 얻을 수 있도록 조언해 줄 것이다. 이것저것 할 일이 많아 보이지만, 사실 한 걸음씩 차근차근 가다보면 자신도 모르는 사이에 목적지에 도달할 수 있다. 많은 것을 얻게 될 신나는 경험을 해보자. 캠프 오리엔테이션에서 다시 만나자!

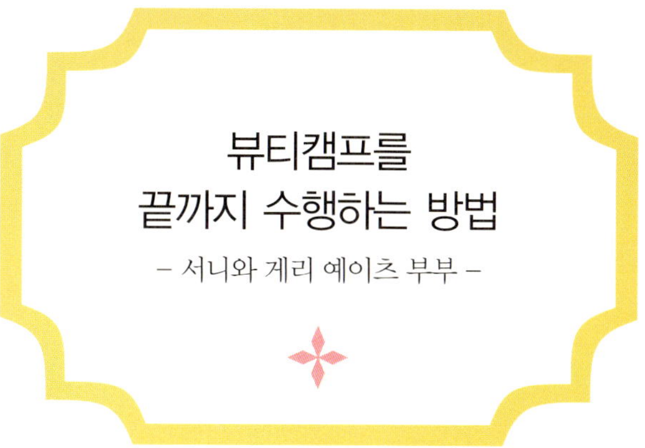

서니와 게리 예이츠 부부는 1994년 컨설팅 회사인 이펙티브 인바이런먼트를 창립하고 효율적으로 사고하고 일하는 방법에 관해 연구하고 있다. 어떻게 뷰티캠프를 성공적으로 끝낼 수 있을까?

우선 뷰티캠프가 당신 속에 숨어 있는 디바의 모습을 이끌어내 줄 것이라고 믿어야 한다. 다음 여덟 가지 방법을 활용해 보자.

1. 딩신 자신을 제일 우선으로 생각하라. 당신은 분녕 이 캠쓰가 처음이다. "우리 식구들을 제대로 돌봐야 그 다음에 내가 원하는 것도 제대로 할 수 있어."라는 생각은 무의식적으로 자기 자신을 방해할 수 있다.

2. 뷰티캠프가 끝나고 대 변신에 성공한 자신의 모습을 상상하라. 매일 볼 수 있는 곳에 자신을 격려하는 말을 붙이고 성공 비전을 나타낸 사진을 붙여라. 아주 매력적인 비전을 갖고 있으면 어떤 장애물도 당신의 길을 막지 못한다. 난관에 부딪힐 때마다 캠프를 끝까지 해야 하는 이유를 끊임없이 상기시켜줄 것이다.

3. 주위의 모든 사람으로부터 도움을 얻어라. 자신과 맺은 약속은 다른 사람과 한 약속보다 깨기 쉽다. 그러니 식구들에게 공표하자. "나, 이번 주에 뷰티캠프에서 내 준 과제를 완벽하게 해낼 거예요. 내 대신 저녁 식사를 좀 만들어줘요. 점심도 알아서 챙겨먹고 최대한 나를 방해하지 말아요." 그리고 당신이 성공적으로 과제를 완수하면 식구들에게 알리고 모두 도와준 덕택이라고 반드시 고마움을 표시하자.

4. 뷰티캠프를 위한 마스터플랜을 만든다. 그리고 그것을 말 그대로 한입씩 먹을 수 있을 정도로 작게 나누자. 그래야 바쁜 일상생활 속에서도 쉽게 실천할 수 있어서 지속적인 동기부여가 된다. 매주 할 일을 리스트로 작성하고 목표 날짜도 함께 적는다. 주변 상황을 고려하여 실천할 수 있는 날짜를 적어야 한다.

5. 결과를 구체화시킨다. 시간이 길다고 결과가 달라지는 것은 아니다. 어떤 단계에서는 두 시간이나 투자하는 것이 비효율적일 수 있다. (a) 하루 중 두 시간을 내기 힘들거나, (b) 어떤 과제는 두 시간이나 허비하지 않아도 할 수 있거나, (c) 구체적인 목표 없이는 제 아무리 두 시간을 투자해도 원하는 결과가 나오지 않을 수도 있다. 목표에 도달하려면 마음속으로 구체적인 목표를 세우고 열린 마음으로 다양한 시도를 해야 한다.

6. 한계선을 정하고, 문에 이렇게 써 붙여라. "정말 위급한 상황이 아니라면 저녁 7시까지 집중할 것!" 자신이 정한 시간까지는 전화벨이 울려도 뛰어가고 싶은 마음을 억눌러라. 이메일도 열어보지 마라.

7. 힘들 때 의지할 수 있는 것이 있어야 한다. 부적이든 사진이든 좋은 금언이든 혹은 다른 어떤 것이라도 당신이 왜 이 프로젝트를 계속해야 하는지 그 이유를 상기시켜줄 만한 것을 찾아라. 변화를 상징하는 나비 모양의 핀이 있다면 당신은 그 핀을 보면서 하루 24시간, 일주일 내내 자신을 위해 노력해야 한다는 자극을 받을 수 있다.

8. 무엇보다 자신이 성공한 결과를 표로 작성하라. 과제를 성공할 때마다 자신을 축하해주자. 스스로 어깨도 토닥이고 자신에게 특별한 상을 선사하라. 잠시 이탈했더라도 자신을 용서해야 한다. 완전히 실패한 것도 아니고 게임이 끝난 것도 아니다. 계획을 새로 짜고 다시 시작하면 된다.

Chapter 2

브렌다의 30일
뷰티캠프 프로그램

Welcome to Brenda's 30-days Beauty Camp

바로 그거다! 캠프에 참가하기로 결정했다니 정말 잘 했다! 조금 있으면 분명히 캠프를 좋아하게 될 것이다. 시작하기 전에 캠프에 대한 개략적인 설명과 캠프를 잘 활용하는 방법도 알려주겠다. 그 전에 준비할 것이 있다. 달력에 메모해 둔 일들을 모두 마무리하라. 급하게 처리해야 할 일은 캠프를 시작하기 전에 완료해야 한다. 나 이외에 누가 대기하고 있는지 혹시 얘기했던가? 뷰티, 의상, 스타일, 메이크업과 헤어스타일을 도와주고 돌발 상황이 발생했을 때 당신의 스타일을 책임저줄 수많은 디바 어드바이저들이 캠프 스태프로 대기하고 있다. 촌티를 벗고 디바로 변신하는 각 단계마다 나타나서 당신을 도와줄 것이다.

지금 당신이 있는 곳에서 바로 뷰티캠프를 시작하면 된다. 얼마나 편리한가? 가방을 꾸리거나 장시간 비행기 여행을 할 필요도 없다. 당신의 집에서 거사가 이루어질 것이다! 이제 가장 기본적인 규칙 몇 가지를 알려 주겠다.

뷰티캠프는 집에서 하는 것이지만, 일종의 휴가라고 생각하자. 앞으로 4주 동안 집에서 휴가를 즐기는 것이다. 휴가를 떠나기 전에 모든 일을 처리하듯이 당신도 뷰디캠프를 시작하기 전에 잡나한 일들을 처리해야 한다. 만약 당신이 자영업에 종사한다면 2주 이상 휴가를 떠난다는 메시지를 붙여 두라. 회사에 다닌다면, 지금까지 아껴뒀던 월차를 써라. 뷰티캠프에 투자하는 것이니 아깝다 생각하지 말기를. 자동 응답기에도 휴가를 떠난다고 녹음해 두라. 이메일도 부재 중 자동응답 메일로 설정하라.

달력을 보자. 한 달 동안 할 일이 많다. 모두 '당신'만을 위해 할 일이다. 자신을 위해 시간을 쓰는 일에 익숙하지 않다면 친구에게 전화해서 어떻게 스케줄을 조절해야 할지 도움을 구하라. 당신의 수첩이나 달력을 친구에게 주고 캠프 일정을 미리 조정해 달라고 부탁하는 것이다. 나는 혼자서 내 일정을 조정하는 편이지만 친구에게 부탁하는 방법도 효과가 있다. 그리고 친구나 식구들에게 당신을 혼자 내버려 두라고 말하자. 경찰이 집 앞까지 오거나 돌발사고로 119에 전화해야 할 위급상황이 아니라면 당신을 방해하지 말라고 부탁하자. 당신은 집이 아니라 엄연히 뷰티캠프에 와 있기 때문이다.

미리 준비할 것이 좀 있다. 문방구나 사무용품점, 혹은 가까운 슈퍼마켓에서 구할 수 있는 것들이다. 옷장정리용품 파는 곳이나 목욕용품점에서 살 것도 있다. 다음 준비물들을 챙기고 캠프 오리엔테이션에서 다시 만나자!

준비물 :

♣ 디바 저널 – 뷰티캠프에서 얼마나 발전했는지를 기록할 일기장 같은 것이다. 3공 바인더 파일을 이용하여 한쪽에 당신의 생각이나 스타일링 아이디어, 캠프 중간에 생긴 소소한 일들을 기록하자. 예쁘게 커버를 만들어 씌우면 뭐든지 기록하고 싶은 마음이 생길 것이다. 당신이 좋아하는 사진을 붙여도 된다.
♣ 3공 바인더, 플라스틱 파일 속지, 파일 인덱스
♣ 패션 잡지 몇 권, 혹은 패션 카탈로그
♣ 풀, 검은색 두꺼운 종이
♣ 포트폴리오 북
♣ 대용량 쓰레기봉투(옷장 속의 '촌티' 옷을 담을 수 있는 것. 그래야 당신의 인생에 출입구가 보일 테니까!)
♣ 옷장에 걸린 이상한 옷걸이들을 대신할, 한 가지 색으로 통일된 옷걸이

♠ 뷰티캠프 일정 및 활용 방법

뷰티캠프에서는 촌티를 벗고 디바로 변신하는 과정을 네 단계로 나누고 각 단계마다 일주일씩 시간을 정했다. 그러나 시간이 필요하다면 더 늘여도 된다. 2주째 과제를 하는데 2주가 걸린다면 그렇게 하라. 다른 때보다 에너지가 더 필요한 부분이 분명히 생길 것이다.

첫째 주에는 파자마를 입어도 된다. 집안 곳곳을 둘러보며 당신만의 디바 스타일을 만들기 위한 단서를 찾을 것이다. 당신의 옷 입는 습관과 그 습관에 대한 이유도 살펴 볼 것이다. 아하! 이거구나 싶은 것은 사소한 것이라도 디바 저널에 적어둔다.

둘째 주는 옷장 정리 기간이다. 옷장 안을 살피고 속옷 서랍을 관찰하면서 당신을 디바로 만들어 줄 아이템들을 샅샅이 훑을 것이다. 찾은 아이템은 옷장 한 복판이나 앞쪽에 가지런히 정리해 둔다. 그래야 언제든지 쉽게 입을 수 있다.

셋째 주에는 집을 탈출하여 일종의 현장학습을 떠난다. 세 번의 데이트에 입고 나갈 데이트 룩을 준비하기 위해서다. 데이트 분위기에 딱 맞는 옷을 고르는 것이 가장 중요한데, 나중에 좀 더 자세하게 설명하겠다. 물론 당신의 라이프스타일을 다양하게 표현할 수 있는 옷으로 정장부터 캐주얼까지 각기 다른 스타일로 고를 것이다. 처음 가보는 옷가게는 친구와 함께 가도 좋겠다.

넷째 주에는 당신의 외모를 업그레이드시킬 깃이다. 미리 예약을 한 뒤 헤어, 메이크업 전문가에게 상담을 받는다. 이 책 12, 13장을 읽고 어떤 전문가를 만나야 할지 먼저 결정한다. 물론 3주 과정이 끝나면 펠리시아 제라르디가 당신을 설득해서 결국 스킨케어 예약을 하게 만들 것이다. 그럼 당신의 디바 스타일에 마지막 손질이 끝난다. 데이트에 대한 만반의 준비가 된 것이다. 당신에게 쏟아질 찬사를 기꺼이 받아들이는 법도 터득하게 될 것이다. 파파라치—아마 당신 자녀들이겠지만—가 찍은 사진에도 멋있게 나오는 비법을 알려주겠다.

　뷰티캠프 곳곳에서 뷰티 어드바이저들이 적극적으로 도와줄 것이다. '디바의 센스' 라는 코너에서 경험 많은 선배 디바들이 스타일과 뷰티에 관한 아이디어를 들려줄 것이며, '디바 스포트라이트' 코너에서는 몇몇 선배 디바들을 직접 만나게 된다. 그들은 자신의 옷장을 공개하고 스타일링 노하우를 알려줄 것이다.

　매주 특별한 훈련과 과제가 주어진다. 특히 각 장의 끝에는 혼자 휴식을 취할 수 있는 뷰티 재충전 코너가 마련되어 있다. 아름다움을 추구하는 동안 피로가 사라진다는 것을 아는가? 뷰티 재충전 시간은 창조력을 마음껏 발휘하여 지금까지 배운 것에 완전히 빠져보는 시간이다. 편안하게 쉬고 충분한 영양을 섭취한다면 건강한 정신으로 명확한 사고를 할 수 있을 것이다.

● 첫째 주는 파자마를 입어도 된다.

자신이 선호하는 스타일을 파악하고 자신만의 스타일을 찾게 되면, 이미 알고 있듯이 당신은 세 번의 데이트를 하면서 뷰티캠프에서 배운 것을 테스트 받아야 한다. 어떤 데이트를 할 것인지는 미리 정하자. 첫 번째 데이트의 주제는 사교 모임이다. 파티 참석이나 연극, 오페라 관람도 좋고 멋진 레스토랑에서 저녁식사를 한 뒤 영화를 보는 데이트도 좋다. 평소에 당신이 즐겨하는 것을 고르면 된다. 혹은 아이디어를 발휘하여 결혼식이나 고등학교 동창 모임, 기념 파티를 열어도 좋다. 뷰티캠프에 참여하느라 그동안 얼굴 한 번 못 본 친구들과 근사한 레스토랑에서 저녁을 먹는 당신을 그려보라! 너무 멋있을 것 같지 않은가?

두 번째 데이트의 주제는 일상적인 모임이다. 친구 생일파티나 박물관 견학, 종교 모임도 좋고 평범하게 쇼핑하는 날로 꾸며도 된다. 중요한 것은 얼마나 멋있고 세련된 캐주얼 룩을 표현할 수 있느냐 하는 것이다.

세 번째 데이트는 홈 파티다. 친지들을 불러도 좋

● 4주차에는 메이크업을 업그레이드한다.

고 친구들과 칵테일파티를 열어도 된다. 가벼운 전채 요리가 있는 작은 모임, 혹은 당신과 연인, 두 사람만을 위한 은밀한 데이트도 좋다. 당신의 변한 모습을 자랑하고 싶다면 성대한 파티를 열어도 된다. 이제까지는 신문의 주말 섹션에 소개된 핫 플레이스가 어딘지 전혀 몰랐지만, 이제 가보고 싶은 마음이 생길 것이다. 요즘 뜨는 곳이 어디인지 물어보고 직접 가서 특별한 경험을 만들어 보자. 이제 옷 걱정은 할 필요 없지 않은가? 뷰티캠프를 잘 마쳤으니 때와 장소에 맞게 잘 갖춰 입는 것은 식은 죽 먹기다.

● 간식을 많이 먹고 힘을 내자.

세 번의 데이트가 모두 끝나도 당신의 꽃마차가 호박으로 변할 일은 없으니 걱정 마라. 진정한 디바로 변한 당신의 모습을 계속 유지하는 방법까지 알려 주겠다. 가장 마지막 장, '디바여, 영원하라!'는 그동안의 값진 결과를 뒤돌아보고 미래를 위한 계획을 세우는 시간이다. 많은 것을 깨닫게 될 것이다.

자, 이제 웬만한 것은 빠뜨리지 않고 다 말한 것 같다. 딱 하나, 캠프가 진행되는 동안 입을 옷만 정하면 된다. 다른 캠프처럼 오렌지색 T셔츠를 입으라고 억지 부리지 않겠다. 그런 유니폼을 누가 좋아하겠는가? 나와 함께 매일 캠프에 참여할 때 당신이 지킬 것은 딱 한 가지, 당신이 좋아하는 옷을 입는 것이다. 파자마를 입고 싶다면, 좋다, 내가 약속까지 했는데 파자마면 어떤가? 특별한 날을 위해 애지중지했던 원피스 잠옷을 입고 실크 나이트가운을 걸쳐도 좋다. 캠프에 참여하는 동안은, 그동안 아끼느라 못 입었던 옷을 마음껏 입어보자.

준비됐는가? 내가 말한 물건들도 다 준비했는가? 캠프에 올 때 어떤 옷을 입을지 생각해 두었는가? 자, 이제 뷰티캠프의 첫째 주를 향해 출발!

Week 1

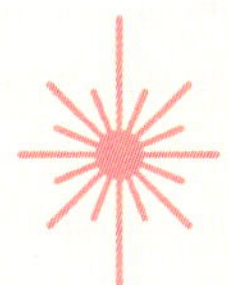

Chapter 3

버려야 할 습관들

Ruts

들리는가? 브렌다의 30일 뷰티캠프의 시작을 알리는 호루라기 소리가 울리고 있다.

대환영! 당신은 지금 이 시각 디바 캠프에 참여한 전 세계 수많은 여성들의 대열에 드디어 합류한 것이다. 이번 주에 할 일은 디바를 향한 대변신 과정을 언제 시작할지 날짜를 정하는 것이다. 오늘 오후에는 수잔이 '해묵은 습관' 과 '변화의 계기' 에 대한 이야기를 해줄 것이다. 첫 주가 끝날 때쯤이면 당신이 좋아하는 컬러를 모아서 컬러 팔레트를 완성하게 될 것이다. 자, 이제 당신만의 디바 스타일을 향해 출발이다!

앞으로 뷰티 재충전 시간을 가질 것이다. 진정한 아름다움을 즐기면서 에너지를 재충전하는 시간이며, 각 과정에서 배운 것들을 마음껏 활용하여 자신만의 아이디어를 펼치는 시간이다. 각 장마다 뷰티 재충전의 시간이 끝나면 자신을 돌보는 습관도 생기고 디바 정신도 새롭게 다지게 될 것이다.

♠ 디바라면 항상 데이트를 준비하라

우선 앞으로 예정된 데이트에 대한 세부 계획을 세워야 한다. 드레스부터 정한다. 혹시 보고 싶은 연극이 있는가? 오페라, 발레공연은 어떤가? 만약 당신이 소도시나 농촌 지역 출신이라면 교회에서 교인들과 저녁을 먹기만 해도 멋진 데이트라고 생각할 것이다. 그것도 좋은 방법이다. 데이트를 하려고 서너 시간 동안 운전해서 대도시로 나갈 필요는 없다. 그러나 마음속에 깊이 간직해 둔 이벤트가 있다면 현실로 옮겨보자. 해묵은 습관을 떨쳐버리고 그동안 익숙했던 모든 것들로부터 떠나라. '미래 언젠가'를 위해 차일피일 미뤘던 일들을 이제 실천에 옮기자. '미래 언젠가'가 바로 지금이다.

● 드레시한 스타일. 나풀거리는 프린트 드레스와 미니 볼레로 카디건은 축제나 파티 의상으로 금상첨화다.

♣ 정장 데이트 ♣

정장 데이트에 필요한 것은 무엇일까? 그 중에서 이번
주에 할 수 있는 것이 있는가? 집중! 옷은 가장 마지
막 단계이니 지금은 신경을 꺼라. 나중에 자세하게
다룰 때가 온다.

● 정장 스타일. 라인은 단
순하지만 소재가 화려해서
파티복으로 손색이 없다.

♣ 정장 데이트 이모저모 ♣

이벤트 내용

날짜와 시간

장소

함께 할 사람

꼭 필요한 전화번호(예약, 티켓 등등)

다른 제반 사항

예약하기 전에 해야 할 것들(베이비시터 구인, 자동차 렌탈 등)

헤어, 메이크업 등 반드시 준비해야 할 것들

옷(결정된 것)

● 특별한 데이트에는
세련된 상의와 독특한
스커트를 입는다.

♣ 캐주얼 데이트 ♣

어떤 캐주얼 데이트를 계획하고 있는가? 친구의 생일 파티나 토요일 한낮의
공연 관람도 좋고, 박물관 관람 후 친구들과 저녁식사도 좋다. 그럼 이번 주
에 예약을 하거나 친구들에게 미리 전화를 해두어야겠지? 자, 움직이자.

♣ 캐주얼 데이트 이모저모 ♣

이벤트 내용

날짜와 시간

장소

함께 할 사람

꼭 필요한 전화번호(예약, 티켓 등)

다른 제반 사항

도움 받을 것들(베이비시터 구인, 자동차 렌탈 등)

헤어, 메이크업 등 반드시 준비해야 할 것들

옷(결정된 것)

● 캐주얼 스타일. 상의와
신발을 멋지게 차려입으면
청바지도 시크해진다.

캐주얼 스타일. 부드러운 벨벳
진과 예쁜 상의는 데이트 복장으로
안성맞춤이다.

캐주얼 스타일. 시크한 복장에
빈티지 스웨터가 멋스럽다.

♣ 홈 데이트 ♣

세 번째 데이트는 홈 파티다. 디너파티로 할 것인지 칵테일파티로 할 것인지 아니면 사랑하는 사람과 둘 만의 은밀한 데이트를 할 것인지 결정하라. 성인들을 위한 파티여야 한다. 손자, 손녀의 생일파티나 딸의 졸업 파티는 데이트가 아니다. 두 사람만의 비밀 데이트건 여섯 명 이상 모이는 큰 파티건 당신은 파티의 꽃으로 빛날 것이다. 이제 그 방법을 가르쳐 주겠다.

당신에게 자신감을 불어 넣기 위해 디바 어드바이저 쉐릴 사이몬스에게 도움을 청했다. 쉐릴은 30년간 파티 플래너로 일하면서 고객의 예산에 따라 다양한 파티를 계획했다. 이번에는 당신의 홈 파티를 도와줄 것이다.

홈 파티는 앞으로 한 달 동안 차근차근 준비해야 한다. 우선 작은 일부터 먼저 처리한다. 그런데 명심할 것이 있다. 욕실을 깔끔하게 수리하기 전에는 손님을 초대하기가 불편한가? 그렇다면 차라리 계획을 변경해서 근처 공원으로 소풍을 나가라. 그게 싫다면 지금 있는 그대로의 욕실을 편안하게 사용할 만한 사람들을 초대하라.

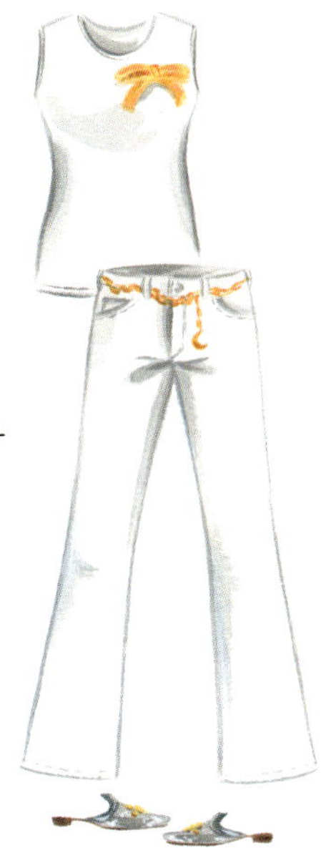

● 홈 파티 룩. 화이트와 골드컬러의 고상한 색상은 손님을 맞이하는 파티 호스트에게 잘 어울린다.

♣ 홈 데이트 이모저모 ♣

이벤트 내용

날짜와 시간

장소

함께 할 사람

꼭 필요한 전화번호(예약, 티켓 등)

다른 제반 사항

도움 받을 것들(요리 도우미, 청소 도우미 등)

헤어, 메이크업 등 반드시 준비해야 할 것들

옷(결정된 것)

드레스 진이나 기모노
스타일의 상의를 입어도
홈 파티 룩이 된다.

카프탄드레스(caftan dress,
길고 느슨한 일자형 드레스)와 광
택이 있는 액세서리를 착용하면
편안한 홈 파티 룩이 된다.

멋진 파티가 되려면 네 가지 기본요소를 갖추어야 한다. 호기심을 유발하는 초대, 매력적인 시작행사, 유쾌한 분위기, 인상 깊은 선물이나 따뜻한 호의. 물론 애인과의 은밀한 파티에는 당신 자체가 최고의 선물이겠지만!

1. 손님들은 초대장을 제일 먼저 본다. 그러므로 초대장에는 시선을 사로잡고 흥미를 돋울만한 내용을 적어야 한다. 한꺼번에 모든 정보를 공개하진 말자. 고급 문구용품점에 가면 이미 만들어 놓은 귀여운 초대장들이 많다. 친구들과 함께 영화를 보고 싶다면 초대장으로 커다란 영화표를 만들어 보라. 섹시한 파티를 열고 싶다면 퍼즐 조각으로 '로맨스' 라는 글자를 만들어서 파티 날짜와 시간을 적어 보내 보라.

2. 도착한 손님들을 깜짝 놀라게 할 이벤트가 있으면 더 좋다. 환한 웃음으로 환영의 인사를 보내는 것도 좋지만 흰 장갑을 낀 집사가 나온다면 손님들은 더욱 재미있어 할 것이다. 당신의 아이들이나 혹은 친구들을 동원해보자.

3. 음악만으로도 파티 분위기를 충분히 낼 수 있다. 단 분위기에 맞는 음악을 틀어야 한다. 벽난로가 있다면 불을 피워라. 파티에는 뭐니 뭐니해도 멋진 초가 제일이다.

4. 디너파티일 경우 손님들은 딱 한 가지만 기억한다. 바로 디저트다. 손님들은 가장 마지막으로 맛본 음식만 기억하는 경향이 있으니 신경 쓰자. 답례용 선물을 준비하면 센스 만점! 파티의 주제에 맞는 답례품을 준비해서 손님들에게 선물하자.

좀 더 간단한 파티를 위한 아이디어

1. 집에서 두 사람만의 피크닉을 즐긴다. 담요와 초, 피크닉 바구니를 준비한다. 진짜 피크닉처럼 피크닉 바구니 안에 도자기 그릇과 크리스털 잔, 치즈와 크래커, 작은 파이와 차가운 돔 페리뇽 샴페인 한 병을 넣어둔다. 혹은 종이 접시와 탄산음료를 준비해도 괜찮다. 뜨거운 음식은 피하자. 냉상 저상할 수 있는 음식이 좋고 아니면 근처 식당에서 테이크아웃해도 된다. 캐시미어 담요나 캠핑 담요도 준비한다. 나중에 필요할지 모르니 베개도 놓아둔다.

2. 재밌는 '무비 데이'를 만들려면 먼저 친구들이 좋아할 만한 DVD를 빌려야 한다. 짐 캐리가 나오는 영화도 좋고 카사블랑카 같은 고전 영화도 좋다. 극장에서 사먹는 스낵을 똑같이 준비해서 바구니 안에 미리 넣어둔다.

3. 서양식 파티도 좋다. 디너 플레이트와 포크, 나이프 등을 준비하고 예쁜 리본으로 묶어둔다. 서양식 전문 요리사를 불러도 되고 맛있는 브라우니를 제과점에 미리 주문해 두면 좋은 후식을 맛볼 수 있다.

어떤 타입의 파티를 준비하든, 주인인 당신은 항상 여유로워야 한다. 파티 준비는 전날 밤까지 끝내자. 그럼 파티 당일에는 아름답게 빛나기만 하면 되지 않는가!

♠ 얼결에 라디오 생방송에 출연한 수잔

샌프란시스코 베이 지역에 살고 있는 수잔은 40대 중반의 재치 있고 지적인 기혼여성이다. 그녀는 '베이 에리어'라는 전화참여 프로그램을 25년 동안 청취해 온 열렬한 애청자로서 이메일로 보낸 글이 채택되어 그 프로그램에 출연한 적도 있다. 어느 날 인기 요리 프로그램 진행자인 유명한 셰프가 '베이 에리어'에 직접 나온다는 소식을 들은 수잔은 '베이 에리어' 진행자에게 그 셰프가 방송을 하는 것을 직접 보게 해달라고 간청하는 이메일을 보냈다. 자신의 요리 영웅이 온다는데 가만있을 수 없었던 것이다.

드디어 허락이 떨어졌고 그녀는 요리대가와의 만남을 학수고대했다. 수잔은 자신의 트레이드 마크인 아이보리색 캐시미어 스웨터와 카디건, 검은색 팬츠를 입고 검은색 구두를 신었다. 액세서리도 고급스러운 것으로 골랐다. 금색 펜던트가 달린 목걸이와 티파니에서 산 검은색 귀걸이를 하고 어깨 끈이 달린 장식 없는 검은색 가방을 들었다.

수잔은 방송 스태프들과 라디오 진행자 론, 그리고 그렇게도 만나고 싶었던 그 유명한 셰프에게 자신을 소개했다. 그런데 정작 그 유명한 셰프는 그녀를 힐끗 한번 쳐다봤을 뿐 냉랭하기 짝이 없었다. 수잔은 자신을 진정시켰다. '괜찮아. 나는 그저 구경하러 온 거잖아. 아무렇게 보여도 상관없어.' 막상 인터뷰가 시작되자 진행자 론이 수잔을 바라보며 난처한 표정을 지었다. "수잔, 내가 요리에 대해 아는 게 전혀 없어요. 이분이 진행하는 쇼를 많이 봤을 테니 당신이 내 대신 인터뷰 해보는 게 어때요? 도전해보지 않겠어요?"
"뭐, 그러죠."

헛말이 나왔다. 다시 진지하게 생각해보기도 전에, 론이 수잔의 코앞에 헤드셋을 내밀었다. 수잔은 유명한 셰프의 맞은편에 앉았다. 이제 '수잔의 시간'이 시작된 것이다.

수잔은 소프트웨어를 판매하는 자영업자였다. 라디오 방송국에 와 본 적도 없고 당연히 즉석 인터뷰를 해본 적도 없었다. 수잔은 입술이 바짝 타들었다. 그러나 나중에 녹음테이프를 들어 본 수전은 안심했다. 베이 지역 청취자들이 수잔의 인터뷰가 재치 있고 흥미진진했다는 칭찬을 보내온 것이다. 청취자들은 덕분에 전문적인 요리정보를 많이 얻었다며 그녀에게 감사의 인사를 보냈다. 물론 나도 그녀의 방송을 들었다. 수잔은 전문 방송인처럼 아주 능숙했다. 그녀가 앞으로도 인터뷰를 계속 진행했으면 하는 생각이 들 정도였다.

"전 항상 블랙 톤의 옷을 입었어요. 예전엔 헤어컬러도 블랙이었죠. 그런데 블랙이 제 얼굴엔 너무 강한 컬러라는 걸 깨달았어요. 그래서 요즘은 옷도 복숭아컬러처럼 피부 톤과 비슷한 컬러로 많이 입어요. 단순히 옷 컬러만 바꿨는데도 완전히 새롭게 태어난 느낌이 들던데요."

— 헬레나(Helena)

집으로 돌아오는 차 속에서 수전은 자신이 멋진 일을 해냈다는 것을 깨달았다. 예상치 못한 일이 너무 순식간에 벌어졌지만, 지난 몇 년간 그렇게 신나는 일을 해본 적이 없었다. 새로 발견한 자신을 표현하려면 지금까지의 보수적인 스타일도 바꾸어야 한다는 생각이 들었다. 값비싼 스웨터와 카디건, 블랙팬츠와 골드 액세서리가 너무 낯설게 느껴졌다. 그녀는 마이크를 잡았을 때처럼 신나는 기분을 옷으로 표현하고 싶었다. 대담하고 멋스러운 옷, 다른 사람들 눈에 잘 띄는 옷을 입고 싶어졌다. 그동안의 스타일도 나쁘지 않았지만, 이제 수전은 변했고 새로운 스타일이 필요했다. 그 일 이후 수전은 나에게 전화를 해서 조언을 구했다. 수전은 새롭게 발견한 자기 자신을 표현하고 싶다고 말했다.

곧바로 수전의 스타일 개조에 돌입한 우리는 그녀의 오래된 습관 몇 가지를 금방 포착했다. 수전은 항상 같은 곳, 티파니 매장에서만 액세서리를 샀다. 골드 제품이 아니면 거들떠보지도 않았고 매치하기 편하도록 아예 세트로 구입하거나 한 쌍으로 된 액세서리만 구입했다. 스웨터와 카디건 세트를 컬러별로 가지고 있었고 신발은 세 가지 컬러만 고집했다. 핸드백도 똑같은 것을 서로 다른 컬러로 네 개나 가지고 있었다. 그녀는 너무 '뻔한' 스타일이었다. 나름대로 괜찮긴 했지만 너무 평범했다. 새로워진 수전을 표현하기엔 역부족이이라고나 할까!

나는 그녀의 스웨터 세트를 생기발랄한 색감의 프린트가 찍힌 상의로 바꾸었다. 누구나 한번쯤 만져보고 싶은 소재로 된 상의였다. 중성적인 느낌의 두 가지 컬러밖에 없었는데 좀 더 밝은 컬러를 넣어 세 가지 컬러로 늘렸다. 물론 컬러가 더 많이 들어가도 상관없다. 금으로 된 티파니 액세서리를 벗고 고급 커스텀 주얼리 몇 개를 구입해서 기존의 것들과 적당히 매치시켰다. 핸드백이나 새로 산 재킷을 더욱 돋보이게 하기 위해 포인트 컬러를 써서 대담한 룩을 완성했다. 수전은 결국 베이지와 블랙의 세계에서 탈출했다. 그녀는 더욱 화사해졌고 온몸으로 에너지를 발산하고 있었다.

당신도 소심하게 살고 있진 않은가? 해묵은 틀에서 벗어나지 못하고 끙끙대지 않는가? 수전처럼 오래된 습관을 벗어버려야 진정한 자신을 표출할 수 있다. 물론 활발한 성격의 수전과는 조금 다른 분위기를 연출하고 싶은 사람도 있을 것이다. 어쨌든 조금 있으면 당신도 옷으로 자신만의 분위기를 연출할 수 있다.

♠ 틀에 박힌 패션 스타일에서 벗어나라

틀에 박힌 패션 스타일만 고집하는 여성은 싫증나는 연인과 헤어지지 못하는 것과 같다. 몇 년 동안 답답함을 느끼면서 별별 시도를 다해보지만 한 번도 만족감이나 행복감을 느끼지 못한다. 그런데도 자신에게 진정으로 필요한 것을 구할 생각은 하지 않고 무조건 자신을 하찮게 여기고 조그만 틀에 끼워 넣으려 한다. 자신의 내면에 숨겨진 진정한 열정을 표현할 줄 모르는 것이다.

하지만 사랑을 하면 빛이 난다. 사랑에 빠지면 10년은 더 젊게 보이고 몸무게도 족히 5킬로그램은 빠진다. 관능미도 넘쳐흐를 것이다. 자신의 틀을 벗고 해묵은 습관에 '안녕'을 고하라. 당신이 사랑하고 당신의 사랑을 받을 만한 옷을 만나면 당신 또한 찬란하게 빛날 것이다. 오늘이 바로 방해만 되는 구닥다리 것들을 골라 낼 시간이다. 그리고 앞으로 4주 동안 진정한 당신을 나타내기에 역부족인 옷과 액세서리들을 계속 추려 낼 것이다.

디바의 센스

"어느 날 옷장 한 가득 들어있는 예쁜 꽃무늬 드레스를 하나씩 찬찬히 훑어 봤지요. 모두 제 자신을 표현하는 트레이드마크 같은 옷들이었어요. 그런데 문득 내일까지 화이트 가죽 재킷을 꼭 사야겠다는 생각이 들었어요. 사지 못하면 비명이라도 지를 것 같더군요. 한마디로 꽃무늬 드레스는 이제 신물이 난 거죠. 제 드레스를 몽땅 포장해서 우리 여동생에게 보냈어요. 그리고 나가서 제가 원하는 가죽 재킷을 샀죠. 마음이 아주 편안해졌어요. 뼈 속 깊숙이 말이에요." —질(Jill)

스타일에 관해 어떤 틀에 갇혀 있다는 사실을 인정하면 자신의 디바 스타일을 찾는 일이 훨씬 쉬워진다. 바로 오늘, 과거의 자신과 '이별' 하자. 구구절절 변명도 그만! 아마 다음 주 화요일쯤이면 당신은 완전히 새로운 모습으로 변해 있을 것이다.

가제트 탐정이 된 기분으로 디바 저널과 펜을 들고 집안 구석구석을 살펴보라. 당신의 해묵은 관념들의 증거를 찾아야 한다. 빨래 바구니를 살펴라. 모두 모두 블랙 아닌가? 당신이 컬러의 틀에 갇혀 있다는 증거다.

이번엔 화장대 서랍이다. 모두 새천년이 도래하기 전에 사둔 것 아닌가? 포장을 뜯지도 않은 아이섀도와 립스틱이 웬 말인가? 메이크업을 할 때도 어떤 틀에 갇혀 있다는 증거다.

옷장 안은 어떤가? 선반 위로 손을 뻗어보니 물건들이 무더기로 떨어진다. 아! 그런데 모두 난생 처음 보는 것들이다. 물건들이 너무 뒤엉켜 있어서 물건을 꺼내려고 집어넣은 손이 빠지지 않은 경우는 없는가? 당신은 필요 없는 것들까지 쟁여두고 사는 습관을 가지고 있다. 물건들이 엉켜서 찌그러질 정도로 빽빽하게 들어차 있으니 당신을 디바로 만들어 줄 핵심 아이템이 들어 있다 해도 어떻게 찾아 낼 것인가?

이제 보석상자다. 어디 쓸 만한 것들이 좀 있는가? 아니면 종이 목걸이거나 깨진 조개목걸이 뿐인가?

코트를 걸어 두는 옷장 안을 들여다보자. 한눈에 당신을 사로잡는 코트가 있는가? 모두 칙칙한 싸구려 코트들인가? 신발들은 모두 오래되어 낡아빠진 것들 아닌가? 왜 당신 속에 숨은 디바를 겉으로 표현할 수 없는지 이제 이유를 알겠는가? 당신이 원하는 디바의 모습은 산처럼 쌓인 잡동사니들과 그동안 아무렇게나 방치해 둔 물건들 속에 파묻혀 있었다.

다른 여성들은 어떤 틀에 갇혀 사는지 잠깐 훔쳐보기로 하자.

♣ "옷은 산다. 그러나 스타일을 살려줄 액세서리는 사본 적이 없다. 그러다보니 새로 산 옷도 입지 않게 되었다."

♣ "싸구려 옷들만 산다. 그것도 세일할 때만. 결국 내 몸에 맞추기 위해 다시 수선해야 하지만 수선집에 가 본 적이 없다. 아직 꼬리표도 떼지 않은 옷들이 즐비하다.

♣ "난 고등학교 때 정말 멋있었다. 그래서인지 지금까지 거의 십 년 동안 그 당시 스타일을 하고 다닌다. 아직도 은색 립스틱을 바르고 무릎까지 오는 긴 부츠를 신고 여배우 파라 포셋처럼 머리를 휘날리며 다닌다."

♣ "핸드백은 헤지고 손잡이 부분이 너덜너덜해졌는데도 주구장창 그 핸드백만 들고 다닌다."

♣ "옷과 액세서리 등 모든 것을 아주 기본적인 스타일로 고른다. 물론 좋아서 그러는 것은 절대 아니다. 당연히 내 모습에 대해 만족해본 적이 없다."

♣ "평생 옷 하나(청바지!)에 전적으로 의존한다."

♣ "헬스장에 갈 때부터 아이들에게 필요한 것을 사러 백화점에 갈 때까지 오직 한 가지 옷차림을 고수한다. 바로 트레이닝복이다."

♣ "지난 15년간 화장을 하지 않고 지냈다. 화장을 조금만 하면 달라질 거라는 생각은 했지만 실천으로 옮긴 적은 없다."

"저는 아름다운 옷을 너무 좋아해요. 옷은 많은데 핸드백은 어딜 가나 똑같은 것만 들어서 좀 문제죠. 재활용품 매장에서 산 두니 & 버크 검은색 가방만 들어요. 친한 친구들은 제가 그 가방을 들고 가면 짜증을 내더라고요. 얼마나 당황했는지 몰라요. 다들 제 가방을 놓고 왜 그렇게 신경질인지 처음엔 이해를 할 수 없었지만, 그때부터 쇼핑을 할 때 핸드백을 집중적으로 살펴보았어요. 그리고 출근할 때 들 가방 하나, 저녁 약속에 나갈 때나 평소에 쓸 가방 두어 개를 샀어요. 이제 옷이나 기분에 따라 가방을 바꿀 수 있어요. 정말 재밌네요. 이제야 두려움을 이겨낸 것 같아요. 제 옷장에서 최소한 한 가지는 바꿀 수 있게 되었으니 말이에요." —앤(Ann)

이제 네모 칸을 그리고 당신이 어떤 틀에 갇혀 있는지 적어볼 것이다. 네모 칸을 크게 그린다. 옆에 있는 칸을 그대로 사용하거나 새 종이에 커다랗게 그려도 좋다. 정중앙에는 '해묵은 습관들' 이라 쓰고 남은 8개 간에는 당신이 영원히 버리고 싶은 습관들을 적는다.

이 리스트를 바인더에 넣어 잘 보관하자. 앞으로 30일 동안 오늘 만든 이 표를 계속해서 살펴볼 것이다. 이 캠프가 끝날 때쯤이면 해묵은 습관을 많이 개선하게 될 것이다. 지금까지 당신이 갇혀 있던 낡은 틀에서 벗어나 스스로 만족할 수 있는 새로운 전략을 찾게 될 것이다. 그럼 그런 새로운 전략들을 어디에서 찾아야 할까? 스타일 북에 앞으로 당신이 꿈꾸는 스타일과 비전을 적어라. 스타일 북이 무엇인지는 다음 장에서 더 자세히 알아보자.

해묵은 습관들

"가장 나쁜 습관은 이미 가지고 있는 것들과 아주 비슷한 것만 산다는 거예요. 브라운 컬러의 스웨터만도 비슷한 게 몇 개나 있는지 몰라요. 그러니까 어떤 것을 입어도 항상 비슷하게 보일 뿐이죠."

—린(Lynn)

이제 당신의 잘못된 습관이 무엇인지 알았으니, 제자리를 찾기 위해 어떻게 해야 하는지 생각해 보자. 여기에선 '버리고 싶은 것, 가지고 싶은 것' 부터 구분해 볼 것이다. 디바 저널을 펴고 왼쪽 페이지에 '버리고 싶은 것' 이라고 적고 오른쪽 페이지에 '가지고 싶은 것' 이라고 적는다. 버리고 싶은 것(데이트에 입고 나갈 옷이 없는 상황, 고를게 너무 많아서 복잡한 상황, 고를 만한 게 없는 상황, 맞지 않는 옷 등)과 가지고 싶은 것(데이트에 입고 나갈 옷이 많은 상황, 수는 적지만 고를 만한 게 많은 상황, 다양한 옷들, 몸에 맞는 옷들)에는 어떤 것이 있는지 알아보자.

지금까지는 당신의 케케묵은 습관을 전혀 의식하지 않고 살았다. 그러나 여기 뷰티캠프에서는 습관에서 벗어나기 위해 매일 의식적으로 노력해야 한다. 30일 동안 하루도 빠짐없이 자신이 진정으로 원하는 것을 의식하고 있어야 한다. 변명은 더 이상 통하지 않는다. 당신의 몸과 얼굴에 행하는 모든 것은 합당한 이유, 즉 당신이 정말 원하기 때문에 하는 것이어야 한다.

디바의 센스

노여움에서 벗어나고 싶어요. 폐경기가 지나자 몸이 변했고 괜히 화가 나더군요. 이젠 제 모습을 순순히 받아들이고 감사할 수 있었으면 좋겠어요.

단조로운 옷은 이제 지겨워요. 제가 즐겁게 입을 수 있는 옷을 입고 싶어요.

틀에 박힌 옷, 아무런 매력 없잖아요? 신비감을 불러일으키는 옷을 입고 싶어요.

산만하고 포인트도 없는 옷에서 벗어나 통일된 스타일을 보여주고 싶어요.

몸에 맞는다는 이유로 싫어하는 바지를 입는 것은 정말 끔찍한 일이에요. 이제 달라질 거예요. 몸에도 맞고 제가 정말 좋아하는 바지를 입고 싶어요.

옷장을 들여다보며 더는 비명을 지르기 싫어요. 옷장을 열 때마다 '그래, 바로 이거야!' 하고 외치고 싶디고요.

옷을 무턱대고 사는 습관을 버리고 싶어요, 계획성 있게 옷을 사고 싶어요.

사람들 눈에 띄지 않는 게 좋다는 생각은 그만하고 싶어요. 당당하게 사람들의 시선을 받고 싶어요.

—마릴린(Marilyn)

지난 26년 동안 나는 남성과 여성 모두의 헤어스타일과 메이크업을 담당했다. 특히 사진촬영을 위한 스타일링을 좋아했다. 사람들의 헤어컬러나 메이크업을 업그레이드시키는 것도 흥미로웠다. 여러 방송매체에 유명인들의 헤어스타일에 대한 논평기사를 쓰기도 했다. 나는 화려한 것을 좋아한다. 음악이든 음식이든 시각적으로 아름다움을 표현할 수 있는 것이면 뭐든 좋다. 나는 스커트를 18벌 가지고 있다. 물론 모두 내 몸에 잘 맞는 것들이고 나는 그것들을 모두 즐겨 입는다.

♣ 당신을 돋보이게 하기 위해 사용하는 컬러가 있다면?

- 저에게는 부드러운 느낌을 주는 컬러가 잘 어울려요. 한해 두해 나이를 먹을수록 확실하게 느낀답니다. 그래서 볼터치도 피부 톤과 비슷한 컬러를 즐기죠. 부드러운 성격을 표현하기 위해 로즈컬러도 자주 쓰는 편이에요. 로즈컬러 볼터치는 사람들의 연민을 불러일으키는 것 같아요. 다른 사람들의 관심을 받고 싶다면 한번 사용해보세요. 온 세상이 당신을 보호해 줄 테니까요! 저는 딸기컬러를 정말 좋아하는데요, 레드도 퍼플도 아닌 딱 중간, 한 조각의 딸기 파이처럼 정말 달콤한 컬러죠. 퍼플컬러 옷을 입을 때는 전체적으로 진한 컬러로 매치해요. 그럼 신비스러움을 발산할 수 있고 치근대는 사람들이 쉽게 접근하지 못하죠. 요즘은 진한 에스프레소컬러가 마음에 들어요.

단순한 블랙보다 부드럽고 제 피부 톤과 정말 잘 어울리거든요. 로즈, 딸기,
퍼플과 레드, 데님컬러와 블루, 그린, 아니 모든 컬러와 잘 어울려요.

♣ 당신의 장점을 부각시키기 위해 사용하는 방법이 있다면?

　– 몸매를 자연스럽게 드러내는 모래시계와 같은 실루엣을 고수하는 편이
에요. 주름이 우아하게 떨어지는 패브릭을 좋아하죠. A라인 스커트와 긴 팬
츠는 저의 비밀 무기에요. 제 헤어컬러나 눈동자와 잘 어울리는 옷들을 가지
고 있는데 제가 산 어떤 것들과도 잘 매치되죠. 그 옷들을 입으면 고민할 필
요도 없이 통일된 스타일을 연출할 수 있어요.

♣ 디바 스타일에 필요한 핵심아이템이 있다면?

　– 립스틱. 자신이 디바라고 생각하면서 어떻게 립스틱도 바르지 않고 집
밖으로 나갈 생각을 하는지 모르겠어요. 전 립스틱을 바르고 잘 때도 있어요.

♣ 당신의 머스트 헤브 액세서리는?

　– 목걸이를 여러 개 함께 두르지 않아요. 목걸이가 복잡하면 제가 나타내
고 싶은 스타일이 변질되는 것 같아요.

♣ 오래되었지만 여전히 사용하는 것이 있는가?

　– 핑크와 올리브컬러의 손 매듭 염색이 된 T셔츠. 절대 버릴 수 없는 아이템
이죠. 앞 코가 뾰족한 포인티드 토우 하이힐은 저녁에 외출할 때 즐겨 신어요.

♣ 거금을 들였지만 전혀 후회하지 않는 아이템이 있다면?

　–5년 전에 산 시어링 재킷. 벌써 백만 번도 더 입은 것 같아요. 입을 때마
다 제가 아주 근사해지는 느낌이 들어요. 청바지나 정장 바지와 매치시켜도

포인티드 토우 하이힐
(Pointed Toe high-
heel) : 발끝이 가늘고
날카로운 뾰족구두

시어링 재킷
(shearing jacket) :
기계를 사용하여 일
정한 길이로 잘라낸
털로 만든 재킷

되고 실크나 시폰 스커트와도 즐겨 입는답니다.

♣ 속옷 서랍에 들어 있는 것은?

－T팬티와 캐미솔을 컬러별로 모두 가지고 있어요. 누드컬러도 있죠. 할리우드 패션 테이프가 들어 있고 어릴 때 가지고 놀던 작동인형도 들어 있네요. 아무리 결심하고 입어도 바로 벗어버리는 속옷들은 '야한 속옷' 서랍에다 넣어 두었어요.

♣ 당신이 신봉하는 패션 법칙이 있다면?

－머리와 메이크업은 유행을 많이 따르는 편이에요. 젊게 보이려고 애쓴 티가 나지 않으면서 자연스럽게 젊어 보일 수 있으니까요. 그리고 몸에 맞게 옷을 많이 수선하는 편이에요. 전신거울로 제가 어떻게 보이는지도 자주 확인해요. 손거울로 뒷모습도 확인하죠. 3면 거울이 없으니 그렇게라도 할 수밖에요. 아니, 이건 농담이구요.

♣ 당신이 무시하는 패션법칙이 있다면?

－ 그다지 어울리는 컬러가 아닌 T셔츠도 사는 것. 은행잔고에 큰 타격도 없고 그걸 입었을 때 이상하다는 말을 들어 본 적도 없어요.

♣ 다른 사람에게 알려주고 싶은 패션 아이디어가 있다면?

－ 열심히 찾아보고 당신의 옷을 모두 잘 받쳐줄 옷을 구입하세요. 미리 준비해 놓으면 얼마나 기분 좋은지 아세요? 사람들이 뭐라 말하든 상관없이 당신이 생각한 스타일로 입으세요.

힘들게 자유 시간을 얻었다. 뷰티 재충전을 할 수 있는 시간이다. 모든 것을 중지하고 휴식을 취하면서 아름다움에 흠뻑 빠져 보자. 가까운 공원에 가서 나무와 꽃, 식물들을 보면서 자연의 아름다움을 감상하자. 서로 다른 컬러나 질감들이 함께 어우러지는 모습을 보라. 매끈한 이파리가 있는가 하면 솜털이 보송보송한 나뭇잎도 있고, 진한 컬러뿐 아니라 다양한 컬러의 이파리들이 눈에 띌 것이다. 꺾을 수 있는 꽃이면 꽃다발을 만들어 예쁜 꽃병에 꽂아 두자.

충분히 쉬었다면 이번에는 당신만의 스타일 북에 대해 알아보자.

Chapter 4

변화의 터닝 포인트

Resonance

뷰티캠프는 짜임새 있게 쉬는 시간이다. 좀 더 새로운 관점으로 자신의 목소리를 듣고 자신의 모습을 살펴보는 시간이다. 이런 시간이 얼마만인가? 방금 "어쨌든 해보자!"라고 했는가? 분명히 들었다! 그동안 당신은 좋은 엄마였고 최고의 친구이자 안전한 보금자리 역할을 멋지게 해냈다. 이제 자신을 바라 볼 때다. 지금까지는 자신의 바람과 희망이 무엇인지 거들떠 볼 생각도 하지 않았겠지만, 이제 자신의 참모습에 관해 많은 것을 발견하게 될 것이다. 자기 자신을 너무 사랑하게 될 지도 모르겠다.

✦✦✦

　스타일 북은 진정한 자신과 친해지도록 만들어 줄 것이다. 당신을 바른 길로 인도해 줄만한 것들을 모아 놓은 것이 스타일 북이기 때문이다. 그것이 한 단어나 문장, 이미지 사진일 수도 있다. 자신의 목소리에 귀 기울여서 스스로 정말 재밌고 흥미롭게 느끼는 것들을 정리하면 된다. 당신이라는 사람의 모든 것을 스타일링 할 때 도움이 될 것이다. 스타일 북은 자신을 존중하고 자신만의 진정한 스타일을 알아낼 수 있는 강력한 도구가 될 것이다.

　나도 길을 잃고 방황할 때 문득 나만의 스타일 북을 만들어야겠다는 생각이 들었다. 진정한 나로 돌아갈 수 있는 길이 필요했기 때문이다. 이 방법이 내게 큰 도움이 되었던 것처럼 당신에게도 큰 효과가 있을 것이다.

　인생은 때때로 우리를 좌절시키며 일상적인 활동에 제동을 건다. 뷰티캠프에 참여하기 위해 잠깐 일상생활과 떨어지는 것과는 전혀 차원이 다르다. 계곡에서 갑자기 흙이 무너져 내려 당신의 앞길을 막아 버리는 것처럼 막막한 순간이 찾아온다. 이혼이나 사랑하는 사람의 죽음, 낯선 동네로 이사하는 것 등이 그런 순간이다.

나는 과거에 유방암 진단을 받은 적이 있다. 그러자 갑자기 일상생활의 리듬이 깨져버리고 모든 것이 일순간 정지한 느낌이 들었다. 몇 달 동안 화학치료와 수술을 받고 방사능 치료도 받았다. 치료가 끝나기로 한 9월 1일까지 나는 매일 달력에 ×표시를 해가며 기다렸다. 마지막 ×표가 끝나면 그 다음날부터 예전의 평범한 생활이 시작될 것 같았다. "암 입니다"라는 말을 듣기 바로 전날로 다시 돌아갈 수 있다고 생각했다.

그러나 상황은 그렇게 녹녹치 않았다. 피곤이 뼛속까지 밀려왔고 하루하루가 불편했다. 나는 의기소침해졌다. 치료를 받는 동안 의료업계에 종사하는 친구들도 많이 사귀었고 나중에 만나기 위해 사람들과 약속도 많이 했다. 그러나 친구들과의 약속을 지키지 못하다보니 무기력감만 밀려왔다. 정상으로 돌아온 것은 아무것도 없었다. 내가 누구였는가? 나는 도대체 누구의 인생을 살고 있었던 것인가?

어느 날 나는 차 속에서 라디오를 듣고 있었다. 마침 '테리 그로스와 함께 기분전환을'이 방송 중이었는데, 그 날의 초대 손님은 마돈나였다. 새 앨범이 나왔다고 소개하면서 그동안 함께 음악작업을 했던 스태프들에게 감사를 표했다. 창의력이 넘치는 사람들과 함께 일하는 것이 너무 즐거웠다고 했다. 안무가와 댄서들, 조명 전문가들과 서로 교감을 주고받으며 일하고 있다는 마돈나가 무척 부러웠다. '창조적인 사람들과의 협력'이란 말이 머릿속을 맴돌았다. 나는 일할 때 거의 대부분 혼자였다. 사실 나도 창의력이 넘쳐나는 사람들과 함께 일하고 싶었다. 나는 종이에 그 말을 써 두었다. 외워서 머릿속 깊숙이 간직하고 싶었다.

어느 날 패션업계에서 일하는 친구들이 나를 찾아왔다. 스타일에 관해 이야기를 나누다가 친구 하나가 말했다. "브렌다, 너 좀 변했다. 좀 더 자신감이 생긴 것 같고 여유도 느껴져. 코스모폴리탄 스타일로 변하는 것 같아." 얼마나 듣고 싶었던 말인가! 내가 고만고만한 스타일에서 벗어나 세계 어디서나 인정받을 만한 스타일로 변했다는 뜻 아닌가. 내 옷차림이면 세상 어디서도 통한다는 뜻이다. 나는 '자신감, 편안함, 코스모폴리탄'이란 단어를 냅킨에 메모했다.

휴가가 다가오고 있었다. 집에서 우연히 카드를 한 장 발견했는데 바구니가 달린 빨간색 자전거를 타는 여자아이의 만화가 그려져 있었다. 바구니 안에는 작고 귀여운 크리스마스트리가 들어 있고, 여자아이의 길고 탐스러운 갈색 머리(화학치료를 받기 전 내 머리가 생각났다)가 바람결에 흩날렸다. 소녀는 가장자리에 술이 달린 레드와 퍼플 스트라이프의 긴 스카프를 두르고, 코가 뾰족한 하이힐을 신고 손에는 보송보송한 털장갑을 꼈다. 립스틱을 바르고 눈 화장을 하고 가짜 속눈썹도 붙이고 허리를 곧추 세운 채 미소를 지으며 앞을 바라보고 있었다.

그 그림이 갑자기 의미심장하게 다가왔다. 소녀는 온몸으로 기쁨과 행복을 발산하고 있었다. 나도 나만의 스타일을 마음껏 뽐내며 바깥세상을 이리저리 뛰어다니고 싶어졌다. 그림 속 소녀는 건강하고 보기 좋은 몸매를 가지고 있었다. 소녀의 삶은 사랑이 충만해 보였다. 그림 속 소녀는 내가 그토록 원하던 것을 다 가진 듯했다. 뾰족한 하이힐을 신고 자전거를 타는 것은 만화에서나 할 수 있는 일이지만, 적어도 내 옷과 몸매를 자랑스럽게 내보이며 인생이라는 길을 여유롭게 거니는 모습은 얼마든지 상상할 수 있었다. 물론 일주일 안에는 힘들겠지만 언젠가 꼭 현실로 이루고 싶은 상상이었다.

내 마음을 움직인 것들을 따로 모아둘 공간이 필요했다. 좋은 말들과 아이디어, 이미지를 모으고 싶었다. 스크랩북이나 일기장을 사용할 수도 있었지만, 사무실에 있는 포트폴리오 북을 사용하기로 했다. 가로 12㎝, 세로 18㎝의 크기에 사진이나 서류를 끼워 넣을 수 있는 비닐 페이지가 25장 들어있는 파일이었다. '나의 스타일 북'이라고 라벨을 붙였다. 앞으로 내게 필요한 것들을 기록해 둘 곳을 마련하고 나니, 무엇이든 마음에 드는 것에 더욱 집중하는 버릇이 생겼다. 내가 사랑하는 것, 원하는 것, 나에게 큰 의미가 되는 것들에 이름을 붙여 주기도 했다. 외롭거나 길을 잃고 방황할 때 나는 나만의 '스타일 북'을 들여다보았다. 그러면 기분이 한결 좋아졌다. 스타일 북은 미래를 바라보게 해주었다.

나는 여전히 피곤에 지쳐 있었지만, 그렇게 꿈꾸는 시간이 더없이 소중했다. 다시는 암 치료를 받지 않게 해달라고 빌었지만, 암이라는 병 때문에 얻은 것도 많았다. '스타일 북'은 생명의 은인이자 내 삶의 이정표가 되었다.

앞으로 1, 2주 동안 당신의 직관력과 상상력을 총 동원해서 당신만의 스타일 북을 만들어 보자. 캠프를 준비하면서 당신이 사 두었던 포트폴리오 북을 사용하면 된다. 당신 가슴을 울리는 것이 있는지 살펴보라. 내 말의 의미를 아직 파악하지 못했다면 이렇게 생각하면 된다. 어떤 사람의 말에 당신도 고개를 끄덕였다면 당신은 마음 깊은 곳에서 그 말에 공감한 것이다. 주위 사람들에게 다 들릴 만큼 큰 소리의 감탄사가 절로 나온다면 그 사람이 말한 내용이나 당신이 방금 본 것을 십분 이해했다는 표시다. 어떤 사람이 이렇게 말을 한다. "12월에 휴가를 잘 보내려면 멕시코에 가면 돼." 그렇게 해본 적은 없지만 그 말에 전적으로 동의했다. 다음 12월에는 꼭 멕시코에 가봐야겠다고 결심한다. 멕시코의 공기가 느껴지고 푸른 바다의 냄새가 나는 것 같다. 마가리타 잔에 송골송골 맺힌 차가운 물방울이 만져질 것이고, 잔에 묻혀 놓은 짠 소금 맛도 느낄 것이다. 12월을 멕시코에서 보내겠다는 아이디어가 마음을 흔들어 당신의 새로운 라이프스타일이 만들어질 것이다. 바로 그것이다.

대담하라! 항상 놀랄 준비를 하라! 부지불식간에 떠오르는 생각을 억누르려 하지 마라. 갑자기 붉은색의 정열적인 드레스가 생각났다면 스타일 북에 얼른 적어라. 갑자기 부드러운 캐시미어의 감촉을 느끼고 싶어졌다면 '푹신한 캐시미어의 촉감'이라고 적어보자. 옛날 영화배우가 생각났다면 그 사람의 사진을 스타일 북에 스크랩하라. 스타일 북은 당신이 좋아하고 특별히 원하는 것들을 즉석사진처럼 남겨 두는 곳이다. '스타일 북'이 싫으면 다른 이름을 붙여라. 당신을 표현하는 소재가 될 만한 것들을 모으는 것이니 비싸지 않고 꺼내보기 쉬우면 된다. 언제 어디서 그런 소재가 나타날지 모른다. 일단 아이디어가 떠오르면 그것을 선물로 생각하라. 절대 무시하면 안 된다. 잽싸게 포착하여 안전한 곳에 보관하자.

예전의 습관이 고개를 들 때마다 스타일 북을 들여다보며 자신을 바로잡자. 당신 속에 숨은 디바를 찾는 데 전심전력하라. 지금까지 꿈만 꾸며 도저히 이룰 수 없을 것이라고 생각했던 것들에 과감하게 도전해 보자.

정말 멋지게 잘하고 있다. 자신에게 박수를 보내라. 박수를 받을 자격이 충분하다! 일상적인 생활에서 벗어나 생생한 패션 현장을 느껴보고 싶다면 우선 당신이 한 번도 안 가본 상점에 가 보라. 구경만 하겠다고 점원에게 말하고 선반과 디스플레이까지 꼼꼼히 보자. 핸드백에서 칵테일 드레스, 신발, 보석류, 손지갑과 재킷, 블라우스, 팬츠까지 상점에 있는 물건들을 디 살펴본다. 상점에서는 서로 잘 어울리는 것끼리 디스플레이를 해놓았으니 유심히 봐야 한다. 그 상점을 정말 좋아하게 될 수도 있지만 다시는 가고 싶지 않을 수도 있다. 어찌됐건 이제 자신의 기호에 맞는 상점을 알아 낼 수 있을 것이다.

새로운 상점에 들어가서
분위기를 즐겨라

집안을 둘러보고 당신이 가장 좋아하는 것들을 몇 가지 바구니에 담아 본다. 늘 있던 자리 말고 전혀 다른 곳에서 보아야 새롭게 보인다. 편안한 의자에 앉아서 당신이 모은 것들을 하나씩 꺼내 본다. 마음속 깊이 다가오는 것이 있다면 그것이 어떻게 당신 손에 들어오게 되었는지 떠올려 보자. 아름다운 것들에 대한 공상을 많이 하면 삶의 질이 높아진다. 우리는 아름다움에 묻혀 살면서도 정작 그것을 감상할 시간을 내지 못한다. 그럼 안 된다. 이것은 당신의 시간이다.

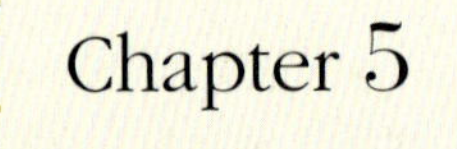

[Chapter 5]

컬러 시크릿

Secret of color

컬러보다 빨리 당신을 촌스러움의 극치에서 디바로 변신시켜주는 것은 없다. 당신도 분명히 용납할 수 없는 컬러가 있을 것이다. 빨간 머리인 사람은 레드컬러를 입으면 안 되고 머리가 희끗희끗해지면 회색 옷을 절대 입지 말라는 말도 들었을 것이다. 혹은 단지 '당신의 컬러' 가 아니라는 이유로 반사적으로 꺼리는 컬러가 있을 것이다. 그런데 이 말들이 모두 사실이 아니라면 어떡할 텐가? 이 장을 읽고 나면 지금까지 질색했던 컬러도 좋아하게 될 것이다. 부디 놀라지 마시길.

✦ ✦ ✦

제일 먼저 당신의 피부 톤과 눈동자 색깔을 잘 반영하여 컬러 팔레트를 만들어 보자. 예를 들어, 당신의 헤어컬러가 금갈색이라면 낙타색인 베이지 코트가 잘 어울린다. 피부가 검은 편이라면 짙은 브라운 톤의 실크 스카프를 둘렀을 때 정말 멋있게 보인다.

이제 디바 어드바이저 랜디 메르존에게 컬러를 고르는 방법에 대해 배워 보자. 컬러만으로도 지금까지 숨겨져 있던 당신의 새로운 모습을 드러낼 수 있다. 가령 레드컬러 옷은 당신의 열정과 힘을 일깨워 줄 것이다. 핑크는 당신을 사랑스러운 사람으로 만들어 주고 에메랄드 그린처럼 맑고 아름다운 그린컬러는 당신의 개인적인 성공에 대한 희망을 불러일으킬 것이다. 단순히 컬러만 바꿨을 뿐인데 강장제 음료를 마신 것처럼 에너지를 얻을 수 있다니 정말 근사하지 않은가? 물론 당신도 얼마든지 할 수 있다!

이 장에서는 컬러를 생활 속에서 활용하는 방법, 즉 화장할 때나 옷 입을 때 혹은 액세서리를 선택할 때 어떤 컬러를 선택해야 하는지 알아 볼 것이다. 이것도 모두 당신 속에 숨어 있는 디바를 밖으로 끌어내기 위한 전략이다. 우선 당신에게 맞는 컬러를 찾아야 한다. 옷장 안에서 당신을 진정으로 빛나게 해줄 컬러를 찾는 것만으로도 옷 입기가 얼마나 쉬워지는지 몸소 체험해 보라. 심지어 정말 우울하고 힘든 날이라도 컬러 하나 때문에 당신의 모습이 찬란히 빛날 것이다. 디바도 우울할 때는 있으니!

당신에게 잘 어울리는 컬러를 이미 알고 있다 해도 이 장을 건너뛰지는 말자. 알아야 할 것이 아직 남아 있다. 컬러에 문외한이라도 괜찮다. 조금 있으면 그런 생각은 완전히 없어질 것이다. 이번 주말쯤 되면 당신을 멋지고 근사하게 만들어 줄 당신만의 컬러 팔레트를 가지게 될 것이다.

그동안 당신은 어떻게 컬러를 골랐는가? 혹시 컬러에 대한 해묵은 습관은 없는가? 다른 컬러는 쳐다보지도 않고 똑같은 컬러만 고집하지 않는가? 컬러가 어떤 효과를 주는지 알아보려고 하지 않고 무지개색만 좋아하진 않았는가? 다양하긴 하지만 서로 매치가 안 되는 컬러의 옷만 가득한 것 아닌가? 매년 매 시즌마다 유행 컬러가 바뀌니 어떤 컬러를 골라야 할지 혼란스러운가? 그러나 옷장 안에 있다고 아무 컬러나 마구 입으면 안 된다.

♠ 사람마다 어울리는 컬러는 따로 있다

일상 속의 디바 몇 명을 만나보자. 랜디는 곱슬곱슬한 빨간 머리에 녹색 눈동자를 가졌다. 키가 크고 굉장히 볼륨 있는 몸매를 지닌 마흔 일곱 살의 여성이다. 나는 그녀가 올리브 그린의 페이즐리 무늬가 그려진 구릿빛 숄을 걸친 모습을 보고 도저히 눈을 뗄 수 없었다. 정말 멋진 모습이었다!

데브라는 은발로 하얗게 빛나는 쉰다섯 살의 여성이다. 20대부터 머리가 하얗게 변하기 시작했다고 한다. 데브라는 마르고 작은 체구에 짙은 갈색의 눈동자를 가지고 있다. 그녀의 스타일에서 포인트는 하얗게 빛나는 은발이다. 화이트나 블랙, 그레이 톤의 옷을 입고 은이나 다이아몬드 액세서리를 착용하니 그녀에게서 사람을 기분 좋게 만드는 빛이 났다.

랜디와 데브라는 자신에게 어울리는 컬러를 잘 매치해서 입을 줄 안다. 유행 컬러와 상관없이 자신에게 잘 어울리는 컬러를 발견하면 망설이지 않고 투자한다. 이번 시즌의 유행 컬러가 맞지 않다고 생각하면 충분히 감안하여 다음 시즌까지 쇼핑을 미루기도 한다.

두 여성은 모두 샌프란시스코에 산다. 두 사람이 상대방의 옷을 입어보면 어떤 일이 일어날까? 정말 억지스럽고 불편한 모습, 부조화 그 자체일 것이다. 당신에게 생기를 불어넣어 줄 컬러를 찾기 위해 시간을 투자하는 것은 가치 있는 일이다.

♠ 컬러에 대한 이해

이런 일이 얼마나 빈번하게 일어나는지 나는 정말 놀랐다. 나는 컬러에 대해 일가견이 있는 어떤 고객을 만날 예정이었다. 이런 생각이 들었다. '그녀는 컬러에 대한 식견이 있으니 적어도 옷의 3분의 1 정도는 자신이 고른 컬러겠지? 자신의 눈동자 색깔보다 약간 짙거나 옅은 컬러의 옷들이 있을 거야.' 그래서 직접 물어보았다. "당신의 눈동자 색깔과 같은 톤의 옷이 많이 있겠네요?" 그러나 그 고객은 멍한 눈으로 나를 쳐다보았다. 내가 놀라운 전략을 알려 주면 금방이라도 감동할 자세였다. 놀라운 전략이란, 바로 그녀의 눈동

자 색깔에 맞는 옷을 고르는 것
이다. 나의 조언을 들은 고객들
은 언제나 환호성을 지르며 기
뻐했다. 헤어컬러에도 같은 공
식을 대입하면 된다. 머리가 검
은색이든 갈색이든, 적갈색, 밝
은 황금색, 스트로베리 블론
드, 아니면 은회색이나 완전
한 백발이라도 괜찮다. 하이라
이트를 준 머리도 상관없다. 자
신의 헤어컬러와 비슷한 컬러의
옷을 자꾸 입으면 세련되고 자신
감 있는 분위기를 연출할 수 있다.

이상하게도 자신의 피부 톤과 비
슷한 컬러를 입으려 하지 않는 여성
들이 많다. 그러나 막상 입어보면 정
말 놀라운 효과를 발견하게 될 것이
다. 피부 톤이 검은 여성은 허니 브라

시그너쳐 컬러(Signature
color) : 자신을 대표하는
컬러

운의 드레스를 입어 보자. 낭만적인 느낌과 함께 마치 아무것도 입지 않은
것 같은 자유를 느끼게 될 것이다. 피부가 매끈하고 하얀 여성은 피부 톤과
같은 누드컬러나 연한 핑크 혹은 복숭아빛 볼터치를 은은하게 발라 준다.
레드 카펫 위를 걸어 나오는 유명 연예인을 보아도 피부 톤과 같은 볼터치를
사용한 사람이 더욱 돋보인다. 특히 피부 톤과 같은 색조의 화장을 하면 마
치 자신의 '진짜' 모습을 드러내는 것처럼 메이크업을 거의 하지 않은 효과

를 본다. 피부 톤을 그대로 보여주면 섹시하며 고혹적인 아름다움을 발산할 수 있다. 거기다가 부드럽고 하늘하늘한 옷을 입으면 다정다감한 느낌뿐만 아니라 연약하고 부드러운 느낌도 준다. 사무실에서는 경쟁자들을 비참하게 무너뜨리기로 유명한 여성이 애인과의 저녁식사에 이렇게 차리고 나가면 효과만점일 것이다.

♠ 콘트라스트 연출

우리는 주로 두세 가지 정도의 컬러로 맞춰 입는다. 옷의 컬러 대비를 강하게 혹은 약하게 하는 것은 당신의 피부와 머리, 눈동자 색깔의 대비 정도에 달려 있다. 백설 공주처럼 칠흑 같은 검은 머리에 갈색 눈동자, 상아색 피부의 소유자라면 컬러 대비가 강한 옷을 입는 것이 좋다. 블랙과 화이트, 딥블루와 레몬옐로우처럼, 밝고 어두운 옷으로 강한 대비를 연출하는 것이다.

내 고객인 킴은 금발인데 더 밝은 컬러로 하이라이트를 주었다. 그녀의 눈동자는 회색빛이 도는 푸른색이다. 그녀의 기본 컬러에서 강한 대비를 찾아보기는 어렵다. 그녀는 아이보리와 카멜 컬러의 스웨터를 즐겨 입었고 연한 푸른색이나 연한 회갈색을 좋아했다.

나를 표현하는 컬러를 찾기 위해 내게 어울리는 기본 컬러를 어떻게 배합하고 대비시켰는지 그 방법을 소개해 보겠다. 원래 내 머리는 짙은 회색이 감도는 갈색인데, 체스트넛 브라운으로 염색하고 캐러멜 색으로 하이라이트를 넣었다. 나는 피부가 희고 눈동자는 짙은 갈색이다. 내게 어울리는 기본 컬러는 대비가 강한 편이다. 그래서 진하고 옅은 컬러의 옷을 모두 입을 수 있고 모두 나에게 잘 맞는다. 만약 내가 시종일관 짙은 회갈색만 고수했다면 지금처럼 강한 대비 효과를 볼 수 없을 것이다. 나는 블랙과 화이트, 캐러멜 색과 아이보리, 초콜릿 브라운을 좋아한다. 모두 나만의 컬러 팔레트에 들어있는 색이다. 꼭 이런 컬러만 입는 건 아니지만, 나를 표현하는 시그너쳐 컬러임에는 틀림없다.

● 가죽 재킷은 아름다운 피부 톤을 강조하는 데 적격이다.

당신만의 스타일을 갖기 전에 꼭 생각할 일

당신은 어떤 스타일이길 바라나요? 시공을 초월하는 스타일이 화두다.

"와우, 오늘 80년대 룩으로 힘 좀 주셨네."라거나 "오늘 파리지엔 같아 보여."라는 말보다 "바로 그게 네 스타일이네."라는 한 마디가 더 확 와닿지 않는가. 스타일이란 다른 사람에게 보여주기 위한 것이 아니라 자기 자신만이 누릴 수 있는 특별한 작위 같은 것이기 때문이다.

언젠가부터 스타일이라는 단어가 부쩍 우리 귀에 자주 들린다. 스타일이란 무엇인가? 스타일의 모호한 정체성은 보이지 않는 존재감이라 할 수도 있겠다.

"스타일이 없는 옷은 잊혀지게 마련이지만 스타일이 있는 옷은 영원하다."고 이브 생 로랑 역시 스타일의 중요성을 강조했다.

한 브랜드로 토털 룩을 연출하거나 유명 브랜드로 사회적 지위를 드러내려는 얄팍한 심리는 타인의 취향에 초점을 맞추었기 때문에 스타일이 없다. 브랜드가 전해주는 광채로 몸과 마음이 트렌디하다고 자부하는 것은 톰 울프의 소설 〈허영의 불꽃〉 속에 나오는 주인공처럼 험한 세상으로부터 보호하려고 자신을 포장할 때나 할 일이다.

또한 뮤즈, 잇 걸, 스타일 아이콘 등 수많은 수식어는 스타일에 대한 환상을 갖게 한다. 여자들은 '가해자'이며 '구세주'이기도 힌 패션지와 웹사이트를 스캐닝하며 트렌드와 패션 아이콘들의 스타일에 동참하도록 유인된다.

셀레브리티들은 커피를 마시기 위해 스타벅스로 달려갈 때조차 매력적으로 보이기 위해 초특급 스타일리스트의 손을 빌린다. 그만큼 자신만의 스타일을 가지기 위해 신경을 곤두세우고 있다. 스타일로 자신을 스마트하게 무장할 수 있는 사람들을 칭하는 '누보 시크'라는 신조어도 등장했는데, 이들은 사회적 지위보다는 개인적 취향을 드러낸다.

스타일에 대한 가이드 라인들은 널려 있다. 그러나 좋은 취향은 누가 가르쳐 줄 수 있는 것은 아니다. 어느 누구보다 자신을 객관적으로 볼 수 있는 거울은 바로 당신 자신이다.

♠ 나의 기본 컬러 찾기

거울을 보면서 당신이 가진 기본 컬러들을 적어라. 그리고 어느 정도 대비를 이루는지 알아보자. 들여다봐도 잘 모르겠다 싶으면 친한 친구에게 부탁해도 된다. 당신을 잘 아는 헤어디자이너나 인테리어디자이너, 가까운 친척에게 도움을 청하라. 답을 찾았다면, 아래 칸에 적어 보자.

머리카락 :

피부 :

눈 :

대비정도(저, 중, 고) :

이제 옷장으로 가서 당신이 적은 컬러와 대비 정도를 그대로 반영한 옷이 있는지 살펴보자.

● 피부 톤과 헤어컬러의 대비가 강하면 옷도 강한 대비를 이루면 좋다.

● 가는 머릿결에 칠흑처럼 까만
머리를 가진 여성은 컬러 대비가
강한 옷이 잘 어울린다.

● 중간 정도의 대비를 이룬다면
옷도 중간 정도 컬러 대비가 되게
입어서 자신의 고유색을 부드럽게
나타내 본다.

저는 샌프란시스코에 살면서 오랫동안 성공적으로 사업체를 운영하고 있어요. 그러나 남편이 세상을 뜬 후부터 제 생활이 변하기 시작했습니다. 이제 남편이 떠난 지 2년 반이 흘렀고, 제 자리로 돌아오려고 노력하고 있죠. 두 딸들은 넉 달 차이로 올해 모두 결혼했답니다.

♣ 당신을 돋보이게 하기 위해 사용하는 컬러가 있다면?

－머리가 하얗게 센 뒤로는 블랙과 화이트, 잿빛 회색을 즐겨 입어요.

♣ 당신의 장점을 부각시키기 위해 사용하는 방법이 있다면?

－저는 키가 크고 호리호리한 편이죠. 운동으로 다져진 몸매라 어깨를 많이 강조한 옷을 입어요. 쇄골이 드러나는 보트 넥 상의나 어깨가 드러난 스웨터, 한쪽 어깨가 드러난 상의나 드레스를 입습니다.

보트 넥(boat neck) : 옷깃의 앞뒤를 배 바닥 모양으로 도려낸 네크라인 모양

♣ 디바 스타일에 필요한 핵심아이템이 있다면?

－자신에게 잘 어울리는 청바지 두 벌 정도.

♣ 당신의 머스트 헤브 액세서리는?

　-카르티에 시계, 귀에 딱 붙는 다이아몬드 귀걸이와 지금도 오른손에 끼고 있는 약혼반지를 즐겨합니다.

♣ 오래되었지만 여전히 사용하는 것이 있는가?

　-롤로피아나 제품으로 블랙의 캐시미어 케이프

케이프(cape) : 천이나 모피로 만든 소매가 없는 외투의 총칭

♣ 거금을 들였지만 전혀 후회하지 않는 아이템이 있다면?

　-질 샌더의 세련된 코트. 주머니, 깃 등 모든 것이 완벽해요. 사계절 내내 입을 수 있고 특히 방수처리가 되어 있어 여행할 때 좋아요. 참, 마놀로 블라닉 하이힐도 있어요. 막상 구두에 돈을 쓰려면 심장이 두근거리긴 하지만 절대 후회하지 않아요. 제 발은 길고 가늘어서, 크기가 꼭 맞고 편한 신발이 좋아요. 거기다 섹시하게도 보인다면 주저하지 않고 사는 편이죠. 대부분 블랙이에요.

♣ 속옷 서랍에 들어 있는 것은?

　-T팬티가 많아요. 약간 패드가 들어산 기본형 브라를 주로 입지요.

♣ 당신이 신봉하는 패션 법칙이 있다면?

　-기본 스타일에 충실한 편이에요. 세련되고 단순한 옷, 눈에 금방 띄지 않지만 편안하고 질 좋은 옷이 좋아요. 옷을 하나도 사지 않는 시즌도 있어요. 그럴 땐 구두나 핸드백, 선글라스를 사죠.

♣ 당신이 무시하는 패션법칙이 있다면?

　-항상 마음에 쏙 드는 것만 고집하는 것. 가끔은 일 년에 한두 번 정도 밖

에 입지 않을 옷도 산답니다. 또 자주 입을 것 같은 옷은 비싸더라도 꼭 사는 편이고요.

♣ 다른 사람에게 알려주고 싶은 패션 아이디어가 있다면?
　-자외선 차단제를 바르는 것.

♠ 따뜻한 컬러, 차가운 컬러

당신에게 잘 어울리는 컬러를 찾는 또 하나의 방법은 일단 따뜻한 톤이냐 차가운 톤이냐 하는 것을 결정하는 것이다. 물론 양쪽 모두 어울릴 수도 있다. 다시 말하지만, 이것을 결정하려면 먼저 당신에게 어울리는 컬러를 알아봐야 한다. 사람들은 블루나 그린이 차가운 컬러고 오렌지컬러나 레드는 따뜻한 컬러라고 말하지만, 내 생각은 약간 다르다. 나는 따뜻하고 차가운 컬러에 구분을 두지 않는다. 블루도 진하기에 따라 다양한 컬러가 나올 수 있기 때문에 따뜻한 블루와 차가운 블루가 얼마든지 존재할 수 있다. 그린이든 레드든 옐로우든 모두 차갑고 따뜻한 성질을 동시에 가질 수 있다. 따뜻한 컬러에는 공통적으로 골드컬러가 내포되어 있고, 차가운 컬러에는 기본적으로 블루가 깔려 있다. 여기 따뜻한 컬러와 차가운 컬러의 샘플이 있다. 첫 번째 줄의 토마토 레드는 바탕에 골드컬러가 깔려 있어서 따뜻한 느낌이 난다. 와인컬러인 보르도 레드에서는 블루 톤이 느껴진다. 그래서 시원한 느낌이 나는 것이다.

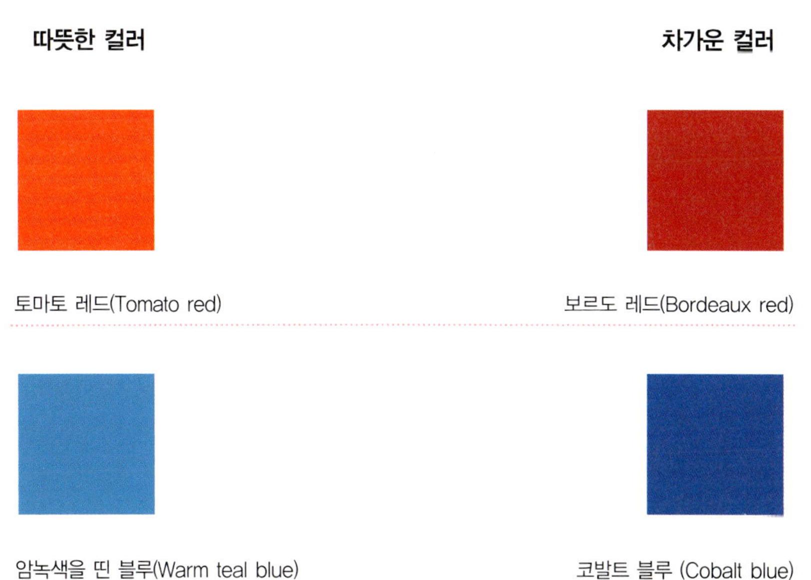

따뜻한 컬러

토마토 레드(Tomato red)

암녹색을 띤 블루(Warm teal blue)

차가운 컬러

보르도 레드(Bordeaux red)

코발트 블루 (Cobalt blue)

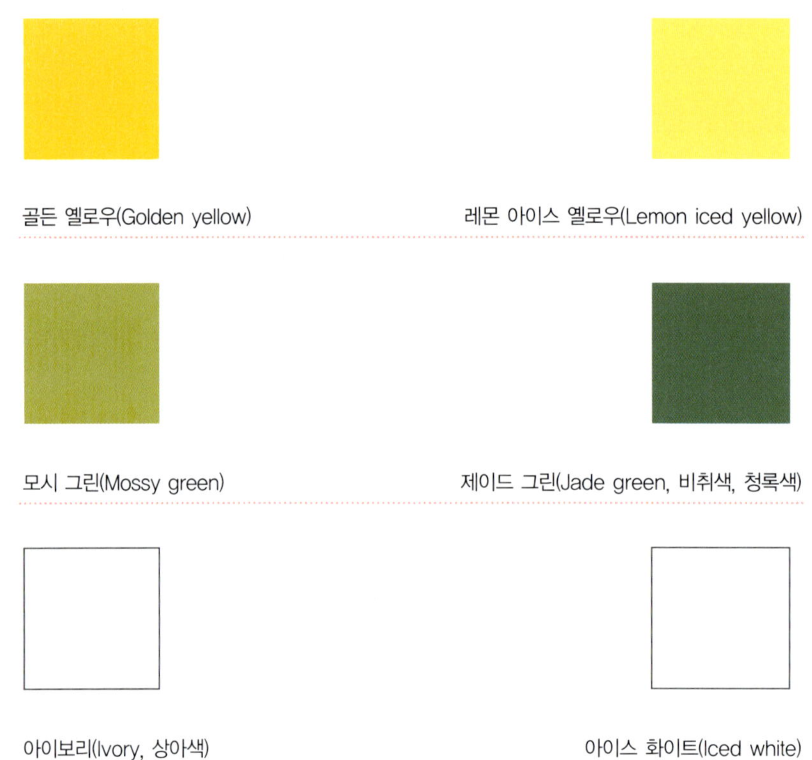

자, 이제 재밌는 연습을 해보자. 당신이 자주 가는 상점의 스카프 판매대로 가서 따뜻한 컬러와 차가운 컬러의 스카프를 꺼낸다. 조명이 좋은 곳에(매우 중요하다!) 설치되어 있는 전신거울 앞에 선다. 그리고 스카프를 턱 가까이에 대 본다. 조명이 좋다면 당신에게 어울리는 컬러를 찾는 것은 어렵지 않을 것이다. 당신을 젊고 생동감 넘치게 만들어 주는 컬러를 찾는다. 혹은 피곤하고 무겁고 우울하게 만드는 컬러를 찾을 수도 있다. 흥미진진한 실험 아닌가!

당신에게는 차가우면서 짙은 컬러의 스카프가 어울릴지 모르겠다. 루비 레드나 로열 블루, 에메랄드 그린, 퍼플같은 컬러 말이다. 혹은 라즈베리 레드나 시 폼 그린, 프렌치 블루처럼 차가우면서도 부드러운 컬러가 어울릴 수도 있다. 당신에게 가장 잘 어울리는 컬러가 모두 들어간 스카프를 사서 하나의 참고서처럼 당신만의 컬러 팔레트로 이용하자.

친구나 이웃 사람들의 스카프와 비슷한 것을 직접 해보는 것도 좋은 방법이다. 그러면서 당신을 건강하고 생기 있게 표현해 주는 컬러를 찾으면 된다. 뷰티 재충전이 바로 이런 것이다. 한 번 시도해 보고 싶은 컬러가 있다면 디바 저널에 기록하라. 사람들이 감탄한 컬러가 있다면 기록해 둔다. 간혹 자신의 스타일에 맞는 컬러를 깨닫지 못하는 경우가 있으니 주의 깊게 살펴봐야 한다. 스타일 북을 채워나갈 때는 탐정 같은 기술을 발휘하자.

♠ 나만의 시그니처 컬러 찾기

지금까지 효과적인 가이드라인을 제시했다. 이제 조금 다른 차원에서 컬러에 접근하려 한다. 당신의 직관력이 필요하다. 일단 아무것도 사지 말고, 당신이 한 번 도전하고 싶은 컬러와 스타일을 먼저 떠올려보자. 스타일을 본격적으로 짚어 보는 시간은 아니니까 가벼운 마음으로 재밌게 시작하면 된다. 컬러에 국한되지 말고, 당신이 좋아하는 것이면 무엇이든 모아라. 분류는 나중에 하면 된다.

잡지를 여러 권 모아서 쭉 훑어보고, 마음에 드는 컬러와 패턴, 스타일을 찢어서 따로 분류하자. 최근 패션 잡지들을 보면 디자이너들이 즐겨 사용하는 컬러와 스타일을 알 수 있다. 패션이나 정원 손질, 실내 인테리어에 관한 지난 잡지들을 참조해도 된다.

잡지를 보기 전에 우선 몇 분 동안 마음을 깨끗하게 비우는 시간을 가진다. 숨을 몇 번 깊게 내쉬어 보자. 지금까지 당신 자신에 대해 생각해 본 적이 거의 없을 테니 서두르지 말고 충분히 여유 있게 시작하자.

컬러나 스타일에 관한 고정관념을 가지고 있었다면 말끔히 지워버리자. 지금까지 우리가 얘기했던 강하고 약한 대비, 따뜻하고 차가운 컬러에 대한 이야기도 잠시 잊어라. 당신의 옷장 속에 들어 있는, 가장 최근에 산 물건에 대해서도 잠시 신경을 꺼 두자. 이 연습에서는 어떤 그림도 미리 떠올리지 않는 게 중요하다. 이런 컬러를 내가 입을 수 있을까?, 저 블라우스가 나에게 어울릴까? 이런 식의 의문도 품지 마라. 금발은 블랙이 잘 어울린다. 블랙을 입으면 더 날씬해 보인다. 노동절이 지나면 화이트컬러를 입지마라. 짙은 회갈색 옷은 무엇과 매치시켜도 잘 어울리니 반드시 구비해 둔다. 지금까지 들었던 모든 패션법칙을 무시하라. 당신의 시각과 감각을 깨끗이 청소하라! 준비 OK?

이제 잡지를 한 권씩 살펴보면서 당신의 마음에 드는 사진을 찢는다. 분류는 나중에 할 테니 지금은 당신이 좋아하는 것을 찾는 데만 열중하자. 컬러 조합에 관한 사진, 재킷 스타일이나 보석류를 착용하는 방법에 관한 사진도 좋다. 사탕가게에 들어간 어린아이처럼 좋아하는 것은 마구 집어보라. 바로 여기서 아이디어가 떠오른다. 당신의 마음을 울리는 단어나 광고문구, 기사 제목도 있을 것이다. 물론 그런 것들도 빼 놓으면 안 된다!

잡지를 찢은 것 중에서 특히 당신이 좋아하는 부분을 오려서 컬러별로 분류한다. 혹시 당신의 헤어컬러나 피부 톤, 눈동자 색깔과 비슷한 컬러를 고르지 않았는가? 너무 놀랍지 않은가? 특히 당신의 마음을 사로잡은 컬러가 있는지 찾아본다. 어떤 컬러인가? 또 놀랐는가? 우리는 아직 아무것도 하지 않았다. 그서 당신에게 좋은 아이디어와 영감을 주는 것들을 모으는 중이다. 오려둔 사진들을 테이블이나 바닥에 펼쳐놓고 찬찬히 살펴보자. 그리고 다시 모아서 바인더 속에 잘 보관하자.

이 장에서는 컬러 분류표와 각 컬러가 표현하는 메시지나 특성을 소개하는 것으로 마치려고 한다. 이제부터는 디바 어드바이저 랜디 메르존이 도와줄 것이다. 맞다, 멋진 빨간 머리를 가지고 있던 그 랜디다!

랜디 메르존은 우리가 컬러의 힘을 이용하여 변신할 수 있도록 도와주는 전문 상담가로 뛰어난 직관력의 소유자다.

컬러를 이용하면 기분이 좋아지고 당신 자신에게 영감을 불어 넣을 수도 있다. 불안할 때는 적갈색이나 벌꿀색 호박색, 풀잎색을 입어 보라. 시간이 없어서 명상까지는 못한다 하더라도 컬러에 대한 직관력은 키워야 한다. 우선 당신이 입은 옷의 컬러 속에 치유의 힘이 들어 있다는 생각을 받아들이자. 각각의 컬러에는 울림이 있다. 그리고 컬러는 에너지를 전해 준다. 어두침침한 겨울이 지나고 처음 수선화를 한 다발 샀을 때 기분이 어떤가? 그것처럼 노란 옷을 입었을 때 컬러가 주는 에너지를 느껴 보라. 아마 한 걸음씩 걸을 때마다 더 진한 봄기운을 만끽할 수 있을 것이다.

당신이 좋아하는 컬러를 주위에 배치해 보라. 그리고 당신의 컬러 직관력을 연습하라. 아침에 일어나서 어떤 컬러를 보면 기분이 좋아지는가? 오늘 기분을 예상하고 그런 분위기를 만들어 줄 컬러를 선택한다. 다음 페이지의 컬러리스트와 각 컬러의 특성을 살펴보자.

♠ 성격을 표현하는 컬러의 속성

♣ 블루 ♣

스카이 블루(Sky blue) – 감수성, 정신적인 것, 팽창성

로열 블루(Royal blue) – 신체적 강인함

코발트 블루(Cobalt blue) – 침착

터쿼이즈(Turquoise, 청록색) – 유머, 쾌활함

아콰마린(Aquamarine) – 평화

♣ 그린 ♣

에메랄드 그린(Emerald green) – 번영

포레스트 그린(Forest green, 짙은 황록색) – 번영, 풍부함

애플 그린(Apple green) – 새로운 성장, 새로운 시작

♣ 옐로우 ♣

레몬 옐로우(Lemon yellow) – 정신적 명류함

버터크림 옐로우(Buttercream yellow) – 조화, 자기애, 직관력

♣ 오렌지 ♣

시트러스 오렌지(Citrus orange) – 창조적 표현

번트 오렌지/러스트(Burnt orange/Rust) – 신체적 건강, 생명력

테라코타(Terra–cotta) – 근본성

피치(Peach) – 치유

♣ 레드 ♣

파이어 엔진 레드(Fire-engine red) – 열정, 용기, 생명력

브릭 레드(Brick red) – 근성, 침착

♣ 핑크 ♣

후크샤(Fuchsia, 자홍색) – 사랑과 친절함, 창조적 영감

핑크 – 사랑, 친근감, 연민

♣ 금속성 ♣

구리(Copper) – 정신적 고양

실버 (Silver) – 개인적 역량

골드 (Gold) – 조화, 지혜

오팔레슨트(opalescent, 진주빛 화이트, 유백색) – 통찰력

금, 은, 동, 구리 같은 메탈컬러에 대해 알아보자. 메탈컬러는 우주 전체와 조화를 이루는 느낌을 주고, 백만장자가 된 기분도 들게 한다. 메탈컬러는 밖으로 표현하는 것을 겁내지 말라는 자신감을 준다. 메탈컬러를 사용하면 자신의 진실한 모습을 표현하면서 스스로 밝게 빛날 수 있다.

지금 당신의 기분은 상승세다. 판에 박힌 듯 반복되는 일상에서 벗어나 새로운 활력소를 찾고 있지 않은가. 이제 새로운 시각으로 컬러를 보게 되었다. 당신의 직관력과 창의력을 더욱 발휘하여 다음 장으로 넘어가 보자. 당신의 디바 스타일은 찾는 순간이 점점 다가오고 있다.

당신의 집 주위에서 어떤 컬러를 볼 수 있는지 계속 탐험해 보라. 당신이 좋아하는 컬러의 샘플도 모아라. 집에서 고작 10미터 떨어진 곳에서 당신에게 딱 맞는 컬러에 대한 결정적인 단서를 찾을 수도 있다. 컬러 전문가들은 당신의 집에 있는 샤워커튼과 침대시트, 접시와 러그, 당신이 모아 둔 포장지와 연하장을 보면서 당신에게 맞는 컬러 팔레트를 만들어 주면서 꽤 많은 돈을 번다. 당신의 거실에 깔린 러그가 마음에 든다면 그 컬러도 함께 살펴보자. 당신에게 정말 잘 어울리는 것 같은가? 질그릇이나 파란 유리잔처럼 당신이 평상시에 사는 물건들도 살펴보라. 벽지 컬러는 어떤가? 우리 주위에서 볼 수 있는 컬러에서 힌트를 얻어 옷을 입으면 잘 어울릴 때가 있다. 가능하다면 이런 컬러의 작은 샘플을 구하여 당신의 바인더나 폴더 안에 모아 두자. 러그 같은 경우에는 페인트 샘플이나 색종이, 잡지처럼 간접적으로 러그를 나타낼 수 있는 샘플을 수집하여 컬러 팔레트를 만들면 된다.

Chapter 6

나만의 디바 스타일

Defining your diva style

당신에게는 당신만의 스타일이 있다. 모든 사람들은 자신만의 스타일 DNA를 가지고 있기 때문이다. 스타일 DNA는 당신이 사랑하는 것, 다른 사람들이 당신에 대해 알아주었으면 하는 것들이다. 자신만의 스타일 DNA에 맞는 옷을 차려입고 어울리는 액세서리를 하면 발전기처럼 힘차게 움직일 수 있다. 자신감과 완벽함, 만족감에 도취될 것이다. 천국에 도달했을 때 그런 기분이 들지 않을까? 그럼 이제 천국을 향해 출발해 보자.

♠ 스타일 찾기 게임

당신의 스타일을 알아보기 위해 지금부터 스타일 테스트를 해보겠다. 시간
도 오래 걸리지 않고 오목 놀이처럼 아주 간단한 테스트다. 책이나 잡지에는
간혹 당신의 스타일을 다섯 가지 기본 타입으로 나눈 기사가 나온다. 보통
'보수적인 스타일, 도발적인 스타일, 섹시한 스타일, 화려한 스타일, 독창적
인 스타일'로 구분한다. 여성의 스타일을 이렇게 단순하게 나누다니, 정말
말도 안 된다. 너무 제한적이고 식상한 분류법이다. 당신의 스타일이 얼마나
독특하고 흥미진진한가. 앞으로 테스트를 거치다 보면 자신의 스타일을 좀
더 명확하게 파악할 수 있다. 종이 몇 장과 펜이나 연필이 필요하다. 준비됐
는가?

♣ 내가 가장 좋아하는 것 ♣

집안을 돌아다니며 당신이 제일 좋아하는 물건을 다섯 개에서 열 개 정도 골라라. 도자기나 장식용품, 베개나 그림, 향수병처럼 옮기기 쉽게 가벼운 것을 고르면 한데 모아서 비교하기에 편하다. 모은 것들을 깨끗한 테이블에 올려놓는다. 종이 한 장에 커다랗게 정사각형을 그리고, 가로 세로로 3등분하여 칸을 만든다. 가운데 칸에 '내가 가장 좋아하는 것' 이라고 써 놓고, 기자나 탐정이 된 기분으로 당신이 모아 온 것들을 하나하나 관찰하자. 그리고 각 물건들의 특징을 객관적으로 평가하는 것이다. 남은 여덟 칸에 당신이 모은 물건들을 표현할 수 있는 형용사를 하나씩 채워 넣는다. 우아한, 화려한, 재밌는, 편안한, 도발적인, 거대한, 품위 있는, 별난, 시적인, 매력적인 등. 필요하다면 한 칸에 몇 개의 단어를 적어도 된다. 각기 다른 물건이지만 모두 비슷한 특징이 있을 것이다. 당신이 고른 물건들의 공통점을 발견했는가? 이제 그 종이를 옆에 치워두고 다른 테스트를 해보자.

내가 가장
좋아하는 것

♣ 내가 사랑하는 것 ♣

옷장이나 드레스 룸으로 가서 당신의 옷과 액세서리들을 쭉 살펴보자. 그리고 딱 당신 취향이다 싶은 것들을 열 가지만 골라 본다. 진주목걸이나 귀걸이, 스커트, 재킷, 신발, 블라우스, 코트 등 당신이 아끼는 것이면 뭐든지 오케이다. 옷장에 넣어둔 채 보면 그냥 옷으로 밖에 보이지 않으니, 소파나 커피테이블이나 아니면 식탁에 가지런히 펼쳐 놓아라. 다시 탐정의 시선으로 당신이 선택한 것들을 관찰한다. 그 물건의 어디가 그렇게 마음에 드는가? 조금 전처럼 다시 종이를 아홉 칸으로 나누고 가운데에 '내가 사랑하는 것'이라고 쓰자. 남은 칸에는 다시 형용사들을 적는다. 복고적인, 모던한, 구식의, 매혹적인, 눈에 띄는, 장난스러운, 예쁜, 대담한 등. 한 단어로 부족하다면 간단한 문장도 괜찮다. 꼬임이 있어서 여성스러운, 어둡고 신비스러운, 세속적인 화려함. 역시 이번에도 각기 다른 아이템에서 비슷한 특성을 발견할 수 있을 것이다. 아주 좋다. 물건들을 그대로 한 두 시간정도 내버려 두자. 갑자기 다시 그 물건들을 봤을 때 미처 깨닫지 못했던 이미지가 새롭게 떠오를 수도 있다. 그럼 한꺼번에 여러 단어들을 적어 넣어도 된다. 자, 그 종이를 놔두고 다음 테스트로 간다.

내가 사랑하는 것

당신이 잡지에서 오려낸 사진들을 가져온다. 그것들을 펼쳐 놓을 만한 장소를 물색하라. 정말 좋아하는 사진들만 골랐는지 다시 한 번 살펴본다. 뭐가 마음에 들어서 골랐는지 알 수 없는 사진은 그냥 버려라. 새 종이에 아홉 칸을 그리고, 가운데에 '나의 스타일'이라고 쓴다. 자, 다시 탐정이 될 시간이다. 사진을 보면서 어떤 특징들이 있는지 찾아보자. 아주 잘했다. 이제부터는 당신이 적어 놓은 단어들을 평가해야 한다. 우선, 집 밖을 한 바퀴 돌고 오거나 음악에 맞춰 스텝을 한번 밟아주고 온다. 노래를 한 곡 불러도 괜찮다. 머리를 깨끗하게 비우고 지금까지 고민했던 단어들을 모두 잊어버릴 수 있는 행동이면 어떤 것이든 하고 오라.

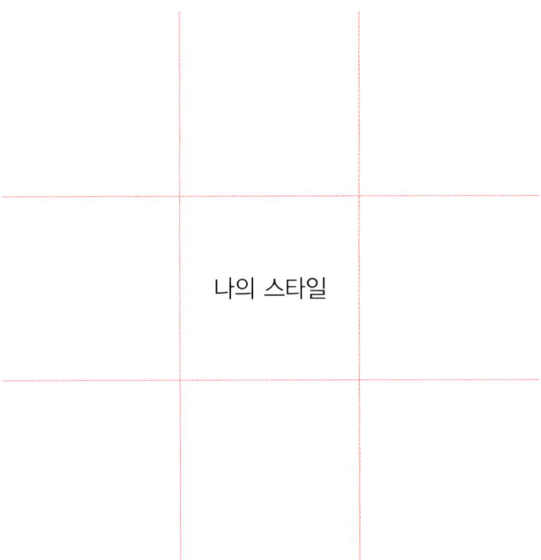

분위기를 전환할 때는 당신이 좋아하는 곳에 앉아서 커피나 차를 마시자. 그리고 지금까지 했던 테스트를 종합적으로 분석해 보자. 상상력이 필요한 순간이다. 종이에 적힌 단어들을 보고 당신의 스타일 DNA를 분석할 것이기 때문이다. 이제 종이들을 모두 살펴보자. 어떤 공통점이 보이는가? 혹시 겹치는 단어들이 있는가? 분명히 있을 것이다. 단어들을 한 줄로 적어서 리스트를 만든다. 큰 소리로 읽어보자. 당신이 충분히 공감할 수 있는 단어들인가? 다른 사람이 당신에 대해 설명할 때 그 단어들을 쓴다면 당신의 기분이 우쭐해질 정도로 마음에 드는 것들인가? 리스트를 읽어 내려 갈 때 명확한 답이 나와야 한다. "그래, 이게 바로 나야! 난 이런 단어들이 정말 마음에 들어! 내 패션 스타일을 이런 단어로 말할 수 있다면 정말 기분 최고지!"

당신이 수긍하기 어려운 단어들이 있다면 리스트에서 지워라. '세련된' 처럼 듣기만 해도 설레는 단어가 들어 있다면, 정말 축하할 일이다. 웅크렸던 몸을 조금씩 펴기 시작했다는 의미니까 말이다. 정말 멋지다!

당신을 대표할만한 단어를 찾지 못했다면 물건과 옷을 다시 골라라. 여기서 친구나 애인의 도움을 받아도 된다. 그들에게 탐정 같은 시각으로 당신이 고른 물건이나 옷, 당신이 찢어온 사진에서 무엇이 보이는지 말해 달라고 부탁하는 것이다. 다른 사람의 시각에서 살펴보는 것이 훨씬 쉬울 수도 있다.

디바의 센스

"제 옷장도 우리 집 같았으면 좋겠어요. 집을 꾸밀 때 제가 어떤 노력을 했는지 언뜻 보면 알 수 없지만 자세히 살펴보면 충분히 그런 노력들이 보이잖아요? 제 옷도 사람들이 그렇게 평가해 주길 바라요. 제가 옷을 입은 모습을 보고 이렇게 말하는 거죠, '음, 스타일이 좋군요.' 저를 보자마자 '음, 아르마니잖아' 이렇게 말하는 건 싫어요."

— 마릴린(Marilyn)

♠ 나만의 잇스타일 선택하기

TV 드라마 '웨스트 윙'에서 영향력 있는 상원의원 역할을 맡은 영화배우 알란 알다가 인터뷰 한 것을 보았다. "어떻게 그 역을 소화하셨나요?" 진행자가 물었다. "저에게도 강한 부분이 있죠. 그것을 끌어내서 극 중 역할로 소화했죠."

우리들에게도 다양한 면이 숨어 있다. 지금까지 당신은 자신의 일부분만을 드러냈을 뿐이다. 물론 앞으로 자신의 숨겨진 면을 더 탐험할 준비가 되었을 것이다. 어떤가, 자신도 깜짝 놀랄만한 성격을 발견했는가? 그랬기를 바란다. 만약 그렇지 않다 해도 기회는 또 있다. 이 단계에서는 당신이 편하게 표현할 수 있는 것들만 당신의 스타일로 표현하면 된다.

♠ 스타일에 관한 더 많은 용어들

다음은 50여 개 정도의 단어 리스트다. 당신을 직접적으로 표현하진 않지만 끌리는 단어에 동그라미를 표시하라. 당신의 스타일 단어를 적어 놓은 것에 지금 동그라미를 친 단어들도 함께 포함시킨다.

적어 놓은 단어 리스트를 다시 한 번 보면서 혹시 지워야 할 것이 있는지 확인하자. 오랫동안 당신의 스타일이었던 단어는 지운다. 지금은 다른 스타일을 찾을 단계다. 지난 몇 년 동안 '클래식'이란 단어가 당신의 시그너쳐 스타일이었다면, 물론 당신에게 고전적인 면이 많이 있겠지만 이제 다른 단어를 찾아보자. '관능적인' 면이 있을 것이고 '쾌활함'이나 '믿음을 중요시하는' 면을 의외로 발견할지 모른다. 이제 당신의 그런 점을 표현할 때가 왔다. '클래식' 한 부분을 제쳐두고 당신이 가진 다른 자질을 탐험할 시간이 온 것이다.

　당신이 찾은 단어들을 정말 좋아했으면 하는 바람이다. 당신의 '스타일 북' 을 살펴보자. 당신의 스타일 DNA에 걸맞는 단어나 문장들이 리스트에 들어 있는가? 당신을 나타내는 단어 몇 개를 뽑아서 사전을 찾아보자. 예를 들어 '발랄한' 이란 낱말을 찾아보면 '생기 있고 힘찬' 이란 뜻이 나온다. '생기 있는' 과 '힘찬' 이라는 단어가 당신이 생각하는 자신의 이미지에 훨씬 적합한 말일지 모른다. 당신만의 스타일을 설명할 수 있는 단어를 찾기 위해 그만큼의 시간을 투자하라. 당신이 정확하게 표현하고 싶은 단어를 찾아라.

두려움 없는	부드러운	신나는	엽기적인
열의가 넘치는	생생한	창조적인	유쾌한
화사한	건강한	재미있는	강한
사랑스러운	활동적인	여성적인	주목할 만한
관능적인	언제나 도움이 되는	예술적인	상냥한
강력한	따뜻한	매혹적인	이국적인
활기찬	혁신적인	독창적인	여행 경험이 많은
섹시한	눈길을 끄는	관능적인	에너지가 충만한
부유한	실속 없는	침착한	풍족한
고전적인	황홀한	우아한	호화스러운
재미있는 것을 좋아하는	놀라운	정숙한	톡톡 튀는
정다운	찌는 듯이 더운	신선한	사로잡는
역동적인	매력적인	달콤한	평화로운
살아있는	귀여운	자연적인	정신적인

"아들이 다니고 싶어 하는 학교에 보낼 추천장을 제 친구가 대신 써 준적이 있어요.

친구가 저에 대해 설명하면서 '활기찬' 과 '다양한 면모를 가진' 이란 단어를 썼어요.

저는 친구의 표현이 마음에 들어서 제 디바 저널에 그 단어를 제일 먼저 써 놓았죠.

충분히 공감해요. 전 엄마나 운동선수, 혹은 회사 대표처럼 하나의 고정적인 이미지

로 보이고 싶지 않아요. 다양한 면을 가진 사람처럼 보이는 게 저한텐 중요하죠."

—엘리(Ellie)

당신의 스타일 DNA는 오로지 당신을 나타내는 것이다. 당신을 나타내는 단어를 여섯 개 정도로 압축해 보라. 고르기 힘들면 디바 저널에 적어 놓은 모든 단어들을 살펴보자. 단어를 볼 때의 느낌이 매번 똑같은지 앞으로 지속적으로 확인해야 한다. 이것이 하나의 과정이다. 똑같은 리스트를 하나 더 만들어서 당신의 지갑 속에 넣고 다녀라. 당신이 찾은 낱말들은 굉장히 소중하다. 당신을 잘 나타내는 단어라서 기쁨에 환호성을 지를 수도 있고, 당신을 너무 노골적으로 드러내는 말이라 싫어질 수도 있다. 자 이제 당신의 스타일 단어를 가슴속 깊이 새기자. 모두 기억하려면 시간이 좀 걸릴 것이다.

♠ 뷰티 박스 구성하는 법

당신만의 디바 스타일을 찾았다니, 정말 축하한다! 자축하는 시간을 갖자. 잠시 모든 일을 중지하고 당신만의 뷰티 박스를 만들어 보자. 앞으로 옷장에서 쓸모없는 것들을 가려 낼 때 큰 도움이 될 것이다. 뷰티박스에는 당신이 만족할만한 것만 모아라. 값비싼 장식품이 아닌, 일상적으로 쓸 수 있는 아이템이어야 한다. 구두상자나 시가박스에 들어갈 정도로 크기가 작으면 좋겠다. 뷰티박스는 기분전환에 그만이다. 뷰티박스를 볼 때마다 기분이 설렐

것이다. 특별한 의미가 있는 생일카드나 엽서, 색깔이 아름다운 리본이나 작은 그림들, 다 쓴 향수병 등 당신에게 소중한 의미가 되는 것이면 어떤 것이나 좋다. 스타일을 천천히 생각할 만큼 여유가 없을 때는 뷰티박스 속에 들어 있는 물건들이 도움이 될 것이다. 원할 때마다 자신의 취향을 음미할 수 있으니 얼마나 좋은가! 이제 조금 있으면 당신의 취향을 그대로 표출할 수 있는 옷도 고르게 될 것이다. 그때까지 뷰티박스를 소중히 모셔야 한다. 시간이 날 때마다 자주 들여다보자.

"제 옷차림에서 일상적인 우아함과 소박함, 예술적이면서 조금은 집시 같은 분위기가 드러났으면 좋겠어요. 그런 분위기가 좋네요. 여유로우면서도 다채로운 분위기를 풍기고 싶다고 할까요."

–토니(Tony)

♠ 컬러와 스타일을 조화시키는 법

컬러와 스타일은 멋진 한 팀이다. 어떤 컬러를 입는가에 따라 당신의 스타일 공식이 달라진다 해도 과언이 아니다. 신비스러운 분위기를 발산하고 싶다면 오렌지나 옐로우 컬러의 옷은 피해야 한다. 대신 탁한 네이비 블루나 모호한 느낌의 블랙 컬러의 옷을 입자. 컬러로 대담함을 표현할 수도 있다. 프

● 레드컬러의 가방은 어떤 옷에도 악센트가 될 수 있다.

랑스 패션 디자이너 엘자 스키아파렐리는 자신의 시그너쳐 컬러인 쇼킹 핑크 옷을 입는 것으로 유명했다. 그 당시로서는 파격적인 선택이었다. 백악관

시절 레드컬러의 옷을 즐겨 입었던 낸시 레이건여사는 자신의 강인함을 컬러로 표현한 것이 분명했다. 당신이 선택한 컬러는 당신만의 시그너쳐 스타일을 결정짓는 중요한 역할을 한다. 머리부터 발끝까지 오직 한 가지 컬러로 극적인 분위기를 연출할 수 있을까? 당신의 개성을 표현하기 위해 의외의 컬러를 섞어서 연출할 것인가? 전체를 중성적인 짙은 회색 계열로 맞추고 밝은 핑크 핸드백으로 포인트를 주면 여성적이고 부드러운 면을 강조할 수 있다. 머리부터 발끝까지 옐로우로 맞춰 입는 것은 보기에 부담스럽지만, 가죽 재킷을 옐로우로 입으면 당신의 쾌활함을 드러내는 핵심 아이템이 될 수도 있다.

내 친구 마지는 헤어컬러가 구릿빛이다. 복숭아컬러 스웨이드 팬츠를 입자 그녀만의 컬러와 스타일이 한껏 살아났다. 복숭아컬러는 그녀의 구릿빛 헤어와 아주 잘 어울렸고 부드러운 스웨이드 질감이 그녀의 여성스러움을 더욱 부각시켰다. 새틴으로 된 앵클 스트랩 구두를 신자 여성스러움은 물론 섹시함까지 드러났다! 옷장에 복숭아컬러 스웨이드 팬츠를 가지고 있는 사람이 몇이나 될까? 마지에게는 복숭아컬러 스웨이드 팬츠가 핵심 디바 아이템일 것이다.

직장동료인 린은 두 번의 펀치로 상대를 넉 다운시키는 권투선수처럼 단두 가지 컬러로 극적인 분위기를 낸다. 우선 스쿱 네크의 그린컬러 T셔츠를 입고 그 위에 어깨가 드러난 블랙의 T셔츠를 입는다. 그리고 젯 블랙과 제이드 그린, 러스티 레드나 홍옥수 컬러의 두 줄로 된 비즈 목걸이를 한다. 앞쪽이 더 짧은 비대칭형 블랙 스커트로 룩을 완성한다. 신발도 블랙 부츠다. 목걸이와 T셔츠에 블랙과 그린을 겹치게 함으로써 두 컬러가 서로 끌어당기는 듯한 느낌을 만들었다. 보는 사람의 시선을 잡을 수밖에 없는 인상적인 컬러

배합이라는 생각이 들었다.

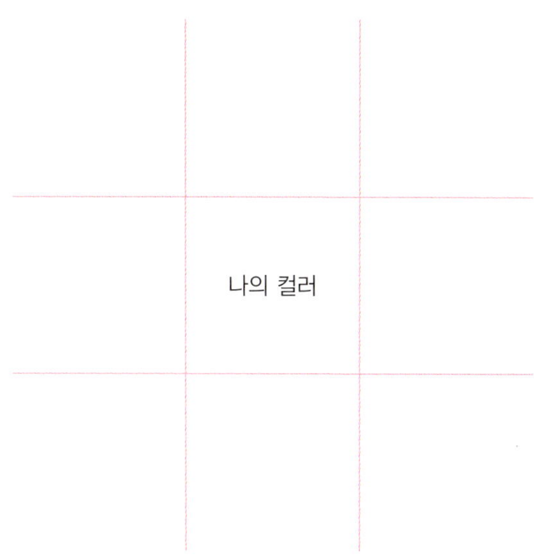

　당신의 스타일을 받쳐줄 옷들을 정하기 전에 게임을 더 해보자. 다시 아홉 칸을 그리고 가장 중앙에 '나의 컬러'라고 쓴다. 나머지 빈 칸에는 당신이 좋아하고 옷으로 입고 싶은 컬러를 적어보자. 당신의 컬러 팔레트에 있는 컬러일 수도 있고 전혀 다른 컬러일 수도 있디. 컬러에 내한 아이디어가 필요할 때도 집을 구석구석 살펴보거나 지금까지 당신이 모아 놓은 물건들을 살펴봐도 된다. 스크랩해 두었던 잡지를 꺼내서 당신이 좋아하는 컬러가 있는지 확인하자. 메탈컬러도 염두에 두자. 여덟 칸을 다 채우고도 컬러가 남았다면 아홉 칸을 다시 그려서 나머지를 적는다. 당신의 옷이나 스타일 전체에 쓰고 싶은 컬러를 선택해야 한다. '재밌는'과 '활발한'이 당신을 대표하는 단어이고 당신이 적은 컬러 속에 옐로우와 오렌지컬러가 들어 있다면, 제대로 하고 있는 것이다! 그러나 이 단계는 실제적인 연습은 아니다. 여전히 당신 자신을 알아가는 단계라고 보면 된다. 예를 들어 청록색은 맞지 않다고 생각했는데 청록색 핸드백을 들어보니 멋져 보일 수도 있다. 그러므로 아직 어떤 것도 완전히 배제하지는 말자. 적어 놓은 컬러들을 좀 더 주의 깊게 살펴보는 정도가 좋겠다.

스스로 만든 컬러 팔레트 속 컬러들을 응용하면 옷을 입을 때나 디바 스타일에 필요한 액세서리를 사는 일도 수월하게 해결할 수 있다. 모양이 똑같은 탑을 컬러만 바꿔서 사던 시절도 이제 안녕이다. 당신의 컬러 팔레트에 따라 옷을 사면 될 것이다.

이제 내가 미리 만들어본 컬러 팔레트를 소개할까 한다. 물론 컬러 공부는 계속하겠지만 이 중에서도 당신에게 어울리는 컬러를 발견할지 모른다. 당신이 스크랩해 둔 잡지나 지금까지 정리한 컬러 팔레트를 살펴본 뒤 나의 컬러 팔레트와 비교해 보면, 컬러에 대한 좋은 토대를 만들 수 있을 것이다. 그 토대를 발판삼아 당신이 좋아하는 컬러와 스타일을 정하면 된다. 명심하자. 컬러와 스타일을 전략적으로 잘 매치시키는 것은 전적으로 당신 손에 달려 있다. 분명 따분하고 촌티가 풀풀 나는 컬러에 안주하는 것보다 당신 스스로 컬러를 고르는 데 흥미를 느끼게 될 것이다.

♣ 차분하고 세련된 색감 ♣

컬러:

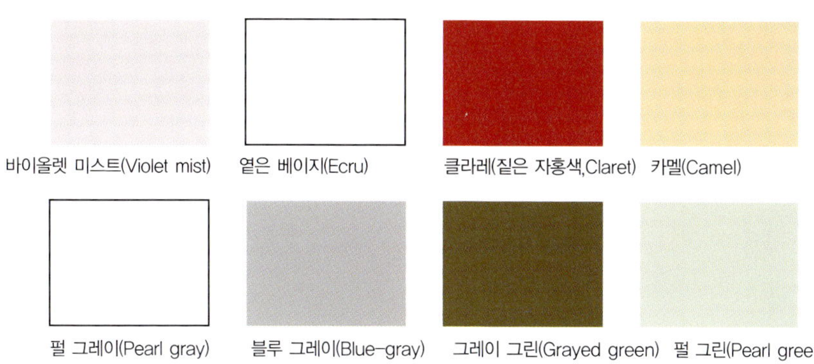

바이올렛 미스트(Violet mist) 옅은 베이지(Ecru) 클라레(짙은 자홍색,Claret) 카멜(Camel)

펄 그레이(Pearl gray) 블루 그레이(Blue–gray) 그레이 그린(Grayed green) 펄 그린(Pearl green)

컬러 조합:

클라레/바이올렛 미스트 블루 그레이/펄 그레이

그레이 그린/옅은 베이지 펄 그린/펄 그레이

카멜/그레이 그린 옅은 베이지/카멜

그레이 그린/펄 그린 블루 그레이/카멜

♣ 창조적이고 풍부한 색감 ♣

컬러:

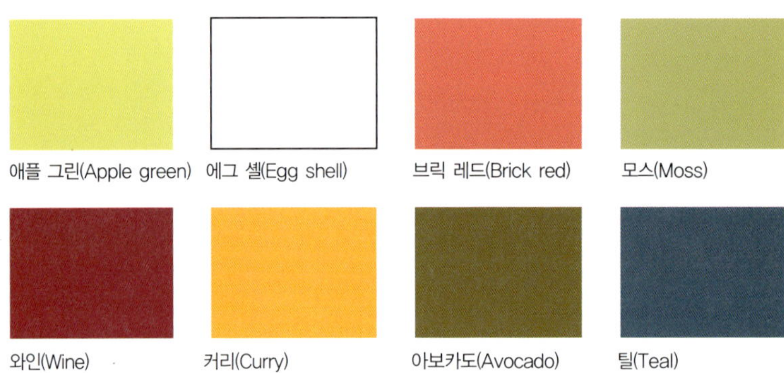

컬러 조합:

컬러:

바닐라(Vanila)
넛멕(Nutmeg)
칠리 레드(Chile red)
라즈베리(Raspberry)
렌틸(Lentil)
진저(Ginger)
스퓨러스(Spruce)
터메릭(Turmeric)

컬러 조합:

라즈베리/터메릭
렌틸/스퓨러스
진저/스퓨러스
터메릭/바닐라
렌틸/바닐라
라즈베리/칠리 레드
리즈베리/넛멕
진저/넛멕

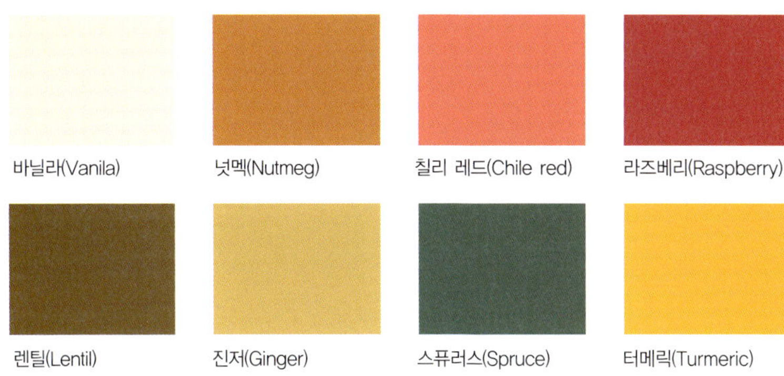

♣ 시원하고 자연스러운 색감 ♣

컬러:

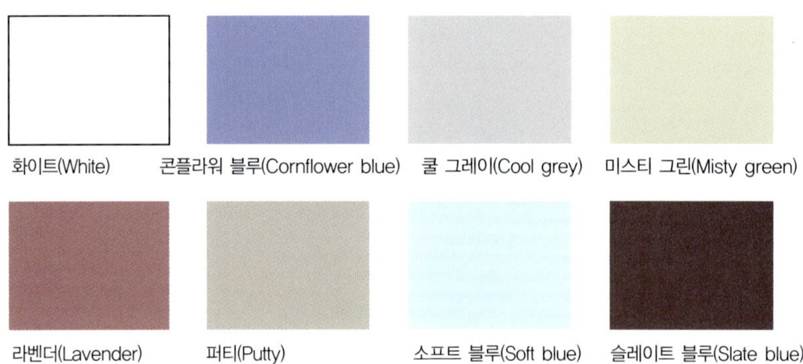

화이트(White) 콘플라워 블루(Cornflower blue) 쿨 그레이(Cool grey) 미스티 그린(Misty green)

라벤더(Lavender) 퍼티(Putty) 소프트 블루(Soft blue) 슬레이트 블루(Slate blue)

컬러 조합:

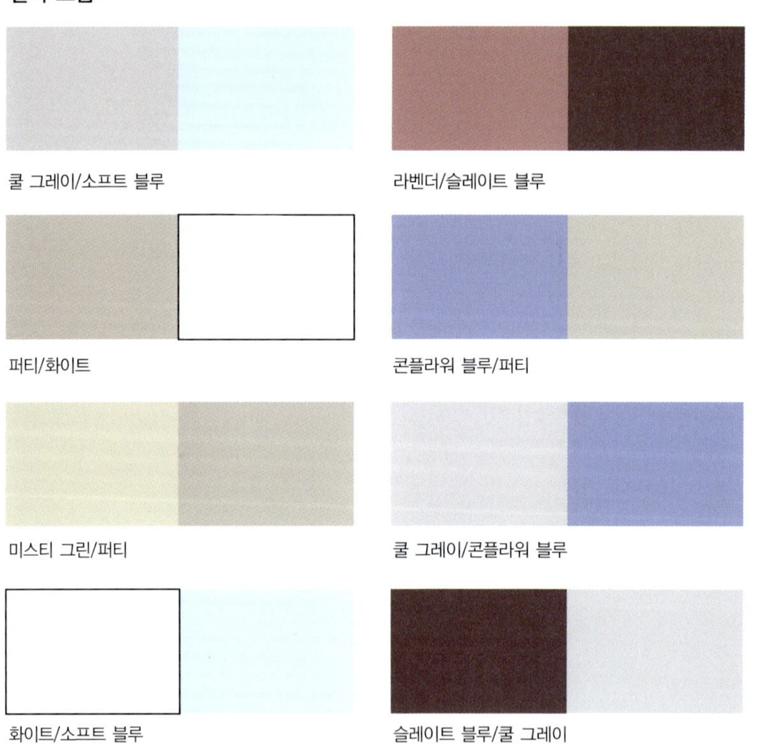

쿨 그레이/소프트 블루 라벤더/슬레이트 블루

퍼티/화이트 콘플라워 블루/퍼티

미스티 그린/퍼티 쿨 그레이/콘플라워 블루

화이트/소프트 블루 슬레이트 블루/쿨 그레이

♣ 밝고 생기 있는 색감 ♣

컬러:

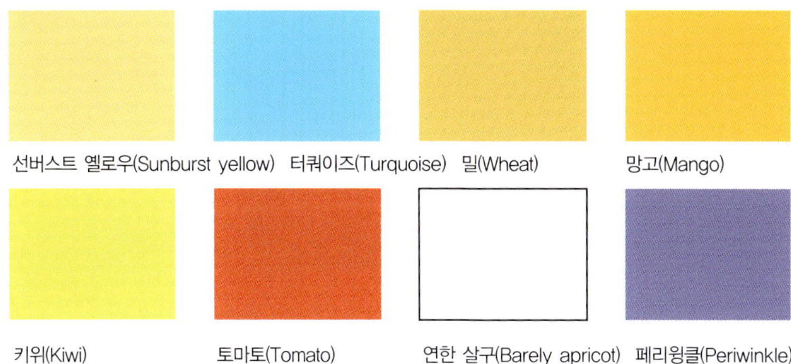

컬러 조합:

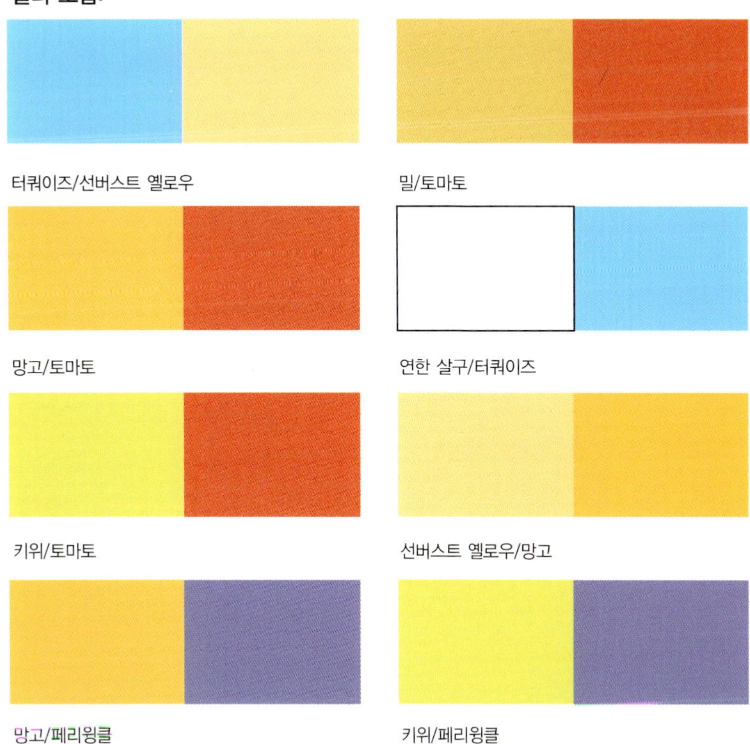

♣ 왕족의 화려한 색감 ♣

컬러:

컬러 조합:

컬러:

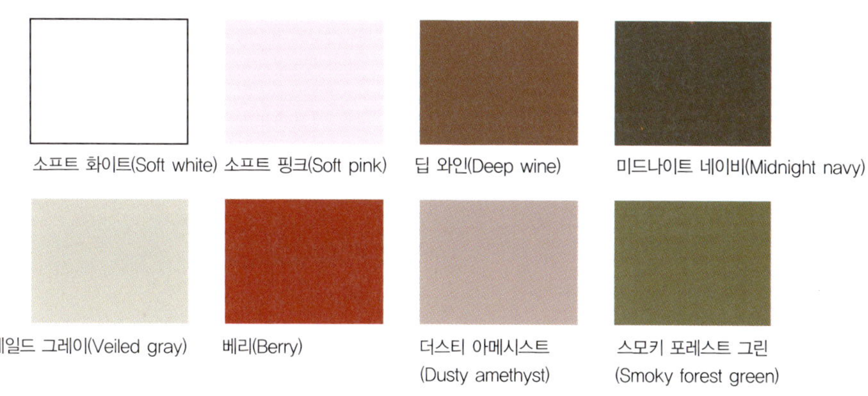

소프트 화이트(Soft white) 소프트 핑크(Soft pink) 딥 와인(Deep wine) 미드나이트 네이비(Midnight navy)

베일드 그레이(Veiled gray) 베리(Berry) 더스티 아메시스트 (Dusty amethyst) 스모키 포레스트 그린 (Smoky forest green)

컬러 조합:

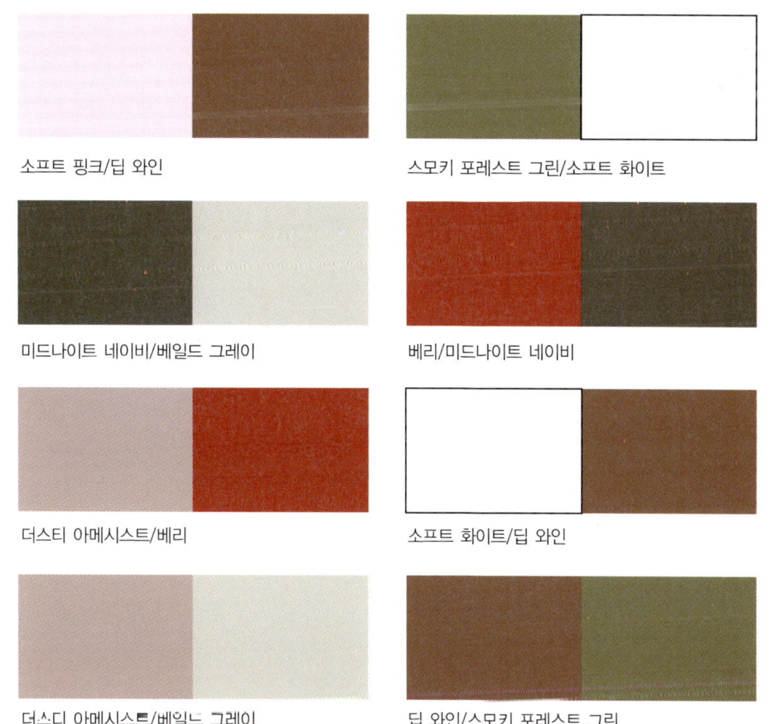

소프트 핑크/딥 와인

스모키 포레스트 그린/소프트 화이트

미드나이트 네이비/베일드 그레이

베리/미드나이트 네이비

더스티 아메시스트/베리

소프트 화이트/딥 와인

더스티 아메시스트/베일드 그레이

딥 와인/스모키 포레스트 그린

컬러:

세사미(Sesame) 소프트 브라운(Soft brown) 디종(Dijon) 플렉스(Flax)

에이콘(Acorn) 올리브(Olive) 캐러멜(Caramel) 오크(Oak)

컬러 조합:

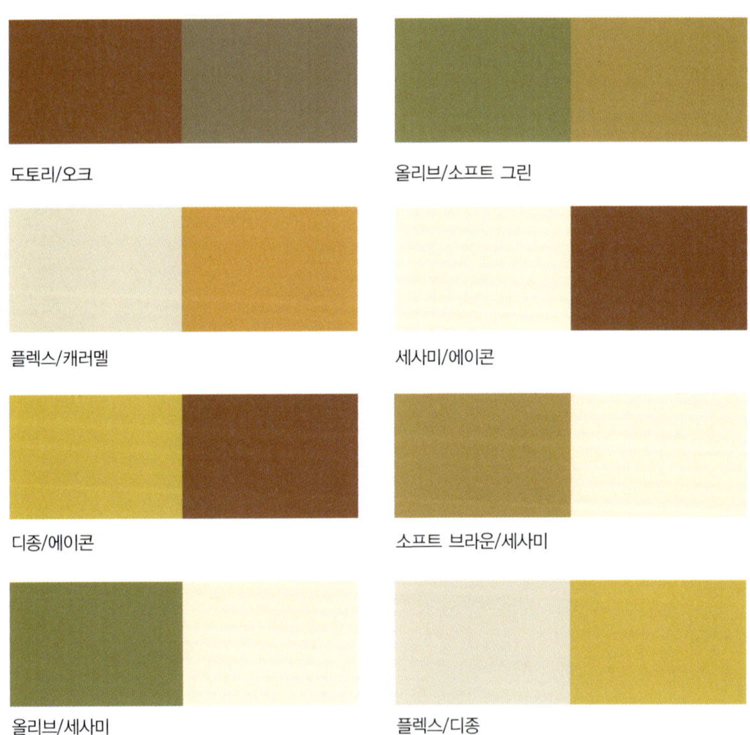

도토리/오크 올리브/소프트 그린

플렉스/캐러멜 세사미/에이콘

디종/에이콘 소프트 브라운/세사미

올리브/세사미 플렉스/디종

빈 칸 채우기 연습을 한 번 더 하자. 이번에는 소재와 질감에 관한 것이다. 물건을 모으고 사진을 스크랩할 때 특별히 마음에 드는 패턴이나 질감, 유독 끌리는 디테일이나 이미지가 있었을 것이다. 이제 당신이 선호하는 소재와 질감 등에 대해 알아보자. 다시 아홉 칸으로 나누고 중앙에 '패턴, 질감, 마감, 이미지, 디테일' 이라고 적어라. 당신은 패브릭 자체를 좋아할 수도 있고, 특별한 마감처리, 예를 들어 퀼트나 자수 혹은 아플리케를 좋아할 수도 있다. 새틴이나 레이스, 자카트, 브로케이드, 린넨, 실크, 고무나 주름진 린넨, 크러쉬 벨벳, 데님 소재를 좋아할 수도 있다. 프린트도 일명 체크무늬라고 하는 플레이드나 페이즐리, 물방울무늬인 포카 도트나 줄무늬, 꽃무늬 등 다양하다. 당신이 특히 좋아하는 이미지나 심벌이 있다면 빈칸에 함께 적어 두자. 나비 모양이나 사찰에서 느껴지는 분위기를 좋아하는 사람도 있을 것이다. 여덟 칸을 다 채우고도 아직 쓸 것이 남았다면 다시 아홉 칸을 그려서 더 적으면 된다. 패브릭에 관해 당신이 좋아하는 것을 반드시 모두 적어야 한다.

패턴
질감
마감
이미지
디테일

이제 지금까지 모은 것들을 바인더에 잘 정리할 시간이다. 당신의 스타일을 대표할 만한 단어와 이미지들을 모았고 앞으로 활용해 보고 싶은 컬러도 골랐다. 좋아하는 패턴과 질감, 마감과 디테일에 관한 단어도 찾았고 그것에 관한 이미지도 찾아 놓았다. 이렇게 당신이 정말 좋아하는 것들을 보여 주는 풍부한 자료라면 앞으로 예정된 세 번의 데이트를 완벽하게 준비하는 훌륭한 가이드라인이 될 것이다. 모은 자료들을 지금부터 참고하자. 오직 당신만을 빛나게 하는 당신의 스타일 DNA이기 때문이다.

모은 자료들을 가장 잘 정리하는 방법은, 컬러 샘플과 이미지 사진의 가장자리를 깨끗하게 잘라서 검은색 도화지에 붙이는 것이다. 바인더에 들어갈 크기로 자른 뒤, 컬러, 패턴, 마감, 질감, 이미지, 디테일별로 모아서 정리하면 편할 것이다. 그렇게 정리한 것을 보고만 있어도 마음이 편안해지고 위로가 될 것이다. 당신이 스스로 느낀다면 깜짝 놀라지 않을까? 자신을 나타내는 자료들을 정리하는 게 정말 재미있지 않은가? 포스터 보드에 붙일 때는 사진에 대지를 붙여서 정리하면 더 깔끔해진다.

지금까지 당신이 좋아하는 것에 집중했고 당신만의 스타일을 찾기 위해 노력했다. 이제 자신에게 물어 보라. "내 마음을 완전히 사로잡는 것은 무엇일까?" 당신이 정말 좋아하는 옷과 액세서리만 가득한 상점이 있다고 상상해 보라. 선반과 옷걸이에는 과연 어떤 것들이 걸려 있을까? 자, 상상력의 나래를 조금만 더 펴서 좀 더 자세하게 떠올려 보자. 팬츠와 스커트, 드레스와 코트, 신발과 액세서리 등 모두 상상해 보라. 각각의 아이템은 당신의 스타일을 나타낼 수 있어야 하고 당신이 만족할 수 있는 것들이라야 한다. 자신만의 상점에 들어갈 물건의 리스트를 적고, 다 적었으면 바인더에 끼워서 보관한다.

브렌다의 부티크를 상상해 보았다.

- ♣ 아름답고 여성스러운, 눈부시게 화려한 목걸이들
- ♣ 정말 깜찍한 귀걸이들
- ♣ 사랑스럽고 여성스러운 탑. 레이스 장식이 달린, 얇지만 속이 비치지 않는 소재. 특히 촉감이 좋아야 한다.
- ♣ 화려한 소재의 편안한 재킷
- ♣ 다양한 옷에 매치할 수 있는 아름다운 숄과 독특한 스카프들
- ♣ 힙과 다리에 딱 맞는 섹시한 팬츠
- ♣ 옐로우, 터쿼이즈(청록색), 오렌지컬리처럼 빌릴한 컬러와 크리미 바닐라나 시나몬(계피), 소프트 골드처럼 풍부한 컬러로 된 모든 종류의 옷
- ♣ 여성스러운 분위기의 하늘거리는 스커트
- ♣ 페디큐어가 잘 드러나는 섹시한 샌들

이런 리스트를 만들어 보면 자신이 가지고 있는 것은 무엇이고, 자신이 정말 마음에 들어 하는 것들과 매치를 시키려면 무엇이 필요한지 알 수 있다. 당신의 리스트는 어떤가? 무엇을 알 수 있는가? 당신의 디바 저널에 간단하게 기록해 두자.

자, 당신만의 디바 스타일을 알아보는 시간을 가졌다. 방금 부티크 연습을 통해 자신만의 디바 스타일을 어떻게 표현해야 할지 생각하기 시작했다. 물론 아직 한 번도 정식으로 디바 스타일로 옷을 입어본 적은 없지만. 괜찮다!

이제부터 당신은 꽤 오랫동안 당신의 옷장과 씨름해야 한다. 옷 뭉치들을 걷어내느라 콧구멍 한가득 먼지를 들어 마실지도 모르겠다. 쾌쾌한 냄새도 각오해야 한다. 일단 시작하기 전에 하루 정도는 충분히 쉬어야 한다. 쉬는 것을 미루면 안 된다!

디바 어드바이저 빅토리아 카타야마는 집에서 즉석 스파를 즐기는 확실한 방법을 알고 있다. 너무 복잡하다 싶으면 '가벼운 스파'를 즐기는 방법도 귀띔해 줄 것이다. 산뜻한 기분전환을 원한다면, 지금부터 빅토리아의 말에 귀를 기울여 보자.

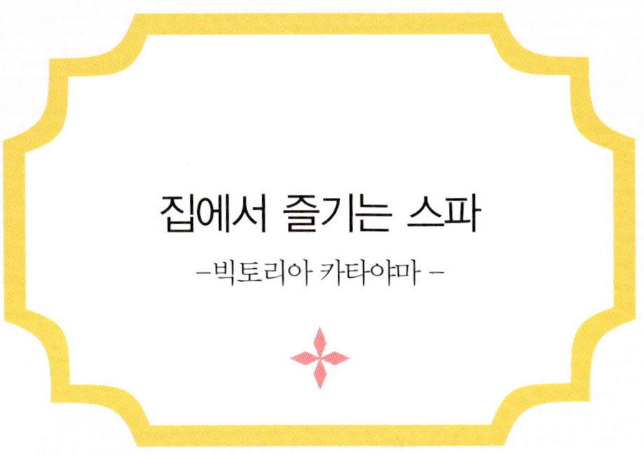

빅토리아 카타야마는 휴양 리조트 릴렉스 심플리(Relax Simply) 대표이자 관련 용품 제조회사를 운영하고 있다.

이제 마음에 쏙 드는 스파를 찾아 옆 도시로 혹은 다른 나라까지 갈 필요가 없다. 즉석에서 홈 스파를 즐기는 방법이 여기 있으니 말이다! 숨 막히는 업무에서 벗어나 쉴 수 있는 시간이 절실하게 필요하지 않은가? 휴식시간을 멋지게 보낼 비법을 지금부터 알려 주겠다. 스파는 여러 명이 함께 하면 훨씬 더 재밌으니 친구들을 초대하자. 다섯 명 미만으로. 혹은 언니나 여동생과 함께 즐겨도 좋다. 물론 다른 식구들은 잠시 자리를 비켜야 한다. 아침식사도 멋지게 차려보자. 프렌치 파이와 라떼를 준비하고 신선한 과일을 예쁜 접시에 담는다. 꽃을 가득 담은 바구니를 집안 구석구석에 배치하면 은은한 꽃향기를 맡을 수 있다.

　가능하다면 마사지사를 부르자. 집에서 소금 마사지와 로미로미, 와츠를 받으면 얼마나 근사하겠는가? 마사지 테이블은 나무 그늘 밑에 놓아둔다. 집에 풀이 있다면 와츠 마사지를 받을 수 있다. 시원하게 마사지를 받고, 그 사이 여유롭게 쉬면서 좋아하는 잡지를 읽고 친구들과 담소를 나눈다면 근

로미로미(Lomilomi) : 전통 하와이식 마사지
와츠(Watsu) : 따뜻한 물에서 하는 지압 마사지

사하지 않을까!

저녁식사를 위해 출장요리사를 부른다. 당신의 부엌에서 직접 요리를 해서 저녁을 차릴 것이다. 초대한 손님과 담소도 나누고 농담도 주고받으며 저녁을 즐기면 된다. 홈 스파를 하고 나면 좀 더 편안하고 행복한 기분으로 잠자리에 들게 될 것이다.

♠ 홈 스파를 위해 필요한 준비단계

1. 하루를 완전히 비워 둔다.
2. 미리 마사지사에게 예약한다. 어떤 마사지를 받을 수 있는지, 스크럽과 랩은 어떻게 하는지도 확인하자. 손님들이 원하는 것을 파악하여 사전에 모두 준비하자.
3. 여분의 수건, 마사지가 끝난 후 샤워할 수 있도록 준비해 놓기, 마사지 테이블 밑에 놓아둘 꽃바구니, 마사지사가 추천해 준 특별한 마사지 제품들까지 스파에 필요한 모든 것들이 준비되었는지 확인하자.
4. 손님들에게 여분의 큰 타월이나 편안한 옷, 슬리퍼를 준비하라고 알린다.
5. 에너지 충전을 위해 신선한 음식과 음료수도 꼭 있어야 한다.

♠ 당일 준비사항

1. 보리차, 라임이나 레몬을 넣은 냉수를 준비하여 손님들이 스파를 즐기면서 마실 수 있게 한다.
2. 마사지 테이블에는 장미 꽃잎을 뿌려 놓는다.
3. 마사지 테이블의 페이스 크레이들 아래에 장미꽃잎을 담은 그릇을 놓아두면 엎드려서 마사지를 받을 때 장미향을 음미할 수 있다.
4. 은은한 음악과 초, 좋은 향기가 나는 꽃으로 스파 분위기를 돋운다.

♠ 간편하게 즐기는 홈 스파

간단하게 홈 스파를 즐기고 싶다면 이렇게 해보자. 특별한 손님들과 함께 혹은 혼자서 여유롭게 하루를 즐길 수 있다. 일단 하루를 완전히 비워둔다.

좋아하는 음료와 맛있는 아침식사로 시작한다. 역시 주위에 향이 좋은 꽃바구니들을 자유롭게 놓아둔다. 아침을 먹고 나면 근처 숲이나 공원 혹은 해변 등 당신이 좋아하는 곳으로 산책을 나간다.

집으로 돌아오면 얼굴에 뜨거운 스팀 찜질을 한다. 내열처리가 된 큰 볼에 끓는 물을 붓고 에센스 오일(목욕용품 상점에서 살 수 있다)을 몇 방울 떨어뜨린다. 라벤더나 로즈메리, 민트 같은 허브 잎을 넣을 수도 있고, 레몬과 오렌지를 작게 자르거나 즙을 짜서 넣어도 된다. 얼굴을 볼 가까이 갖다 대고 머리 위로 수건을 덮어 써서 아로마 향이 얼굴 피부 깊숙이 스며들도록 한다.

욕조에 거품목욕제를 넣고 향긋한 꽃잎도 함께 뿌린다. 장미나 치자 꽃잎이 좋다. 욕조 가장자리로는 초를 켜두고 은은한 음악을 배경으로 틀어 눈다.
욕조에 들어가서 미리 준비해 둔 스크럽 제품으로 피부를 문질러 준다.(다음 페이지의 4 참조) 목욕이 끝나면 정원이나 테라스 등 당신을 기분 좋게 해주는 장소에서 편안하게 휴식한다.
저녁이 되면 당신이 가고 싶은 레스토랑에 가서 저녁을 먹는다. 직접 요리를 하거나 레스토랑에서 테이크아웃해도 된다. 집에서 저녁을 먹는다면 미리 식탁을 예쁘게 꾸며놓자. 그래야 식탁에 앉았을 때 특별한 사람이 된 듯한 기분이 든다. 그리고 마음껏 저녁을 즐기면 된다!

♠ 간단한 홈 스파에 필요한 것

1. 하루를 완전히 비워두기
2. 스파에 필요한 용품 준비(음악이나 허브처럼 스파를 할 때 함께 하고 싶은 것들)
3. 얼굴 스팀 마사지를 할 수 있도록 준비하고 주위를 예쁘게 장식하기
4. 스크럽제 준비. 바다 소금 1스푼과 올리브 오일 1스푼을 중간크기 볼에 넣고 잘 섞는다. 오렌지나 레몬을 잘게 자르거나 즙을 낸다. 에센스오일을 떨어뜨려도 된다.
5. 긴장을 풀어주는 음악이나 초, 향기 좋은 꽃다발
6. 목욕가운이나 편안한 옷, 슬리퍼
7. 부드러운 타월
8. 건강에 좋은 식사와 음료
9. 레몬이나 라임조각을 넣은 물

뷰티 재충전

미술관이나 도서관에 가자. 미술 역사책이나 유명화가의 화집을 구입해도 된다. 쭉 살펴보면서 가장 마음에 드는 것을 골라본다. 인상파의 부드러운 색조가 좋은가? 낭만주의 시대 작품의 어두운 컬러가 마음에 드는가? 모더니즘 계열의 대담한 색조는 어떤가? 석류와 호박과 청포도, 적포도를 그려놓은 독일 정물화의 풍부한 색감이 마음에 드는가? 그림 속 모델들이 어떤 옷을 입고 있고 옷을 장식하는 것들은 어떤 것이 있는지 알아낼 수 있겠는가? 예술적 기운을 한껏 음미하면서, 당신을 자극하는 컬러나 디바 스타일로 표현하고 싶은 이미지도 함께 찾아보자.

석류 잎을 뿌린 욕조
에 몸을 담그면 완벽한
홈 스파가 된다.

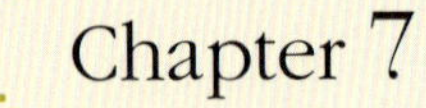

자신에게 어울리는 핏
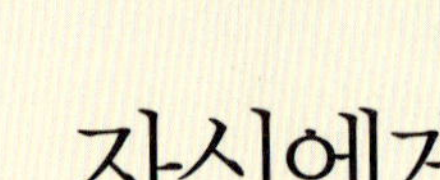

Fit for a Diva

당신의 옷장에서 디바 아이템과 촌티 아이템을 골라 없애기 전에, 짚고 넘어가야 할 문제가 있다. 당신이 가진 장점이자 또 도전해야 할 대상인, '핏'이다. 이번 주에는 당신에게 어떤 핏이 잘 어울리는지 알아볼 것이다. 그리고 3주차에 쇼핑을 할 때 다시 한 번 핏에 대해 말하겠다. 전신거울 앞에서 당신이 어떤 이미지인지 확인할 마음의 준비를 하라.

이 장을 시작하기에 앞서 먼저 약속 하나 하자. 이번 주제는 즐거운 기분으로 임해야 한다. 앞으로 재밌는 일이 많을 것이다. 지금까지 컬러에 대해 알아보았고 당신의 스타일을 파악하는 게임도 했다. 이제 당신 안에 숨은 디바를 자신 있게 표현할 날도 멀지 않았다. 이 장에서 우리는 당신의 몸에 관해 이야기를 나누려고 한다. 당신도 대부분의 여성처럼 자신에 몸에 지나칠 만큼 냉정하지 않은가? 자신의 몸매에 불만도 많고 또 그것을 혐오스럽게 생각하는 여성도 많을 것이다. 옛날에는 성발 대단했는데 하며 아쉬워하지 않는가? 물론 그때도 여전히 불평은 했겠지만. 나이가 들어 몸매가 변하는 것에 어떻게 대처해야 할지도 모르고 난감해하는 여성이 어디 한 둘이겠는가. 그녀들은 자신의 몸에 관한 문제는 관대하게 넘어가지도 못하면서 자신의 몸이 무엇을 필요로 하는지 감도 못 잡는다. 바로 그 문제를 내가 도울 것이다. 당신이 나의 제안을 수용하고 내가 이끄는 대로 따라오기 바라는 마음 간절하다. 이제부터 옷을 즐겁게 입는 방법, 핏이 좋은 옷을 입음으로써 덩달아 기분까지 좋아지는 방법을 전수해주겠다. 컬러와 스타일에 관해 당신이 얼마만큼 발전했는지도 알려주겠다.

♠ 몸에 맞는 핏 고르기

몸매는 사람마다 다르다. 다른 사람의 몸매가 아무리 부러워도 당장 당신 몸매가 그렇게 변하는 것도 아니다. 자신의 몸매에 대해 불평하는 것은 날씨에 대해 불평하는 것과 같다. 그래서 뭐가 달라지는가? 우리는 추우면 재킷을 입고 비가 오면 레인코트나 우산을 준비할 뿐이다. 오늘의 날씨에 따라 준비할 것도 달라진다. 우리 몸도 마찬가지다. 지금 당신의 몸에 따라 필요한 것도 달라진다.

앞 장에서 몸매나 체형보다는 당신 자체, 지금 당신의 모습이 훨씬 중요하다고 배웠다. 거기다 컬러와 스타일만 갖추면 된다. 당신에게 어울리는 컬러와 스타일만 찾으면 이 세상 누구보다도 돋보일 것이다. 핏이란 말만 들어도 어색해하는 여성들이 많다. 핏이란 몸에 딱 맞는 사이즈를 말한다. 당신에게는 컬러, 스타일, 핏 즉 CSF가 모두 필요하다. 핏은 그 중 하나일 뿐이다. 이제 괜찮은가? CSF라고 하니 무슨 텔레비전 범죄 드라마 제목 같긴 하지만. 어쨌든 디바가 되기 위해 필요한 것을 나타내는 말이다. 이 세 가지 요소를 잘 갖추고 집 밖을 나서보라. 당신은 TV 드라마 주인공처럼 돋보일 것이다. 당신 인생의 주인공은 바로 당신 아닌가! 핏이 나쁘면, 즉 몸에 안 맞는 사이즈를 입으면 사람들이 이상하게 본다. 물론 핏이 좋으면 사람들의 시선이 당신에게 저절로 집중될 것이다. 의외로 핏에 신경 써서 몸에 잘 맞는 옷을 입는 여성을 찾기 힘들다. 그러나 당신은 할 수 있다. 내가 옆에서 돕겠다.

♠ 메리의 놀라운 변화

몸매 때문에 옷 입는 즐거움을 포기하려 하는가? 당신과 똑같은 생각을 가졌다가 완전히 떨쳐버린 여성을 소개하겠다. 메리는 옷의 치수가 라지와 엑스라지를 왔다 갔다 한다. 트레이너까지 두고 살을 빼려고 노력했지만 생각만큼 빨리 나아지지 않았다. 살이 빠지면 어떤 옷을 입을지도 미리 생각해두었고, 그때까지는 최대한 사람들의 눈에 띄지 않으려고 했다. 메리는 적당하게 근육이 붙어 전반적으로 균형이 잘 잡힌 귀여운 몸매를 가지고 있었지만, 자신의 몸매가 숨기지 않고 뽐낼 만하다는 사실을 깨닫지 못했다. 몸무게 때문에 항상 블랙이나 네이비블루 컬러만 입어야 한다고 생각했다. 내가 레드 카프리 팬츠를 갖다 주자 나를 미친 사람 쳐다보듯 바라보는 그녀의 표정을 당신도 봤어야 했다. 그리고 메리는 가까운 비상구를 찾아 그 자리를 떠날 궁리를 하고 있었다. "알아요. 당신이 생각했던 옷이 아닐 거예요. 그렇지만 그냥 재미로 한번 입어 볼 수도 있잖아요?" 우리는 탈의실 앞에 있는 3면 거울 앞에서 꽤 오래 이야기를 나누었다. 카프리 팬츠를 입은 메리는 정말 멋졌다. 귀여운 힙 라인도 살아났다. 균형 잡힌 그녀의 몸매가 더욱 돋보였다.

메리는 레드 팬츠를 입으면 자신이 빨간 소방차처럼 보일까 두려워했다.

우리들도 마찬가지겠지만 메리 역시 자신의 신체 중에 가장 신경이 쓰이는 부분을 과장시켜 생각하고 있었던 것이다. "이 팬츠는 주말 복장으로 적격이에요. 흰 T셔츠에 진 재킷을 입고 플립플롭을 신으면 아주 멋질 거예요." 나는 말을 멈추지 않았다. 내가 본 것을 자세하게 설명하면 그녀도 자신의 눈으로 똑똑히 확인할 수 있을 것이라고 생각했다. 카프리 팬츠는 가족모임에 적격이다. 이제 메리는 조카들과 마음대로 뛰어놀 수 있을 것이다. 팬츠를 입고 여기저기 돌아다녀 보라고 권했다. "집에 가서 팬츠를 다시 입어 보는 건 어때요? 그리고 언제든 다시 가져오기만 하면 돼요." 내가 메리에게 제안했다.

이제 메리는 카프리 팬츠 없이 못 살 정도로 그 팬츠를 좋아하게 되었다. 믿어지는가? 메리가 카프리 팬츠를 입고 거리를 활보하게 되었다니! 지금까지 메리의 옷장에서 찾아 볼 수 없었던 분위기, 장난스럽고 흥미진진한, 다소 괴짜 같은 분위기를 바로 그 카프리 팬츠가 찾아주었던 것이다! 메리는 카프리 팬츠를 정말 좋아하게 되었다!

디바의 센스

"이제 열 살인 우리 딸애가 '나 살 뺄 거야!'라고 말하는 걸 듣고 저는 살 빼겠다는 말을 다시는 안 합니다. 효과가 있었어요. 우리 딸애도 다이어트니 뚱뚱하다느니 하는 말을 안 하더라고요. 물론 저는 살을 빼겠다는 생각을 여전히 하고 있지만 딸이 듣는 앞에서는 말하지 않으려고 해요."　　　　　　　　　　　　　　－파멜라(Pamela)

♠ 체형은 사람마다 다르다

나는 나이 어린 소녀들이나 몸매를 심각하게 고민할 거라고 생각했다. 칠순, 팔순, 혹은 그 이상 연배가 되신 분들은 멋진 몸매에 대한 열망을 초탈했을 것이라고 생각했다. 그러나 아니었다. 나는 완전히 잘못 생각하고 있었다! 할머니들도 젊은이들처럼 여전히 몸매를 고민하고 있었다. 나는 당신에게 말한 것과 똑같이 할머니들에게 말해야 했다. 미래를 기다리지 말고 바로 지금 자신의 모습을 받아들이라는 것, 그래야 앞으로 다가올 몇 십 년도 몸매에 불만 없이 즐겁게 지낼 수 있다는 것을 말이다. 다 함께 명심하자. 당신의 몸매를 바로잡을 시간은 바로 지금이다.

시간이 지나면 체형도 약간씩 변한다. 그렇다고 모두가 살이 쪄서 치수를 늘려 입어야 하는 것은 아니다. 오히려 쉰을 넘기고 나서 치수가 약간씩 줄어드는 여성도 있다. 만약 당신도 그렇다면, 아직도 예전 치수대로 입고 있는지 확인해 봐야 한다. 엉덩이 살과 두꺼운 허벅지 살이 빠져서 이제 얼마든지 다른 치수를 선택할 수 있는데도 여전히 옛날과 똑같은 치수의 팬츠를 구입하지 않는가? 자신의 변한 몸매에 익숙하지 않니면 가게 점원이 당신에게 잘 맞는 옷을 골라줄 수도 있다. 옷을 두 치수 이상 크게 입어야 한다면 다른 사람의 도움을 받는 것이 좋다. 그래야 자신의 몸매를 좀 더 객관적으로 볼 수 있다. 자신에게 잘 어울리는 컬러를 입는 것처럼, 바로 지금 자신의 몸에 맞는 옷을 입어야 한다. 우리는 사십대가 넘은 여성이다. 우리 몸매가 소녀 시절의 몸매가 아니라는 사실을 확실히 알지 않는가! 그렇다면 결론도 간단해진다. 그러나 많은 여성이 아직도 옷을 어디에서 사야할지 잘 모른다. 여성들이 자신에게 딱 맞는 옷을 찾지 못하는 데에도 다 이유가 있다.

1. 치수를 잘못 알고 있다. 편안하고 기분 좋게 옷을 입으려면 치수를 하나 더 크게 입어야 한다. 옷을 한 치수만 더 크게 입으면 편안해질 텐데 살찐 몸매를 감추려고 오히려 부대 자루처럼 커다란 옷을 입으려 한다. 그러면 체구가 더 커 보인다. 물론 너무 타이트하게 입어서 실제보다 더 살쪄 보이는 여성들도 있다.

2. 가지 말아야 할 상점에 간다. 주니어 치수는 발육이 덜 된 여자아이들을 위한 것이다. 당신이 소녀처럼 작은 체구의 소유자가 아니라면 10대들의 브랜드는 사지 마라. 주니어보다 여성복 치수가 크고, 여성복보다는 부인복 치수가 더 크게 나온다.

3. 기준은 치수가 아니다. 치수는 브랜드마다, 옷 가게마다 천차만별이다. 숫자에 민감하면 안 맞는 옷을 구입할 가능성이 농후하다. 가장 중요한 것은 핏이다. 옷에 표시된 숫자는 잊어라. 그리고 당신의 몸매에 잘 맞는 옷을 찾는 데 집중하자. 당신은 디바가 될 몸 아닌가!

4. 기성복은 피팅 모델의 치수에 맞게 만들어진다. 물론 피팅 모델은 주위에서 흔히 볼 수 없는 몸매를 가지고 있다. 그렇다면, 현실을 받아들이자. 당신이 가는 허리에 넓은 엉덩이를 가지고 있다면 딱 맞는 팬츠가 없다고 불평하지 말자. 그렇게 대단한 문제도 아니다. 옷을 수선하면 된다. 비가 오면 우산이 필요하듯이 옷을 수선하는 것도 딱 그 정도의 문제다. 어떤가? 이제 날씨가 어떻게 변해도 아무렇지 않을 것이다. 그냥 적응하면 되니까 말이다. 이제부터는 얼굴에 미소를 띠고 즐거운 마음으로 옷을 수선하자.

핏에 관해 당신을 도와줄 디바 어드바이저가 있다. 핏 전문가인 캐서린 슐러다. 그녀는 플러스 사이즈 모델로 활동하며 잡지에 플러스 사이즈에 관한 글을 기고하는 작가다. 그녀는 몸매를 잘 드러낼 수 있는 옷에 관해 전국적으로 강연을 펼치고 있다. 당신이 큰 체형이 아니라고 그냥 넘어가지 말고 계속 읽어보자. 캐서린의 이야기는 모든 체형의 여성들에게 도움이 될 것이다. 그런 후에 우리가 핏에 관한 당신의 고민을 덜어주겠다. 핏에 관한 문제가 풀리면 당신의 CSF도 잘 해결할 수 있을 것이다.

♠ 잘못 선택된 핏

몸에 맞지 않는 옷만큼 괴상하게 보이는 것은 없을 것이다. 하루 종일 옷을 이리저리 잡아당겨야 한다고 생각해 보라. 하루를 완전히 망치지 않겠는가? 옷을 입었으면 활동할 때 신경 쓰이지 않아야 한다. 당신을 좋아하는 사람들은 당신의 복장에 신경을 쓰겠지만 말이다. 당신의 피부와 가장 밀접하게 닿아 있는 속옷부터 시작해서 머리부터 발끝까지 살펴볼 것이다. 핏이 나쁘면 기분도 나빠지고 전체적인 스타일을 망친다는 것을 명심하라. 잘못된 핏을 원하는 사람은 없다. 지금 당신은 아주 잘하고 있다! 힘들겠지만, 앞으로 몇 장만 더 읽으면 오랫동안 우리를 괴롭히던 문제를 해결할 수 있을 것이다. 그러니 지금 이대로 계속 앞으로 나아가자.

♠ 패션의 시작, 속옷

내가 장담하건대 당신은 치수가 잘 안 맞는 속옷을 입고 있을 것이다. 사람의 몸은 계속 변한다. 그러나 여성들은 몇 년 동안 똑같은 치수의 브라와 팬티만 찾는다. 벨트 치수가 고등학교 때와 똑같다고 자랑하는 남자들을 많이 본다. 그런데 그 사람들의 배는 어떤가? 뱃살이 허리띠 속으로 싹 들어가는 게 아니라 벨트 위로 둥그렇게 불거져 나와 있다. 똑같은 자랑을 늘어놓는 여성이 있다면 마음 한구석이 뜨끔할 것이다. 속옷 치수가 맞지 않으면 대부분 겉옷도 잘 안 맞는다. 이번 주에는 란제리 숍이나 백화점의 속옷 코너에 직접 가보라. 매장의 직원이 당신의 치수를 직접 재어 줄 것이다.

나는 예순 아홉 살의 케이트와 탈의실에 들어갔다. 우리는 옷을 둘러보며 이것저것 입어보고 있었다. 탈의실에서 나는 그녀의 브라가 그녀에게 전혀 맞지 않는다는 것을 발견했다. "몸에 딱 맞는 브라를 입어본 게 언제예요?" "아마 고등학교 때?" 우리는 이내 발걸음을 돌려 브라를 사러 갔다. 그녀의 치수는 75D에서 70D로 줄어 있었다. 그녀는 몸에 꼭 맞는 치수의 브라를 입어보고는 놀라서 환호성을 질렀다. "어쩜, 인생이 확 변하는 느낌이야!"

올바른 핏을 위한 도움말 몇 가지를 덧붙이겠다.

1. 새로 나온 속옷들을 살펴보라. 지금까지 한 번도 입어보지 못한 속옷이 나왔을 수도 있다. 속옷 구경하는 일을 즐겁고 신나는 모험이라고 상상하자. 고등학교 때는 90짜리 팬티를 입었더라도 지금은 100사이즈의 팬티가 더 편할지 모른다. 그렇게 놀라다니. 작은 치수를 입어서 뭐가 더 좋은가? 오히려 속옷을 너무 꽉 끼게 입으면 기분만 나빠지지 않는가? 왜 그렇게 뾰루퉁한가? 당신은 오직 팬티라인이 드러나지 않게 노력하면 된다. 얼마나 끔찍한가? 팬티가 너무 조이거나 스커트가 너무 타이트하면 팬티라인이 드러난다. 팬츠나 스커트 소재가 너무 얇아도 십중팔구 팬티라인이 드러나니 조심해야 한다.

2. 인정하긴 싫겠지만 앞으로 당신의 옷장에도 T팬티가 생길 것이다. 옅
   은 컬러의 팬츠를 입을 때는 T팬티만한 것도 없다. 화이트 팬츠 속에
   화려한 꽃무늬 팬티만큼 촌스러운 것도 없다. 약간 헐렁하거나 팬티가
   꽉 끼이거나, 팬츠나 스커트가 너무 딱 맞거나 무엇보다 너무 얇은 소
   재라면, 팬티라인이 선명하게 드러날 수밖에 없다.

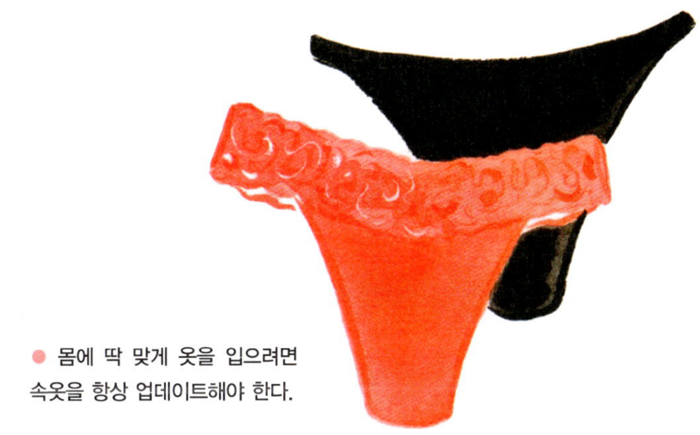

● 몸에 딱 맞게 옷을 입으려면
속옷을 항상 업데이트해야 한다.

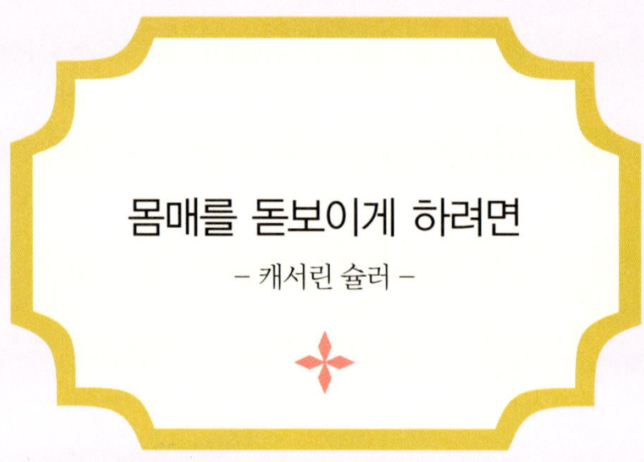

캐서린 슐러는 영화배우, 모델, 대중연설가이면서 동시에 작가로 활동하고 있다. 광고홍보와 마케팅 분야에서도 활약이 대단하다. 그녀는 체형이 큰 여성에 대한 사람들의 인식을 전 세계적으로 바꾸려는 목표를 가지고 있다.

1. 살보다는 라인에 더 관심을 쏟자. 단순히 살을 더 많이 드러낸다고 섹시해 보이는 것은 아니다. 노출이 심하면 신체 곡선의 신비로움을 파괴할 뿐이다. 피부보다는 몸의 라인을 드러내는 것이 훨씬 섹시하다.

2. 자신의 몸매를 파악하자. 고물 상자속의 꽃병을 누가 쳐다보겠는가. 몸매를 미끈하게 살려 주는 옷을 입어야 한다. 신축성 있는 벨벳 탑이나 랩 블라우스, 셔츠블라우스를 입는다. 잘 늘어나는 탱크 탑도 좋다. 가슴 바로 밑 라인이 가장 중요하므로, 이 라인을 드러내라. 그리고 멋진 재킷이나 숄, 앞이 트인 튜닉을 덧입으면 된다.

3. 똥배가 나오거나 허리 주위로 살이 두둑한 여성은 몸에 꼭 끼는 옷은 피해야 한다. 셔츠블라우스나 가슴부터 허리까지 프린세스 라인이 들

어간 셔츠를 입는다. 허리를 꽉 조이지 않고 편안하게 흘러내리는 소재
나 스트레치 면으로 만든 셔츠가 좋다. 한 치수 크게 입으면 단추 사이
가 벌어지는 것을 막을 수 있다.

4. 울퉁불퉁한 것보다는 매끈한 바디 라인을 만들어라. 요즘은 보정속옷
   기술이 얼마나 발달했는지 가슴 아래 선부터 발목까지 쉽게 멋진 라인
   을 만들 수 있다. 연예인들은 대부분 완벽한 라인을 만들기 위해 이런
   보정속옷을 착용한다. 그대로 드러난 팬티라인은 정말 끔찍하다. 매니
   큐어가 벗겨진 손톱은 내놓고 다녀도 팬티라인은 제발 감추자. 그렇다
   고 20년 전에 산 두꺼운 거들을 입느니 차라리 곰과 씨름하는 게 낫다.
   투박한 구닥다리 거들과 작별 인사를 하자. 요즘 나오는 거들은 참기름
   을 발라 놓은 듯 쑥 들어간다. 통풍성도 훨씬 좋아져서 땀이 차지도 않
   는다. 좀 더 확실한 라인을 원한다면 보정속옷을 겹쳐 입어도 된다. 7
   부 바지 속옷을 입고 허리보정 속옷을 덧입는 방식이다. 혹은 허벅지까
   지 내려오는 거들을 입고 레깅스를 입으면 더 날씬하고 탄력 있는 각
   선미를 만들 수 있다.

5. 가슴 라인을 올려라. 자신의 허리가 짧다고 자랑하는 여성이 많지만 이
   는 대부분 가슴이 축 처진 경우다. 가슴을 충분히 들어 올려줄 수 있는
   딱 맞는 브라를 착용하자. 이것이 머스트 해브 아이템이다. 다트나 프
   린세스 라인이 들어간 탑이나 블라우스를 입으면 가슴 라인이 살아날
   것이다.

6. 허리 라인을 재발견하라. 허리 라인이 두루뭉술한 여성은 스판덱스가
   약간 함유된 소재의 셔츠블라우스를 입으면 가슴 아래 허리 라인과 등

라인이 부드럽게 이어진다. V넥은 목 주위에 사선을 만드는데, 둥근 바디 라인과 대조를 이루어 더 돋보일 수 있다. 옷깃을 올려 세우고 멋진 목걸이를 해도 좋다. 거기다 화려한 팬츠를 매치시키면 당신은 완전히 딴 사람이 될 것이다. 셔츠는 밖으로 내서 입어라. 명심하자! 구질구질하니 셔츠는 바지 속에 꼭 넣으라고' 하는 어머니의 목소리가 귀에서 뱅뱅 맴돌겠지만 과감하게 무시하라. 나는 개인적으로 셔츠 밑단이 일직선보다는 둥글게 마감된 것을 좋아한다. 그럼 볼록한 똥배가 감춰진다. 상체가 늘어나보여서 클래식한 룩이 된다.

7. "나 뚱뚱해 보이니?" 이렇게 묻지만 말고 비례가 잘 맞도록 옷을 입어보자. 비례에 잘 맞게 옷을 입는 것이 중요하다. 힙이 튀어나왔다면 A라인 스커트나 밑단이 나풀거리는 스커트로 전체적인 실루엣을 살려라. 엉덩이는 불룩한데 다리가 얇고 발목까지 가늘면, 마치 얇은 볼펜 심 위에 놓인 동그란 사과 같은 느낌이 든다. 비례도 이상하고 굉장히 부자연스럽게 보일 것이다.

♠ 잘못된 핏 바로잡기

속옷을 업데이트할 날짜는 이미 달력에 표시해두었으니(정말 표시했는가?),
핏에 대한 다른 요소들을 살펴보자. 지금까지 자신 있게 강조했던 라인이 부
지불식간에 사라져버리는 경우가 생긴다. 허리라인이 그렇다. 매일 셔츠를
바지 속에 집어넣고 벨트로 날렵하게 조여서 잘록한 허리를 자랑하고 다녔
는데, 갑자기 어떻게 입어야 할지 도대체 갈피를 못 잡고 헤매게 된다. 데콜
테를 입어도 옛날만큼 멋있어 보이지 않는다. 몸매를 완전히 드러내는 것보
다 착시효과를 노리면 훨씬 좋은 룩이 될 것이다. 자신감 있는 디바는 몸무
게가 변하고 치수가 달라져도 자신의 몸매에 맞는 옷을 선택한다. 이제 자신
을 객관적으로 평가하여 단점은 감추고 장점을 부각시키는 법을 가르쳐 줄
테니 마음 푹 놓기를 바란다. 몸에 맞는 옷을 고르는 것이 관건이다. 조화롭
고 균형 잡힌 옷을 입기 위해 조금씩 조정하면 될 일이다. 이제 알겠는가?
당신의 몸매에 알맞은 옷을 입는 것이 두려울 수도 있지만, 사실 해결책이
얼마나 많은지 모른다. 자, 이제 핏에 관한 당신의
고민을 털어 놓아라.

   잘못된 핏을 바로잡기 위해 어떤 옷을 실험대상
으로 쓸 것인지 리스트를 작성한다. 옷장을 정리
할 때나 앞으로 쇼핑을 할 때도 이 리스트를 참
고해야 한다. 이 리스트를 밑거름으로 올바
르게 옷 입는 방법을 찾고 개발해야 한다.

● 속옷을 잘 입으면 당신이 좋아
하는 옷을 자신 있게 입을 수 있다.

♠ 어깨

어깨가 처지면 외모 전체가 축 늘어지고 슬퍼 보인다. 어깨가 좁으면 힘이 없고 오그라들어 늙어 보인다. 어깨는 힙과 조화를 이루어야 보기에 좋다.

1. 모양이 잡힌 재킷이나 블라우스로 직선 라인을 만들어라. 어깨가 처져 보인다면 얇은 패드로 어깨선을 만들어서 힙과 균형을 잡아야 한다. 물론 얇은 소재로 만들어진 옷일 때는 패드를 넣으면 안 된다. 패드는 보이지 않아야 한다. 라글란 소매는 어깨가 더 좁고 처져 보이니 피해야 한다.

2. 어깨가 떡 벌어진 스타일의 옷이나 패드가 지나치게 들어간 재킷도 있을 것이다. 그럴 때는 옷을 고쳐서 부드럽고 자연스런 라인으로 만들어라.

● 어깨가 잡힌 재킷은 축 처진 어깨를 똑바로 세워준다.

♠ 목

나이가 들면서 목 피부는 탄력이 떨어진다. 목은 특별하게 관리해야 한다.

1. 세침면이나 울, 실크 소재의 터틀넥 셔츠를 입어서 목의 주름을 가릴 수 있다. 주의사항! 너무 꽉 조이는 것은 피할 것. 목을 돌릴 때마다 목 피부와 마찰이 심하면 목주름이 늘어날 수 있다. 한 치수 크게 입고 필요하다면 목 부분은 약간 수선을 해서 입어도 된다. 니트나 스웨터도 얼마든지 수선할 수 있다.

2. 와이셔츠 깃처럼 세울 수 있게 옷깃이 달린 블라우스를 입는다. 셔츠 안쪽으로 대담한 목걸이를 착용하면 시각적으로 강한 인상을 줄 수 있다. 여러 개의 목걸이를 겹쳐 착용해도 재밌는 연출이 된다.

3. 긴 직사각형 스카프를 두르고 끝 부분을 앞이나 뒤로 늘어뜨리면 목 부분이 아름답게 보인다.

♠ 팔

팔을 드러내야 할지 아직 확신이 서지 않는가? 물론 소매 없는 옷도 입을 수 있다. 하지만 팔을 절대 드러내고 싶지 않다면 자신이 원하는 스타일로 입어라. 근육이 잘 발달한 체형의 여성들은 팔도 탄력이 있어서 슬리브리스 상의를 자신 있게 입을 것이다. 그러나 웨이트 트레이닝을 아무리 해도 축 늘어진 팔뚝 살에 탄력이 붙지 않는 사람도 있다.

1. 당신도 민소매 옷을 입기가 불편하다
   면 속이 보이는 망사 소매를 입어 보
   자. 특히 저녁 모임이나 더운 날씨에
   그만이다. 그물뜨기로 된 스트레치 패
   브릭으로 된 소매는 팔이 완전히 드러
   나지 않으면서 어느 정도 노출할 수 있
   어서 좋다. 우븐 컬러(Woven collar)와
   앞 덧단이 달린 스트레치 레이스 셔츠
   를 입으면 팔을 적당하게 감출 수 있
   다. 그 밖에도 활용할 수 있는 소재
   들은 무궁무진하다. 화려한 소재
   의 옷은 몸을 적당하게 가릴 수
   있어서 더욱 자신감이 생긴다.
   두 눈을 크게 뜨고 그런 소재들을
   찾아보라. 재미있는 보물찾기 놀이
   같을 것이다.

2. 때에 따라 얇게 비치는 소매가 적절
   하지 않은 자리라면 슬리브리스 탑이
   나 캐미솔 탑 위에 셔츠를 입고 단추
   를 풀면 된다.

3. 7부 소매는 긴 소매보다 훨씬 더 시원하다.

● 얇게 비치는 소매는 팔을 완전히
드러내지 않으면서도 은근히 섹시한
분위기를 연출할 수 있다.

♠ 가슴 라인

가슴이 툭 튀어나올 것처럼 불룩한 옷차림은 절대 피해야 한다. 섹시의 'ㅅ' 자도 모르는 사람들이 그렇게 입고 다닌다. 앞에 몸에 맞는 브라에 대한 설명이 있으니 제발 읽어 보라! 반 컵 브라는 10대들에게 적합하다. 겉옷의 부드러운 라인을 원하는 여성은 풀컵 브라를 입어서 가슴 라인을 정리하자.

1. 브라 끈을 노출하지 마라. 마돈나가 80년대에나 하던 것이다. 우리가 마돈나인가? 브라 끈은 되도록 감추어야 한다. 브라 끈이 드러날 수밖에 없는 겉옷을 입었다면 투명 비닐소재로 된 브라 끈을 매라. 물론 비닐 끈이라도 완전히 드러나지 않는 것이 적절하다. 캐미솔, 탱크 탑을 입거나 브라가 달린 캐미솔을 입어도 된다. 분명히 말하지만, 이건 컵 치수가 작을 때의 경우다. 그 위에 겉옷 하나를 겹쳐 입는다. 얇고 성기게 짠 소재나 그물뜨기로 된 상의를 입으면 속이 비치는 효과를 낼 수 있다. 착시 현상 때문에 피부를 노출시키면서도 아주 섹시한 룩이 된다. 가슴이 큰 여성은 브라위에 탑을 입고, 물론 브라 끈까지 가려지도록, 얇은 소재의 겉옷을 입으면 된다. 굳이 노출을 원하는 여성은 얇은 탑을 입고 그 위에 탱크 탑을 입는 방법도 있다.

2. 가슴이 큰 여성은 가슴전체를 잡아주는 풀 컵 브라를 착용한다. 그럼 가슴라인이 매끈해진다. 딱 붙는 옷을 입으면 가슴이 너무 도드라져서 전체적인 균형이 깨질 수 있다. 가슴을 과시하고 싶은 마음은 나쁜 것이 아니지만 몸에 맞는 탑을 입어야 스타일리시한 룩이 된다. 난잡스럽게 보이긴 싫지 않은가!

3. 일반적인 T셔츠 형 브라는 니트나 매끄러운 실크처럼 얇은 소재의 상의를 입기 전에 반드시 입어야 하는 아이템이다. 컵에 모양이 잡혀 있어서 가슴라인이 부드럽게 살아난다. 브라에 달린 레이스나 봉제선이 겉옷 밖으로 삐져나와 보이지 않도록 주의하자. 다시 한 번 말하지만 그런 스타일은 절대 섹시하지 않다. 속옷은 겉으로 보여주기 위한 옷이 아니다. 분명히 기억하자. 속옷이란 겉옷 맵시를 돋보이게 하기 위해 속에서 받쳐주는 옷이다.

4. 여성의 가슴과 부드럽게 흘러내리는 가슴 라인은 굉장히 매력적이고 섹시하다. 그러므로 반드시 아름다운 라인을 이루어야 한다. 만약 톡 튀어나온 젖꼭지가 신경 쓰인다면 젖꼭지에 붙이는 꽃 모양의 스티커 제품을 써 보자. 그럼 라인이 한결 부드러워진다. 두 겹으로 된 상의를 입거나 얇게 패드가 들어간 T셔츠 형 브라도 좋다. 패드가 들어갔다고 짜증내지 말기를. 입어보면 촉감이 부드러워서 기분도 좋아질 것이다.

5. 가슴의 둥근 모양을 살리고 싶다면 셔츠나 카디건을, 만약 재킷처럼 입었다면 가슴 바로 밑 단추부터 잠근다.

● **가슴 바로 밑 부분의 단추를 잠그면 가슴선이 더욱 돋보인다.**

♠ 살, 살, 살

몸무게는 변함이 없는데 가슴과 허리 사이에 살이 붙는다. 아무리 열심히 운동을 해도 도대체 줄어들 기미가 없다.

1. 울퉁불퉁 튀어나온 살은 보정속옷으로 최대한 잡아야 한다. 그래야 바디 라인이 매끈해지고 겉옷이 당신의 몸을 껴안듯 조이지 않고 부드럽게 훑으며 내려가는 느낌이 든다. 레드 카펫을 밟는 스타들은 모두 보정속옷의 힘을 빌리거나 아예 속옷이 빌트 인 된 드레스를 입는다. 그러니 배우들은 원래 저렇게 미끈한 곡선을 가지고 있다고 생각하면 완전히 속은 것이다. 보정속옷의 마법과 같은 도움을 받은 것이다. 그러니 당신도 도움을 받자. 눈 깜짝할 사이에 몇 킬로그램은 빠져 보이니 이 얼마나 멋진 일인가! 당장 백화점 속옷코너로 달려가라.

2. 코르셋처럼 모양이 잡힌 옷을 입어보라. 당신이 입었던 웨딩드레스에도 바디 라인을 부드럽게 만들기 위해 보닝이 들어갔을 것이다. 셔츠 끝에서 가슴까지 여러 줄의 봉제선이 들어가면 비슷한 효과를 낼 수 있다.

> 보닝(boning) : 코르셋 등에 넣는 뼈대

3. 너무 얇은 소재는 피하라. 출렁이는 살을 숨길수도 없을 뿐더러 더 도드라지게 만든다. 데님 재킷처럼 두껍고 단단한 소재는 물컹한 살을 잡아준다. 거기다 스판덱스가 들어가면 몸에 밀착되는 느낌의 재킷이나 셔츠가 된다. 바디 라인을 없애는 옷보다 적당하게 드러내는 옷이 훨씬 보기 좋다는 사실을 명심하자.

4. 자신 없는 부분을 감추고 싶다면 여러 겹으로 된 상의를 입으면 된다. 스트레치 패브릭으로 앞부분을 여러 겹 교차한 상의는 불거져 나온 살들을 숨겨준다.

5. 주름장식은 살덩어리를 감추는 좋은 방법이다. 옷이 신경 쓰이지 않고 편안한 기분이 드는 치수를 찾을 때까지 한 치수씩 크게 입어보라. 다시 한 번 말하지만, 치수가 중요한 게 아니다. 완벽하게 핏이 되는 옷을 찾는 게 제일 중요하다.

6. 오그라들거나 결이 틀어진 패브릭, 혹은 지지미라고 불리는 시어서커 패브릭처럼 다양한 방법으로 질감을 살린 소재의 옷을 입어도 당신의 살을 감쪽같이 감출 수 있다. 그러나 부드러운 옷감은 피하라. 사실 우리가 그렇게 부드러운 사람들은 아니니까, 약간 거친 소재의 옷이 진짜 우리 모습을 잘 표현해 줄지도 모르겠다.

♠ 두꺼운 허리

오랫동안 변하지 않는 허리치수를 자랑하던 여성들도 사십대가 되면서 늘어난 허리 살에 고민하는 경우를 많이 본다. 모두 호르몬 탓이다. 물컹하게 잡히는 허리 살을 처리하려면 내 말을 들어라. 그럼 예전처럼 자신이 예쁘다는 느낌을 되찾을 것이다. 다음 방법 중 적당한 것을 골라보자.

1. 상의의 밑단이 허리 라인을 넘긴다. 튜닉 스타일처럼 되도록 상체에 붙지 않는 옷을 입는다.

2. 허리 라인과 어긋나는 재킷이나 탑을 겹쳐 입는다. 허리 라인보다 짧거
   나 긴 옷을 겹쳐 입으면 재밌는 스타일을 연출할 수 있다. 셔츠가 재킷
   보다 3-5센티미터 정도 짧거나 긴 것은 괜찮다.

3. 무릎까지 내려오는 재킷을 입어본다. 허리 라인을 완전히 덮는 스타일
   이다.

4. 가슴 위로 열십자형으로 지나가는 크리스크로스 탑을 입어서 허리에서
   시선을 분산시킨다. 상, 하의가 같은 컬러일 때 효과는 배가 된다.

♠ 배

톡 튀어나온 똥배를 보이고 싶지 않다면, 다음의 방법을 써 보자.

1. 하이 웨이스트에다 벨트를 매는 팬츠보다 밑위가 짧은 팬츠를 입는다.
   배꼽 아래로 허리선이 내려간 팬츠가 가장 적당하다. 밑위가 짧은 팬츠
   일수록 허리도 가늘어 보인다.

2. 셔츠를 팬츠 속으로 넣어 입으면 똥배만 더 도드라져 보인다. 셔츠를
   겉으로 빼고 벨트도 벗으면 셔츠 아랫단이 허리로 부드럽게 떨어진다.
   매혹적인 S라인 곡선을 자랑하는 허리를 가지고 있다면 허리를 강조할
   수 있는 상의를 입는다. 옆 솔기에 작은 트임이 있으면 배 부분에 약간
   여유가 생긴다.

3. 똥배를 강하게 감싸려면 힘 있는 소재를 입어라. 사이즈에 맞는 청바지

는 동그랗게 튀어나온 복부를 지긋이 눌러줄 수 있다. 단단한 소재의 팬츠는 모두 핏 감이 좋은 편이다.

4. 보정속옷도 똥배를 부드러운 라인으로 만들어 준다. 속옷을 겹쳐 입으면 똥배가 들어가기도 한다.

5. 배가 가장 많이 튀어 나온 부분에서 아랫단이 끝나는 상의를 입으면 안 된다.

♠ 엉덩이

톡 튀어나온 엉덩이가 사랑받게 된 데는 제니퍼 로페즈와 방송의 힘이 크다. 엉덩이를 과시하고 싶은가? 반대로 오히려 작게 보이고 싶은가? 여기 두 가지에 대한 해결책이 있다. 빈약한 엉덩이를 풍성하게 만들 수 있는 아이디어도 싣는다.

큰 엉덩이를 더 크게 보이도록 하고 싶다면:

1. 허리라인이 콜라병처럼 쏙 들어간 여성은 넓게 퍼지는 풀 스커트를 입어라. 넓게 퍼지는 스커트가 튀어나온 엉덩이를 감추어 준다.

2. 몸에 꼭 맞는 일직선의 타이트 스커트는 피하라. 엉덩이가 커피 잔을 엎어 놓은 것처럼 둥그렇게 튀어 오른다. 이때 한 치수 큰 스커트를 입으면 힙 라인은 동그랗게 살아나면서도 스커트 라인이 무릎 쪽으로 곧게 떨어진다. 다른 스타일은 무릎으로 내려갈수록 라인이 무릎 쪽으로

모아져서 엉덩이가 과도하게 튀어나와 보인다.

3. 허리 라인에 붙지 않는 재킷을 입는 것도 한 방법이다. 허리를 감싸는
   재킷을 입으면 상대적으로 엉덩이가 더 풍성해 보일 것이다.

큰 엉덩이를 조금이라도 작게 보이고 싶다면:

1. 스커트 아랫단 쪽을 강조한다. 재단이 특이한 스커트가 효과적이다. 바
   이어스로 재단된 스커트를 입으면 바디 라인이 살아난다. 저지 니트처
   럼 몸을 부드럽게 감싸는 패브릭으로 된 스커트를 입어도 좋다. 스커트
   에 주름장식이 있으면 납작한 엉덩이가 입체적으로 보일 수 있다.

2. 여밈 부분이 허리를 돌아 뒤에서 묶이는 랩 블라우스를 입으면, 뒤태가
   강조되어 상대적으로 빈약한 엉덩이가 풍성해 보인다.

3. 디테일이 복잡한 주머니가 달린 팬츠를 입으면 납작한 엉덩이라도 입
   체적으로 보일 수 있다.

♠ 넓은 힙, 풍성한 허벅지

힙이 가슴보다 넓은 당신. 하체 비만이란 소리를 최소한 한번쯤은 들어봤을
것이다. 그렇다고 힙을 자랑하지 말라는 법이 있는가? 힙이 가슴보다 더 풍
성하다는 말일 뿐이다. 대신 힙이 크면 십중팔구 허벅지살 또한 남부럽지 않
게 아주 풍성할 것이다. 균형 잡힌 실루엣을 연출하려면 조언이 필요하겠다.

1. 엉덩이가 펑퍼짐하다면, 균형 잡힌 실루엣을 만들기 위해 플레어 팬츠를 입어라. 발목 주변에 주름장식이 많은 스커트도 좋다. 요즘 유행하는 딱 붙는 스키니 팬츠는 금물이다. 힙이 더 넓게 보일 뿐이다. 팬츠를 입을 때는 단이 구두 뒤 굽을 완전히 덮는 길이로 입어야 한다. 팬츠 길이가 길수록 다리도 더 길어 보인다는 것을 명심하자.

2. 허벅지가 너무 굵어서 신경 쓰인다면, 워싱이 들어가 그러데이션이 된 청바지를 입어보자. 예를 들면 다크 진을 입었을 때 허벅지 중간으로 갈수록 컬러가 점점 더 옅어지는 것이다. 얼굴에 볼터치를 해서 입체감을 주는 것과 같은 경우다. 허벅지도 중간이 튀어나와 보이면서 가장자리 라인이 살짝 감춰진다. 굵은 허벅지가 가늘어 보일 것이다.

3. 풀 스커트나 A라인 스커트는 힙 부분이 넉넉해서 아주 좋다.

4. 핏이 좋은 팬츠를 입어서 하체를 돋보이게 만들었다면, 상체는 겉옷으로 좀 더 재밌는 분위기를 연출해도

● 시선을 상체로 모아라! 두꺼운 허벅지가 시선을 받지 않도록. 대담한 프린트의 상의를 입으면 시선을 위로 모을 수 있다.

된다. 컬러, 무늬, 겹쳐 입기 등 시선을 끌만한 요소면 어떤 것이든 자신 있게 활용해 보라.

♠ 지방 덩어리

셀룰라이트 때문에 많은 여성들이 괴로워한다. 스타일 고민으로 나를 찾은 여성 고객들 모두 이것에 대한 고민도 함께 했던 것 같다. 심지어 마른 체형인데도 이것을 고민하는 여성도 있었다. 물론 옷을 잘 입으면 셀룰라이트를 가릴 수 있다. 다만 얇거나 가벼운 패브릭만 주의하면 아무 문제없다. 자, 나는 충분히 주의를 주었다!

1. 덩어리 감이 있는 패브릭, 가령 두꺼운 면이나 무거운 저지 니트, 거친 리넨 같은 소재는, 셀룰라이트 때문에 울퉁불퉁해진 바디 라인에 대한 고민을 말끔히 해결해 준다.

2. 옅은 컬러의 얇은 니트나 나풀거리는 패브릭이라면 반드시 보정속옷을 갖춰 입어야 한다. 명심하라. 부드러운 라인을 만들이야 한다. 젖꼭시가 도드라지면 안 된다.

♠ 두꺼운 발목, 굵은 종아리

발목이 두껍거나 종아리가 지나치게 굵으면 신체 균형이 한 번에 무너진다. 딴 곳은 다 날씬한데 유독 종아리만 두껍다니. 그러나 두꺼운 발목에 대한 고민을 속 시원하게 풀어 줄 해결책도 찾아보면 많이 있다. 당신도 바디라인을 따라 물 흐르듯 미끄러지는 실루엣을 만들 수 있다.

1. 긴 팬츠를 입으면 된다. 카프리 팬츠는 밑단이 발목에서 끝나기 때문에 시선이 발목 쪽으로 몰릴 수밖에 없다.

2. 신축성 있는 앵글 부츠를 신는다. 가죽 부츠도 신축성 있는 제품이 나온다. 그럼 두꺼운 발목을 부드럽게 감싸줄 것이다.

♠ 발

발이 얼마나 소중한가. 그러므로 세심한 관리가 필요하다. 그러나 우리는 젊은 시절, 예뻐질 욕심 하나로 발이 조여 오는 고통을 열심히 참았다. 그 여파가 지금 나타나서 우리들 중에는 발 때문에 정형외과를 찾는 여성이 많다. 그러나 문제없다. 시간은 좀 더 걸리겠지만, 눈을 조금만 더 부릅뜨고 찾아보면 편안하면서도 패셔너블한 신발을 얼마든지 찾을 수 있다. 높은 신발을 신어도 끄떡없는 여성들도 있지만, 발이 편안한 신발을 가지고 있으면 반드시 신발 덕을 볼 날이 있을 것이다.

1. 예전에 신던 신발이 맞지 않는다고 놀라지 말기를. 발이 좀 넓어졌을 뿐이다. 아주 자연스런 현상이다. 얼마나 늘었는지 확실하게 체크하려면 신발 가게에 가서 점원에게 정확한 치수를 재보라. 정확한 치수도 모르고 불편함을 계속 참아왔을 수도 있다.

2. 당신의 발을 좀 더 편안하게 만들어 줄 제품이 얼마나 많은지 아는가. 신발에 넣을 수 있는 패드도 반쪽짜리부터 완전한 크기까지 다양하다. 백화점 신발 코너나 양말 코너에는 발모양을 보완해 줄 제품이 많으니 문의해 보라. 혹은 근처 약국에라도 가서 해결책이 있는지 알아봐야 한다. 하이힐을 신는 여성은 몸무게가 발바닥 앞쪽으로 몰리게 된다. 신

발 패드를 넣으면 몸무게 하중을 흡수할 것이다. 그것도 아니면 신발 한 켤레를 더 가지고 다니는 방법도 있다. 특히 대형 주차장 건물까지 걸어가야 한다면 신발을 갈아 신어야 다음날 후유증을 줄일 수 있다. 오늘 당신의 발을 잘 보살펴야 내일 웃으며 걸을 수 있다는 것을 명심하자.

♠ 누구에게나 자신 있는 부분은 있다

어떤가? 이제 자신을 객관적으로 보게 되었는가? 변화가 필요한 부분을 발견했는가? 그렇다면 이제는 기분을 좀 풀어보자. 당신의 장점을 살펴볼 시간이다.

당신의 몸을 바라보면서 부각시키고 싶은 부분을 결정하자. 여성들은 자신의 몸을 평가하는 데 무지하게 인색하다. 제발, 긍정적인 시각을 가지고 머릿속에서 들리는 깐깐한 비평가의 목소리를 잠재우라. 다정하고 착한 목소리만 듣자! 자신을 직접 평가한다는 것이 쉬운 일은 아니다. 그렇다면 친한 친구에게 부탁하라. 그것이 세일 좋은 차선책이다.

당신의 몸 중에서 떳떳하게 자랑하고 싶은 세 부분을 고른다. 어깨, 팔, 손, 상체, 가슴, 다리, 힙, 허벅지, 종아리, 발목, 발 등 여러 부분을 생각할 수 있다. 배꼽은 왜 없는지 궁금한가? 우리 또래에는 제 아무리 멋있어도 배꼽을 사람들 앞에 내놓고 다닐 수 없다. 헬스클럽이나 침실에서나 열심히 과시하라.

세 부분이다. 온몸을 구석구석 빼놓지 않고 과시하려 하면 오히려 산만한 스타일이 된다. 당신의 옷이 말을 너무 많이 하면 이느 누구도 딩신의 이야기를 듣고 당신의 진면목을 알려고 하지 않을 것이다. 자신 있는 부분을 전략적으로 강조할 수 있는 옷을 선택해야 다른 사람의 이목을 끌 수 있다. 가장 자신 있는 신체 부위를 선정하라. 물론 대안도 하나 있어야 한다.

1.

2.

3.

대안 :

이제 당신의 탐정기질을 발휘하자. 물론 상식적인 사고도 필요하다. 자연스럽게 당신의 신체를 부각시킬 수 있는 방법을 찾아야 하기 때문이다. 잡지를 보면서 당신이 원하는 신체 부위를 아름답게 표현한 여성들을 찾아보자. 패션 잡지나 카탈로그를 참조해도 된다. 당신과 똑같은 체형의 여성들이 자신을 어떻게 스타일링 했는지 살펴보자. 얼른 자신의 신체적 장점이 생각나지 않으면, 당신이 다른 여성의 몸매에 맞는 룩을 가르쳐 준다고 상상하자. 예를 들어, 다리가 멋진 친구가 있다. 그럼 당신은 그 친구에게 패턴이 있는 팬츠나 다리를 부각시킬 수 있는 질감의 소재를 선택하라고 충고할 것이다. 화려한 컬러의 팬츠나 스커트를 권할 수도 있고 다리 쪽으로 시선을 끌만

● 슬림한 스커트로 날씬한 다리를 강조하라.

한 화려한 디테일의 슬림 스커트를 권할 수도 있다. 가슴을 강조하고 싶은 여성은 크로스오버 탑을 입거나 클래식한 블랙 팬츠에 화려한 블라우스를 매치시키면 시선이 상의로 오게 만들 수 있다. 어떤가, 그림이 그려지는가? 사람들의 관심을 끌고 싶은 신체부위를 정했는가? 일단 잡지를 보면서 당신의 시선을 사로잡을 만큼 멋진 스타일의 사진을 모은다. 그리고 최소한 열다섯 가지 이상의 아이디어를 적어서 바인더에 보관하자.

♠ 자신감은 최고의 아웃룩

디바는 자신이 부각시킬 부분과 감추어야 할 부분을 잘 아는 여성이다. 길을 가다 우연히 마주친 낯선 사람이 당신의 다리를 부러워하고 칭찬을 늘어놓는 동안, 정작 당신은 볼록 튀어나온 배를 감추느라 정신이 없을지 모르겠다. 칭찬에 만족하지 못하고 굳이 싫어하는 신체부분을 떠올리며 구시렁거리지 마라. 이런 말은 정말 미안하지만, 당신은 정말 부각시켜야할 부분을 제대로 살리지 못하고 있다. 자신의 신체를 올바르게 부각시켜야 몸에 대한 당신의 불평불만도 사라질 것이다.

자신의 신체적 장점이 무엇이든 상관없이 항상 가슴을 쭉 펴고 당당한 자세를 취하는 연습을 하라. 그럼 어떤 체형이든 멋있게 보일 것이다. 좋은 자세는 건강에도 좋지만 몸이 더 가늘고 키도 더 크게 보인다. 평소에도 곧바른 자세로 걷는 연습을 하자. 어깨를 뒤로 젖히고 가슴을 쭉 편다. 턱도 든다. 적어도 5센티미터는 더 커진 느낌이 들 것이다.

"저는 줄곧 블랙 팬츠만 입고 다녀요. 옷장에 그렇게 옷이 많아도 제 맘에 쏙 드는 게 있어야 말이죠. 사실 스커트를 너무너무 입고 싶긴 한데 한 20년 동안 스커트를 안 입어본 것 같네요, 이런! 최근에 친구한테 놀러 갔더니 스커트를 샀다고 자랑하는 거예요. 저도 한번 입어 봤어요. 정말 예뻤어요. 스커트가 그렇게 어색하진 않더군요. 스커트 밑으로 보이는 제 다리도 꽤 괜찮았어요. 그래서 서둘러 스커트를 장만했죠! 스커트를 입으면 더 여성스럽게 보이는 것 같아요. 그럴 땐 집 안에 가만히 앉아 있질 못하겠어요."

— 코니(Connie)

저는 골수 뉴요커랍니다. 맨해튼에서 뿜어져 나오는 에너지는 언제나 저에게 힘과 자극을 주죠. 저는 인생의 커다란 교훈을 뉴욕에서 배웠어요. 이 도시는 제 자신을 인식하고 깨닫는 법을 가르쳐 주었어요. 다른 도시에 살았다면 절대 배우지 못했을 거예요.

♣ 당신을 돋보이게 하기 위해 사용하는 컬러가 있다면?

– 저는 원래 머리가 금발입니다. 물론 밝게 염색도 하고 하이라이트도 넣긴 했지만요. 눈동자는 파랗고 전체적인 피부 톤은 따뜻한 느낌이에요. 그래서 브론즈나 벽돌색, 러스트 컬러, 그린과 아쿠아 톤 같은 가을 컬러를 즐겨 사용하는 편이에요. 차가운 컬러와 따뜻한 컬러를 같이 쓰는데 그러면 제 분위기와 잘 맞아 떨어져요. 제 눈동자 색깔과 헤어컬러, 피부 톤이 차가운 컬러와 따뜻한 컬러 모두를 가지고 있기 때문이죠. 버터 옐로우와 푸른빛이 감도는 회녹색이 제가 가장 즐겨하는 컬러 조합이에요.

♣ 당신의 장점을 부각시키기 위해 사용하는 방법이 있다면?

– 해변을 거닐든, 중역회의에 참여하든, 저는 제 신체적 장점을 강조하려

고 노력합니다. 저는 제 피부가 마음에 들어요. 눈과 광대뼈도 매력적이라고 생각하고요. 늘 이런 부분에 맞춰 메이크업을 하죠. 노 메이크업으로는 절대 집 밖으로 나가지 않아요. 메이크업을 할 때는 눈을 강조하고 볼에는 밝게 빛나는 볼터치를 하죠. 그리고 자연스러운 분위기를 위해 부드러운 컬러의 립스틱을 발라요. 가슴 라인도 자신 있어요. 저는 겉옷이든 속옷이든 엑스라지 치수를 입어야 할 정도로 몸집이 크지만, 아주 수월하게 클레비지를 표현할 수 있는 장점도 있지요. 가슴 바로 밑에서 흉곽을 따라 내려가는 라인과 팔꿈치 아래 라인, 무릎 아래 종아리도 자신 있어요. 그래서 팔찌도 자주 착용하고 7부 소매 셔츠도 많이 입습니다. 스커트는 무릎에서 발목사이 길이를 선호하죠. 발목과 발을 좀 더 섹시하게 보이기 위해 약간 높은 힐을 신고요.

♣ 디바 스타일에 필요한 핵심아이템이 있다면?

–제 생각엔 번트 오렌지 컬러의 새틴 레인코트 같아요. 처음 샀을 땐 너무 과감한 게 아닌가 생각했지만, 그 비옷을 입고 있으면 비가 와도 구름이 꼈는지 못 느끼겠어요. 브릭 오렌지와 블랙 컬러의 페이즐리 무늬가 있는 가벼운 울 스카프를 함께 두르죠. 그럼 사람들에게 강한 이미지를 주는 클래식 룩이 되죠.

♣ 당신의 머스트 헤브 액세서리는?

–당신을 적극적으로 표현할 수 있는 핸드백이 필요해요. 다만 신발과 핸드백을 똑같은 컬러로 매치시키려고 애쓰지 마세요. 제가 가장 좋아하는 것은 윗부분이 털로 장식된 파우치죠. 물론 손잡이 부분도 털로 되어 있어요. 심플한 베이지 컬러의 칼 라거펠트 코트를 입을 때 항상 함께 들죠. 너무 엉뚱한가요? 전 구두도 신기한 걸 좋아해요.

♣ 오래되었지만 여전히 사용하는 것이 있는가?

－1999년도에 앤 클라인에서 산 긴 블레이저 재킷을 다시 수선했더니 마치 헤어졌던 친구가 다시 돌아온 느낌이었어요. 저에겐 에너지 충전소 같은 옷이에요. 재킷이 길면 뭉뚝해 보이기도 하는데 그 재킷은 달라요. 뒤트임이 높아서 걸을 때 굉장히 편안하죠. 앞쪽으로는 프린세스 라인의 절개선이 들어갔어요. 하이 웨이스트 쓰리 버튼 재킷이에요. 핏이 너무 좋고 패치 포켓도 없어서 깔끔한 스타일이죠. 아침 7시30분까지 출근할 때가 있는데 일찍 가서 일을 잘하고 있다는 것을 보여주려면 인상 깊은 옷이 필요하답니다. 그럴 때 없어서는 안 될 옷이죠.

♣ 거금을 들였지만 전혀 후회하지 않는 아이템이 있다면?

－다알리아 꽃무늬가 프린트된 자카트 재킷입니다. 코트 가장자리를 호피 무늬 패브릭으로 둘렀어요. 실루엣은 평범하지만 반질거려서 낮에는 강렬한 인상을 주죠. 물론 밤에도 아주 잘 어울려요. 80만 원을 넘게 주고 산 옷인데 하나도 아깝지 않아요. 저에게 힘을 주는 블레이저 재킷 대용으로 열심히 입었지요. 그 옷을 디자인한 안나 숄츠는 옷의 꼬리표에 '끝내주는 옷'이라고 썼어요. 그녀가 디자인한 옷을 입으면 항상 그 모토가 먼저 떠오르죠. 정말 근사하지 않아요?

♣ 속옷 서랍에 들어 있는 것은?

－숨 쉬기 편안한 보정속옷들이 있어요. 라이크라 파워 판넬이 들어간 속옷이 있네요. 제 살들을 꽉 잡아주는 고마운 속옷이죠. 저는 T팬티나 비키니를 입지는 않지만, 브라를 아주 다양하게 바꿔 입는 스타일이죠. 레이스 달린 것, 와이어가 들어간 것. 컬러도 대담한 것을 잘 고르죠. 그럼 상의에 따라 브라를 바꿔 입을 수 있으니까요.

♧ 당신이 신봉하는 패션 법칙이 있다면?

– 대충 차려입고 대형마트에 가지 않는다는 것. 항상 차려입어요. 혹시 알아요, 옛날 남자친구를 만나게 될지도! 이미지는 아무 상관없다고 하지만, 사실 정말 중요하거든요!

♧ 당신이 무시하는 패션법칙이 있는가?

– 아주 기본적인 평범한 신발이 없어요. 내 사전에 '평범' 이란 단어는 없답니다.

♧ 다른 사람에게 알려주고 싶은 패션 아이디어가 있다면?

–단추가 잠가지는 옷이라고 모두 사면 안 되겠죠!

몸에 맞게 옷을 입어야 한다는 말 뿐이니 이쯤 되면 당신도 몸을 움직일 때가 되지 않았는가? 당신을 여기까지 끌고 온 고마운 몸, 앞으로 많은 기쁨을 안겨다 줄 몸에게 좀 더 관심을 기울여야 하지 않을까? 우리 몸은 움직이고 땀 흘리는 것을 좋아한다. 요즘 즐겨 하는 운동이나 과거에 재밌게 했던 운동이 있는가? 댄스, 자전거타기, 걷기도 좋다. 제자리 뜀뛰기, 줄넘기, 롤러스케이팅 같은 것도 있다. 배구나 배드민턴, 혹은 보체 볼도 괜찮지 않은가. 날짜를 정해서 혼자서 혹은 친구들과 운동을 하면서, 우리 몸이 어떻게 움직이는지 구석구석 살펴보라! 집에 오면 간단하게 차를 한 잔 마시고, 디바 저널을 꺼내서 당신의 몸에게 감사의 편지를 써보자. 농담이 아니다. 지금까지 당신은 몸에 대해 불평만 하지 않았는가? 오늘만큼은 그동안 온갖 불만을 감내했던 당신의 몸에게 보상을 해주자. 우리 몸이 좋아하는 옷을 입어 보자. 당신도 엄청난 기쁨을 얻게 될 것이다.

> 보체 볼(Bocce ball) :
> 잔디에서 하는 볼링

Week 2

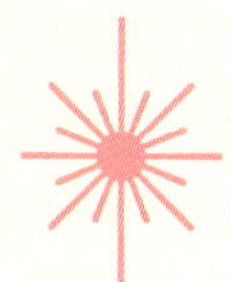

옷장 길들이기

Taming the Closet

우선 잠깐 시간을 내어 12장, 13장을 훑어보라. 스킨케어를 받거나 헤어스타일과 메이크업을 업그레이드하려면 이번 주에 예약을 해야 한다. 달력을 보고 계획한 뷰티 케어를 받는 데 차질이 없을지, 그 외에 먼저 해결해야 할 일들을 잘 처리하고 있는지 확인해야 한다. 오케이? 오케이!

첫째 주에는 잠옷을 입고 뷰티캠프에 참여해도 된다고 말했었고, 분명히 편안한 기분으로 캠프를 시작했을 것이다. 두 눈으로 확인하지 않아도 그림이 그려진다. 당신이 좋아하는 스타일을 찾고 소재와 컬러를 고를 때도 느긋하게 차를 마시는 호사를 누렸을 것이다. 그러나 이제 잠옷을 벗고 본격적으로 움직일 때가 왔다. 옷장을 움직일 때가 온 것이다! 준비물을 챙겨라. 단백질이 풍부한 스낵과 당신이 즐겨 마시는 음료수, 댄스 CD도 챙겨서 일하러 가지! 앞으로 며칠 동안 우리는 당신의 옷장을 들쑤시려 한다. 거미다리들만 가득한 동굴에서 당신이 아끼는 것들만 들어 있는 멋진 디바 궁전으로 변신시켜 주겠다. 당신에게 딱 맞는 CSF, 컬러(Color), 스타일(Style), 핏(Fit)을 열심히 찾고 있으니 다른 것들과 영원히 '안녕'을 고하길 바란다! 농담이 아니다. 몸에 맞지도 않고 어울리지도 않는 것들인데 왜 자꾸 변명만 늘어놓는가? 뷰티캠프가 끝나면 당신은 분명 5kg이나 줄고, 5㎝나 크고, 5년이나 더 젊어질 것이다. 디바 스타일과 당신에게 어울리는 컬러를 발견하여 당신 옷장 안을 탈바꿈하는 순간 당신은 분명히 성공의 기쁨을 만끽하게 될 것이다.

당신의 옷장에는 정말 볼거리가 많다. 당신에게 맞는 옷, 그렇지 않은 옷,

정말 난감 그 자체다. 그러나 일단 당신의 디바 스타일이 무엇인지 제대로 감만 잡았다 하면, 당신의 옷장을 업그레이드하는 것은 시간문제다. 당신이 사랑하는 또 당신에게 사랑을 보내 줄 아름다운 옷들로 꽉 채울 수 있다.

이번 주 당신은 몇 가지 과제를 완수해야 한다. 우선 당신의 고유 컬러와 스타일을 망치는 아이템, 당신의 몸과 따로 노는 옷들을 모두 버려야 한다. 옷장 속을 살펴서 당신을 도와줄 도움의 손길을 찾아라. 말 그대로 몸에 착 착 감기듯이 당신에게 멋지게 어울리는 것들을 찾아내야 한다. 블랙, 브라운, 카멜 컬러의 팬츠가 될 수도 있고 소재가 각각 다른 터틀넥 니트가 될 수도 있다. 아니면 재킷이나 셔츠 속에 입을 수 있는 다양한 탑도 좋다. 일단 옷장 속에 뭐가 들어 있는지 알면 그것들이 앞으로도 필요할지 여부를 가늠할 수 있다. 그럼 사야할 것들의 리스트도 나올 것이다.

할 일이 많아 보이지만 쉽고 간단하게 처리할 수 있도록 작게 나누면 된다. 일단 열심히 움직이자. 옷도 입어봐야 하고 필요 없는 것들은 버려야 하고 "내가 지금 무슨 생각을 하고 있는 거야?"라고 자신에게 열심히 질문도 해야 한다. 여유 시간을 좀 길게 비워 두라. 내 말은, 항상 10시 45분에 잠들면서 9시 30분이 되어서야 일을 한다고 꾸무럭거리지 말라는 뜻이다. 10장쯤 되면 옷으로 고민하는 시간도 훨씬 줄어들 테니 그때까지만 시간을 넉넉하게 비워두라.

이 장의 주요 목표는 스타일링에 필요한 각종 재료 준비 작전이다. 그 재료들이 아마 당신 옷장 어디엔가 깊이 파묻혀 있을 것이다. 그것들을 찾아내는 것이 오늘의 과제다!

♠ 스타일은 옷장에서 나온다

전화를 끄고 이메일 수신함을 확인할 생각도 접어라. 앞으로 몇 시간 동안은 옷장 속에서 놀 생각만 하라. 물론 내가 아무런 준비 없이 당신을 옷장 속으로 그냥 밀어 넣기만 하겠는가? 그렇게까지 못된 사람은 아니다. 당신을 도와 줄 서포트 팀을 모아라.

- ♣ 바인더 속에 아마 '깨끗하게 살기', '내가 좋아하는 옷만 입기' 같은 메모를 해두었을 테니 얼른 챙겨라. 지금까지 당신이 들었던 정보나 아이디어들은 정말 중요하다.
- ♣ '벗어나고 싶은 것, 가지고 싶은 것' 연습 종이
- ♣ 요즘 당신이 좋아하는 컬러나 스타일에 관한 사진들. 만약 바인더에 넣어 두었다면 바인더를 챙겨라.
- ♣ 바인더에 모아 두거나 디바 저널에 적어놓은 스타일에 관한 단어들
- ♣ 네모 칸 채우기 연습 종이
- ♣ 부티크 훈련 결과. 어떤 부티크의 옷과 액세서리가 당신의 디바 스타일에 완벽히게 들이맞는지 기억하고 있는가?
- ♣ 휴식할 동안 기분 전환을 위한 당신의 뷰티박스

당신에게 도움이 될 것들을 다 챙겼는가? 모두 지난주에 당신이 완성한 것들이다. 당신을 위한 청사진이며 당신이 궁극적으로 이루게 될 목표들이다.

앞으로 세 번의 데이트가 있으니 드레스도 세 벌만 준비하면 끝이라고 생각하겠지만 이렇게 옷장에 시간을 투자하면 단순히 세 벌의 데이트 룩 이상의 것을 얻을 수 있다. 아마 평생 지속될 성공을 시작하는 토대가 될 것이다.

꽤 괜찮은 거래 아닌가? 그러므로 이번 장에서는 시간을 줄이기 위해 속임수 같은 것은 쓰지 마라. 필요하다면 32 페이지의 게리와 서니 예이츠 부부가 조언해 준 뷰티캠프에 집중하는 법에 대해 다시 읽어 보자.

큰 쓰레기봉투나 상자를 준비하라. 옷장에서 찾아 낸 구닥다리 것들을 담아야 한다. 꽉 찬 쓰레기봉투나 상자를 어떻게 처리할 것인지는 벌써 걱정하지 않아도 된다. '사용할 것', '수선 필요', '쇼핑할 것', '교체', '옷장 정리' 같은 제목으로 리스트를 만들어야 하니 작은 공책이나 디바 저널을 항상 휴대하라.

한 계절 혹은 봄/여름, 가을/겨울 이렇게 시즌별로 옷장을 정리하는 게 가장 이상적이다. 계절은 여름인데 옷장 속에 겨울 코트가 들어있다면 당신이 할 수 있는 일은 두 가지다. 우선 겨울 코트를 다른 곳에 보관했다가 겨울이 오면 확인하거나, 여름 아이템들의 확인 작업이 끝나면 그 즉시 겨울코트 확인 작업에 들어가는 것이다. 명심하자. 옷장 정리는 계절의 영향을 받는다는 것. 그리고 당신은 앞으로 세 번의 데이트를 수행해야 한다!

이제 디바 스타일에 점점 가까워지는 느낌이 드는가? 당연히 그래야 한다. 앞으로 수렁에 빠진 기분이 들 때는 바인더에 모아 둔 사진과 글을 보면서 다시 용기를 내라.

디바의 센스

"이사는 보통일이 아니라고들 하는데, 전 '뭐가 그렇게 힘들지?' 하는 생각이 들었어요. 상자에 짐만 꾸리면 되는 일 아닌가요? 전 결심했어요. 새집에는 제가 정말 좋아하는 것들로 가득 채우기로요. 그래서 제 마음에 들긴 해도 새집에 가져갈 만큼

♠ 구닥다리 옷 골라내기

지금 즉시 옷장을 들여다보라. 우리들은 모두 너무 많은 것들을 가지고 있
다. 코코 샤넬은 이렇게 말했다. "진정한 우아함이란 옷으로 터질 것 같은 옷
장에서 나오는 것이 아니다. 미리 잘 골라 놓아 언제라도 편안하게 입을 수
있는 옷 몇 벌에서 나온다."

　서로 꽉 끼일 만큼 너무 많은 옷들이 옷걸이에 걸려 있다면 아주 심각한
상황이다. 아마 대부분의 옷장에는 유통기한이 10년도 넘은 옷들로 꽉 차
있을 것이다. 그런 옷들은 솎아내야 한다. 오늘 방출할 옷들은 어떤 것인가?
유행에 뒤처진, 촌스럽고 정말 낡은 옷, 몸에 딱 맞지 않는 옷, 당신에게 어
울리는 스타일과는 완전히 어긋나는 옷들을 걸러내야 한다. 옛날에는 화려
했지만 너무 오랜 시간이 흘러서 이젠 색이 바래버린 옷들도 골라내자.

　당신의 옷장에 숨어 있으나 마땅히 없어져야 할 것들의 리스트를 적어 보
았다. 아마 조금은 일이 수월해질 것이다. 디바의 옷장에 구닥다리 옷들이라
니. 절대 용서할 수 없다!

♠ 한물간 아이템들 솎아내기

1. 허리에 고무줄이 들어간 바지 – 특히 허리밴드가 다 보이도록 입으면, 인
   생을 완전히 포기한 사람처럼 보인다. 아무리 봐도 고무줄 바지가 시크
   하다면, 최소한 고무줄 부분은 가리고 입자.

2. 화이트컬러 니트 팬츠 – 딱 붙는 트레이닝 바지는 엉덩이나 허벅지에 난
   작은 혹까지 그대로 드러날 정도로 피부에 착 달라붙는다. 특히 화이트
   는 피부의 질감을 그대로 드러낼 것이다. 치수가 스몰이든 라지든 아니
   면 초대형 쓰리 엑스이든 상관없이 트레이닝 바지와는 제발 멀리 떨어
   져 지내기를 부탁한다.

3. 미니스커트 – 지금 당신의 나이가 몇 살인지 크게 외치고 나서 '미니스
   커트'라고 다시 외쳐보라. 미니스커트에 대한 미련이 없어질 때까지 계
   속 반복하라. 미니스커트는 어린 소녀, 팔팔한 젊은 아가씨들이나 입는
   옷이다. 그래도 블랙의 가죽 미니스커트가 입고 싶다면, 잠자기 전에
   기분전환용으로 한 번씩 입어라. 미니스커트를 입고 절대 침실 밖으로
   나와선 안 된다.

4. 스웨트 팬츠 – 헐렁한 운동 바지를 말한다. 물이 빠지고 특히 무릎이 툭
   튀어나와서 옆으로 헐렁거리는 바지는 정말 꼴불견이다. 앞으로 디바
   로 변신할 당신이 어떻게 이런 바지를 입을 수 있단 말인가! 운동할 때
   도 입지 말기를 부탁한다. 자기 자신을 존중하는 여성이라면 절대 입지
   않을 것이다. 혹시 아직 모양이 괜찮은 캐시미어 스웨트 팬츠가 있다면
   그것만은 예외로 해주겠다.

5. 트레이닝 복 – 아이들 옷처럼 생긴 옷은 어떤 것도 입으면 안 된다. 자크 없는 후드 티셔츠에 허리와 발목에 고무 밴드 처리가 된 트레이닝 바지는 정말 '오우, 노!' 다.

6. 점퍼 – 아무 모양 없이 길기만 하고 속에 입은 T셔츠를 완전히 덮어버리는 점퍼도 피하자. 디바 스타일에 맞는 아이템이 아니다. 그런 점퍼와 무무는 굉장히 편안하긴 하지만, 결국 두 가지 모두 디바 아이템이 되긴 글렀다.

> 무무(Muumuu) : 헐겁고 화려한 하와이 여자의 드레스

7. 글씨가 들어간 스웨트 셔츠 – 혹은 크리스마스 문양이 들어간 후드 티셔츠. 유치원 교사라면 후드 티셔츠 하나쯤은 필요하다. 그렇지 않다면 커다랗게 브랜드 로고가 들어간 T 셔츠를 입고 성숙미를 뽐낼 수 있는 여성은 아무도 없다. 캐리커처의 주인공이 되고 싶다면 또 모르겠지만.

8. 오버 사이즈 스웨트 셔츠 – 혹은 남편의 셔츠. 당신의 옷은 당신의 몸매를 부여주고 당신 자신의 몸에 맞아야지 딴 사람의 몸매를 보여줘서야 되겠는가.

9. 10년, 15년 전에 입었던 출근용 정장 – 정말 오래된 아이템이다. 당연히 몸에 맞을 리도 없다. 내일, 아니면 다음 달에 있을 면접 인터뷰 때 절대 입고 나가면 안 된다.

10. 오래된 정장 – 버리기 너무 아까워서 여태껏 모셔 놓았던 정장들을 잘 훑어보자. 앞으로 세 번의 데이트에 정말 그린 옷들을 입고 나가고 싶

은가? 물론 아닐 것이다. 그럼 쓰레기봉투로 직행이다. 그런 옷들이 당신의 소중한 옷장을 차지한다니, 정말 비극이다.

자, 이렇게 시작했다. 당신의 아름다움을 훔쳐간 범죄자, 맡은 일도 제대로 못하는 바보 같은 옷들을 함께 살펴보았다. 그러나 당신이 일 년 혹은 그 이상 거들떠보지도 않은 옷 중에서도 일단 만지기만 하면 금방 사랑에 빠질 만한 옷도 분명 있다. 이제 그런 옷들을 찾아 나설 차례다. 조금만 기다려라.

우리 계획은 이렇다. 타이머를 30분 정도 맞춰놓고 내가 앞에서 말한 구닥다리 아이템을 찾는다. 찾은 것들은 침대 옆이나 방구석에 차곡차곡 쌓아 놓는다. 쌓은 옷 더미가 너무 빨리 커지더라도 절대 놀라지 마라. 아주 좋은 징조다. 한 번도 입은 적 없고 장소만 차지하는 것들을 찾아내자. 당신에게 더 이상 에너지를 주지 못하는 옷들이다. 애써 변명하려들지 말고 그냥 옷장에서 끄집어내라. 준비됐는가? 시작이다!

좋다. 시간이 다 됐다. '땡!' 하는 알람소리도 못들을 만큼 그렇게 꺼낼 것이 많았는가? 아주 잘 했다. 기분이 어떤가? 아주 상쾌하지 않은가? 마치 몸무게가 3킬로그램이나 빠진 것 같지 않은가? 어이구, 옷장에 너무 빠져 있었다. 이제 조금 쉬자. 아니, 이 여세를 몰아 옷장 정리를 계속하고 싶은가? 잠깐 휴식이 필요한 여성이라면 당신의 뷰티박스를 들고 앉아서 미래 당신의 모습을 그려 보라. 그럼 다시 곰 같은 힘이 생겨나서 옷장에서 구닥다리 것들을 하나도 남김없이 솎아낼 수 있을 것이다.

옷장 정리를 할 때는 시작부터 재빨리 움직여야 한다. 자신에게 별 도움도 안 되는 옷들 때문에 전전긍긍하다 보면 힘만 더 빠질 뿐이다. 만약 지금 온

몸이 나른해져 온다면, 라디오 볼륨을 높이고 창문과 문을 활짝 열어서 신선한 공기를 들이켜라. 감귤 향기가 나는 초를 켜 놓아라. 상쾌한 기분을 들게 하는 향이면 좋겠다. 친구와 수다를 떨어도 정신적인 힘을 얻을 수 있다. 내가 당신 바로 옆에 있는 것처럼 상상해 보라. 나는 당신에게 맞는 스타일을 끊임없이 노래하고 있다. 정말 시답잖은 것을 끝내 버리지 못하면 내가 소리지를 수밖에 없다. "됐으니까 버려요!"

자, 다시 타이머를 30분에 맞춰 놓고 아무리 봐도 당신에게 맞지 않는 것들을 골라낸다. 당신의 몸보다 두 치수 이상 크거나 작은 옷들을 모두 끄집어낸다. 치수만 맞으면 또 다시 구입할 것 같은 옷들은 한쪽으로 치워둔다. 조금 있다가 다시 확인할 것들이다. 바로 오늘 혹은 이번 주 내내 당신 자신에게 물어 봐야 할 질문도 그런 것이다. "이 옷을 다시 살 것이냐? 그것도 제값을 다 주고서라도?" 세일기간에 산 것이라고 예외는 없다. 모두 당신만의 디바 기준, 즉 당신에게 어울리는 컬러와 스타일에 맞아야 하고 핏이 좋아야 한다. 억만금을 주고 산 것이라도 이 기준을 피해갈 순 없다. 거금을 들여 산 아이템인데 당신의 디바 기준에 맞지 않는다면, 하늘이 노랗게 변할 것이다. 그러나 이겨내야 한다. 다시 30분 동안 솎아내는 작업을 한다. 속도가 점점 느려지고 자꾸 과거 속으로 빠져들고 있다면 정신 차리고 얼른 현재로 돌아오라! 당신을 위한 디바 스타일이 바로 여기 기다리고 있다!

♠ 쓸만한 옷만 쏙쏙 뽑아내기

구닥다리 스타일, 몸에 맞지 않은 옷까지 모두 뽑아냈다면 이제 남아 있는
것들을 다시 살펴보자. 앞에서 컬러 훈련을 했으니 이제 이런 말도 할 수 있
을 것이다. "음, 그래. 이 컬러가 좋아. 저 컬러는 완전 꽝이군!" 혹은 "저 컬
러는 버려야겠다.", "이 컬러는 내가 완전히 누렇게 떠 보이게 만들잖아!" 이
제 어떤가? 한 가지 스타일의 옷을 온갖 컬러별로 구비할 필요가 없지 않은
가? 당신에게 딱 맞는 컬러만 있으면 된다.

  잡초 뽑듯 구닥다리 것들을 열심히 솎아낼 동안 당신에게 완벽하게 매치
되는 것들을 발견할 수도 있다. 옷장 한 쪽에 가지런히 모아라. 당신에게 너
무 소중하고 당신의 디바 옷장에 들어가도 될 만한 것들만 골라낸다. 상태가
괜찮은 클래식 아이템들도 함께 모아라. 디바 스타일을 정할 때 모두 활용하
게 될 것이다.

  이제 어떤 것들이 옷장에 남았는가? 전신 거울 앞에서 남은 것들을 입어
보자. 여전히 몸에 맞는지, 당신이 그 옷을 입고 멋져 보이는지 확인해야 한
다. 드레스 룸에 공간이 있거나 여분의 방이 또 하나 있다면 3면 거울을 놓
아두면 좋다. 3면 거울이 갖고 싶다면 리스트에 함께 적어라. '옷장 정리' 항
목 밑에. 이제 손거울을 들고 뒤태를 살펴라. 몸에 맞진 않지만 너무 아끼는
옷을 입고 싶다면 일단 수선 리스트에 적어 놓아라. "만약 몸에 딱 맞기만 하
면 또 살 물건인가?"하고 자신에게 물어 보자. 사실 너무 아끼긴 해도 두 번
씩 사고 싶지 않은 것들도 많다. 디바 스타일에 도움도 안 되는 옷을 수선한
다고 돈과 시간을 너무 투자하지 마라.

팬츠, 스커트, 탑, 블라우스, 스웨터, 재킷, 신발 등 남아 있는 것들을 모두 입어 본다. 물론 신발도 신어봐야 한다. "근심걱정을 떨쳐버리는 가장 좋은 방법은 발에 꽉 끼는 신발을 신는 것이다"라는 말을 들은 적이 있다. 몸에 꽉 조이는 것이면 어떤 것이라도 해당되는 말인 것 같다. 허리가 터질 것 같은 스커트를 입었을 때나 밑위가 너무 짧은 팬츠, 허벅지가 끼는 옷을 입고 딴 생각할 정신이 있겠는가?

몸에 안 맞는 나쁜 핏의 예를 들어 보겠다.

♣ 가랑이 사이에 고양이 수염처럼 주름이 지는 팬츠 – 대부분 수선 불가능. 그러나 가랑이 부분 시접을 1~2센티미터가량 내어 여유를 줄 수는 있다

♣ 너무 짧은 팬츠 – 대부분 수선 불가능

♣ 바닥에 질질 끌리는 팬츠 – 수선 가능
신발을 신었을 때 바짓단이 발등 위로 올라간 팬츠 – 바짓단의 시접이 있다면 수선 가능

♣ 블라우스나 재킷의 단춧구멍 부위가 당길 때 – 경우에 따라 수선 가능

♣ 스웨터나 니트의 가슴 부위에 가로로 주름이 생길 때 – 드라이클리닝을 할 때 잡아주지 않으면 수선 불가능

♣ 너무 긴 소매 – 수선 가능

♣ 너무 넓은 어깨 – 수선 가능

♣ 당신의 몸매와 맞지 않는 옷 – 키가 크고 마른 체형인데 S라인 몸매에 맞는 팬츠를 입으면 힙 부분이 뜬다. 이런 경우에는 잘라내면 된다. 그러나 S라인 몸매를 일자바지에 맞출 수는 없다. 이런 경우는 수선이 불가능하다

♣ 길이가 너무 긴 재킷 – 경우에 따라 수선 가능

♣ 너무 꽉 조이는 허리 – 안단이 충분하다면 수선 가능, 너무 느슨한 허리 – 수선 가능

핏이 좋지 않은 옷이라면 위와 같은 결정을 내려야 한다. 열심히 고쳐보던가 그렇지 않으면 과감하게 버리자.

"괜찮은 옷들은 꼬리에 꼬리를 물고 나타나지만 딱 이거다 하는 건 아직 못 찾았어요. 시중에 브라운 T셔츠는 왜 그리도 많이 나와 있는지. 그러나 정작 제가 입을 만한 건 몇 개나 될까요? 하나 혹은 두 개 정도? 제가 살 만한 건 겨우 그 정도겠죠."

– 카렌(Karen)

옷장을 보니 이제 인생이 바뀐 것을 실감했는가? 다행이다! 옷장 안이 복잡하면 뭐가 있는지도 모른다는 사실을 깨달았는가? 무엇보다 옷장을 정리하고 싶은 여성들이 이렇게 많은지 나도 처음 알게 되었다. 당신도 지금 얼마나 후련한가? 이렇게 옷장을 청소하는 일이 장마 때 휩쓸려 들어온 진흙을 퍼내는 일만큼 힘들게 느끼는 여성들도 있을 것이다. 당신이 그런 타입이라면, 여유를 갖고, 옷장 정리를 좀 더 여러 단계로 나누어 보라. 지금까지 스타일에 대해 연습한 것을 옷장 안의 옷들과 계속 비교하면서 스타일 공부를 계속해야 한다. 연습 때 했던 것과 똑같이 매치되는 옷을 찾아보라. 가령 당신이 적어 놓은 스타일 단어 중에 '여성적인'이 있다면 당신의 옷장 속에서 여성적인 스타일의 옷을 찾아보자. '세련된'이란 단어에 맞는 옷은 있는가? 완벽한 세련미를 나타내는 옷이? 딱 맞는 조합을 찾을 수 없다면, 지금 당신의 옷장 안이 어떤 상황인지 당신이 더 잘 알 것이다. 그대로 디바 저널에 기록하라. 조금 있으면 쇼핑을 해야 하니까 말이다.

이제 서랍으로 간다. 서랍 속을 확인할 차례다. 지금까지 했던 것처럼, 당신에게 어울리지 않는 것들을 모두 빼낸다. 반드시 몸에 잘 맞고 당신을 돋보이게 해주는 것들만 남겨 놓아야 한다. 모두 떳떳하게 입을 수 있는 것들인가?

다음은 한 쪽 구석에 차곡차곡 쌓아놓은 구닥다리 것들을 추방시킬 시간이다. 더 좋은 세상으로 보내야 할 텐데 말이다.

1. 쓰레기 수거함에 버린다. 구닥다리 것들을 일사천리로 처리할 수 있는 장점이 있다. 이제 그 옷들과는 영원히 안녕이다. 상태가 그렇게 나쁜데 다른 사람한테 입으라고 주는 것도 상식에 어긋나는 행동 아닌가? 당신의 쓰레기를 누구한테 입힌단 말인가! 부드러운 T셔츠는 찢어서 걸레로 만들면 되지만, 그렇다고 옷들을 모두 찢어서 창고 꼭대기만큼 쌓아 놓을 순 없지 않은가. 이성적으로 생각하면 답이 나온다.

2. 다른 집 앞, 예를 들어 아름다운 가게 같은 재활용가게 앞에 갖다 놓는다. 그럼 주위 사람들을 곤란하게 만드는 일도 없을 것이고, 재활용 가게를 찾는 손님들에겐 많은 도움이 될 것이다. 물건을 버리는 것도 얼마나 힘이 드는가. 이제부터는 오직 당신이 좋아하는 것만 사서 입겠다는 소중한 교훈을 깨닫게 되었을 테니, 앞으로는 필요한 물건이 좀 더 적어질 것이다.

3. 가난한 여성들에게 옷을 줄 수 있도록 여성단체에 기부하는 방법이 있다. 여성들이 일을 시작할 수 있도록 도와주는 훌륭한 단체들이 많다. 도움이 필요한 여성들은 좋은 옷을 입고 일터로 가고 면접에도 참여할

것이다. 기부를 할 때도 지켜야할 에티켓이 있다. 말끔히 수선하고 세탁해서 깨끗하게 다림질이 끝난 옷들만 보내야 한다는 것. 그래야 받는 대로 입을 수 있다. 옷을 보내려고 하니 드라이클리닝이나 수선이 필요하다면 수고스럽지만 몇 번 더 움직여야한다. 최신제품을 기부한다면 받는 여성들도 정말 기뻐할 것이다. 그냥 옷 수선비를 계산해 보고 그만큼의 돈을 현금으로 기부해도 될 것이다.

4. 당신이 가진 옷이 잘 맞는 친구가 있다면 그 친구에게 바로 주는 것도 좋은 방법이다. 아이들을 보느라 바빠서 쇼핑할 시간이 없거나 잠시 일을 쉬고 있어서 옷을 살 여유가 없는 친구라면 더 없이 좋겠다. 그것이 바로 윈윈전략 아닌가. 그러나 친구나 친척들이 당신이 준 옷을 받고 그 자리에서 고마워하리라고 기대해서는 안 된다. 당신이 싫어하는 구닥다리 옷이라면 그들도 얼마든지 싫어할 수 있지 않겠는가.

5. 중고품 위탁 판매점이 있다면 애초에 촌티 나는 옷을 고른 당신의 잘못이 조금이라도

● 스타일 아이디어도 금방 떠오르고 옷을 꺼내 입을 때도 편하려면 선반에 깨끗하게 정리한다.

용서될 수 있다. 그러나 명심하라. 중고품 판매점이라도 분명히 팔릴 것 같은 옷들만 좋아한다는 사실. 그러니 상태도 양호하고 좋은 옷들만 보내야 한다.

6. 인터넷에 접속해서 옷을 보낼 수 있는 사이트가 있는지 알아보라. 지금 이 순간 세상 어느 곳에서 재난으로 고생하고 있을 사람들을 위해 입던 옷도 기부를 받는 구호기관들이 많이 있다.

♠ 말끔하게 옷장 정리하기

자, 이제 쓰레기들은 나갔으니 남은 것들을 체크해 보자. 당신이 그렇게 아끼는 것이고 아직 쓸 만한 것이니, 남은 것은 모두 옷장 속에 잘 정리하자. 무엇보다 두 번이라도 살 것들 아닌가. 남은 것들은 모두 당신의 디바 스타일 이미지에 활용해야 한다.

옷장을 말끔하게 정리하기 위해 최선을 다하자. 시간이 없으면 오늘은 옆방에서 자고 내일 아침부터 일찍 정리를 시작하사. 마지막 장 '디바여, 영원하라!'에서 당신도 만족할 만한 옷장 정리 방법을 가르쳐 주겠다. 지금 이 여세를 몰아 당신의 옷장을 성스러운 디바의 궁전으로 만들고 싶다면 15장을 먼저 읽어도 된다. 무엇보다 앞으로 당신의 데이트를 준비하기 위해 할 일이 많이 남았다는 사실도 기억하라. 소진한 에너지를 충전해야겠다는 생각이 들면 아예 하루 동안 아무 일도 하지 말고 충분히 휴식하라. 아니면 거품 목욕을 하거나 DVD를 봐도 좋다. 앤 헤서웨이와 줄리 앤드류스가 나오는 〈프린세스 다이어리2〉는 어떨까? 이 영화에도 옷장을 정리하는 장면이 나온다. 정말 끝내주는 장면이다! 나를 믿고 영화를 보라. 내말이 무슨 말인지 일게 될 것이다.

　다음은 액세서리 검사 시간이다. 검사가 끝나면 서로 매치가 잘 되는 액세서리들을 묶어서 '뷰티 번들'을 만들 것이다. 뷰티 번들은 당신의 스타일을 시작하는 출발선이다. 걱정부터 하는가? 지금까지 얼마나 잘해왔는가. 거치적거리던 골치 덩어리들이 당신의 삶과 옷장에서 영원히 사라졌으니 이제 당신에게도 아름다운 것들과 친해질 기회가 점점 더 많아질 것이다. 이것만 해도 얼마나 대단한 변화인가!

　지금 이 순간을 터닝 포인트로 만들어야 한다! 이제부터는 당신의 취향에 딱 맞고, 당신의 성품을 그대로 나타내며, 특히 당신에게 기쁨을 주는 아름다운 것들만 고르자. 그렇지 않은 것들은 옆에도 얼씬거리지 못하도록 해야 한다. 당신이 미치도록 좋아하는 핑크를 자신 있게 선택하고, 없으면 못살 것 같은 스트라이프 셔츠를 열심히 입어라. 속옷은 당신이 최고로 사랑하는 라벤더 컬러로 입어라. 충분히 휴식을 취한 후 액세서리를 돌아볼 것이다. 액세서리는 당신의 아웃핏을 하나로 연결하는 나사와 같다. 앞으로 또 어떤 것을 발견하게 될까?

"당신이 정말 사랑하는 옷들만 옷장에 넣어 둬야죠. 옷들과 연애한다고 생각해 보세요. 그 옷들과 천천히 친해지는 거죠. 좋아하지도 않는 옷을 왜 가지고 있는 거죠?"

– 제이린(Jayln)

우선 차부터 한잔 마시자. 편안한 의자에 앉아서 당신이 좋아하는 잡지를 훑어보자. 정원손질이나 실내장식, 요리에 관한 잡지 등 멋진 잡지에 나온 컬러, 질감, 그래픽과 디자인을 모두 음미하라. 계속 아름다움을 추구하는 하나의 경험이 될 수 있다. 당신의 창의력이 밖으로 흘러넘치게 하라. 실내 장식에 관한 폴더를 만들고 지금까지 새로 발견한 컬러와 아이디어를 활용하여 실내장식에 관한 당신만의 생각을 적어보라. 혹은 아무도 먹어보지 못한 주스를 만들어서 저녁상을 차릴 수도 있다. 사진으로 본 컬러와 질감, 향기까지 온 몸으로 느껴 보자. 당신의 디바 스타일을 그대로 반영한 저녁 식사는 어떨까? 집안 구석구석에 당신의 디바 스타일을 적용해 보는 것이다. 물론, 아주 조금씩! 명심하라. 뷰티캠프가 완전히 끝날 때까지 조금씩만 발전하면 된다.

● 좋아하는 잡지를 읽으면서 여유롭게 휴식을 취한다.

머스트 해브
액세서리
Must-have accessory

다시 보니 너무 반갑다! 당신의 CSF(컬러, 스타일, 핏)를 찾느라 옷장에서 진땀을 흘렸는데, 어떤가? 성과는 좀 있는가? 그동안 옷장 속에 묵혀 두었던 신발도 확인했고 몸에 맞지 않거나 그저 너무 오래된 아이템들도 모두 골라냈다. 이제 액세서리들에 대한 이야기를 할 차례다. 핸드백과 스카프, 숄, 벨트, 선글라스, 헤어 액세서리, 목걸이, 시계, 팔찌, 귀걸이와 반지, 양말과 속옷 같은 부속 아이템들은 당신의 새로운 룩과 스타일에 적합하기만 하다면 치수는 그다지 상관하지 않아도 된다.

그러나 액세서리도 한번 걸러내야 한다. 물론 내가 방법을 알려주겠다. 필요 없는 것은 솎아내어 딱 당신이 좋아하고 지금까지 적어 놓은 스타일 메모에 적합한 것만 남겨 놓아야 한다. 당신의 스타일 단어가 '도발적인'인데 서랍에는 평생 한번 걸까 말까 한 얇은 금 목걸이만 들어 있다면 쇼핑을 해야 한다. 반대로 당신의 진화하는 스타일을 그대로 대변해 줄 수 있고 당신이 좋아하는 컬러로 된 액세서리들이 가득하다면 그보다 더 좋은 출발은 없다!

액세서리는 팔방미인이다. 상대방의 시선을 당신이 원하는 곳으로 끌어당긴다. 반짝이는 눈동자를 부각시키고 싶은가? 그렇다면 눈동자와 똑같은 컬러의 반짝거리는 귀걸이를 해보자. 모두 당신 얼굴만 쳐다볼 것이다. 멋진 헤어컬러를 자랑하고 싶은가? 그렇다면 스카프를 두르거나 어깨 위로 숄을 걸쳐보라. 물론 스카프에 당신의 헤어컬러와 비슷한 컬러가 들어 있어야 한다. 그럼 모두가 당신을 보지 않고는 못 배길 것이다. 개미허리 같은 당신의 잘록한 허리를 마음껏 뽐내고 싶은가? 7센티미터 너비의 두꺼운 벨트를 착용하면 사람들의 시선이 자연스럽게 허리에 모이게 될 것이다.

액세서리에 의미를 부여하면 더욱 강력한 힘을 띤다. 보석의 디테일 하나마다 헌신, 평화, 지혜처럼 당신이 인생에서 가장 좋아하는 의미를 담아라. 예를 들어 산스크리트어로 '사랑'이라는 뜻의 단어를 새겨 목걸이로 걸고 있으면 항상 진심어린 행동을 하게 될 것이다. 조상 대대로 물려온 보석을 착용하면 이미 돌아가신 조상들과 한층 가까워진 느낌이 든다. 보석은 각각 특정한 성질이 있어서 부적처럼 사용할 수 있다. 당신에게 의미가 있는 무늬의 스카프를 찾는 것도 그리 어렵지 않다. 이렇듯 당신의 액세서리는 당신이 가진 신념과 장점을 나타내는 장식품이 될 수 있다.

● 넓은 벨트로 허리 라인을 강조하라.

♠ 액세서리 연출 테크닉

멋진 디자인의 옷을 받쳐 주는 하부구조가 바로 액세서리다. 액세서리가 없으면 당신의 룩은 산산이 부서질 것이다. 멋진 차림의 여성을 보면서 머릿속으로 그녀가 하고 있는 액세서리를 하나하나씩 떼어내 보자. 그녀의 룩이 얼마나 순식간에 생기를 잃어버리는지 깨달았는가? 영화 '악마는 프라다를 입는다'를 한번 보기 바란다. 〈런어웨이〉라는 패션잡지 편집장으로 나오는 주인공 메릴 스트립의 룩은 흠 잡을 데 없이 완벽하다. 액세서리가 어떻게 그녀의 스타일에 통일성을 부여하는지 유심히 살펴보라.

액세서리를 착용할 수밖에 없는 이유를 들어 보자.

1. 정성들여 옷을 입고 잘 매치되는 액세서리까지 착용한 여성을 보면 자신을 소중하게 생각하고 세심하게 신경을 쓰고 있다는 강한 메시지를 받게 된다. 그것은 나이 불문, 모든 여성들에게 신선한 충격을 준다.

2. 얼굴 주변에서 환하게 반짝이는 목걸이와 귀걸이는 당신의 이미지를 신선하게 환기시켜 준다. 10년쯤은 더 젊어 보일 것이다.

3. 액세서리는 당신의 룩을 더 고급스럽게 만든다. 올바른 곳에 착용하면 사람들의 시선을 위쪽으로 끌어당겨서 당신을 날씬해보이게 한다.

4. 당신의 고유 컬러와 스타일을 더욱 돋보이게 만드는 액세서리를 착용하면 비슷하게 옷을 차려입은 사람들 속에서도 단연코 눈에 띌 것이다.

5. 액세서리는 사람과 사람을 연결해 주는 일종의 중매쟁이가 될 수 있다. 액세서리에 대한 이야기로 대화를 시작할 수 있기 때문이다. "어머, 목걸이가 예쁘네요.", "네, 감사합니다." 이런 식으로 말이다.

액세서리를 무시하지 말자. 액세서리를 거추장스럽게 생각하는 사람들도 있지만, 디바라면 자신의 룩을 받쳐주거나 디바 스타일을 표현할 수 있는 좋은 액세서리를 반드시 착용해야 한다. 이제 당신에게 맞는 액세서리를 고르는 방법을 알려주려 한다. 이런 방법을 직접 활용할 수 있다면 당신은 이미 액세서리 프로가 된 것이나 다름없다.

1. 가지고 있는 액세서리를 모두 꺼낸다. 의미도 없고 중요하지도 않은 액세서리들 속에서 '예스' 아이템을 골라낸다. 액세서리는 굉장히 개인적인 것이다. 컬러나 디자인이 예뻐서, 액세서리의 의미 때문에, 혹은 누구에게서 선물 받은 거라서 예스 아이템이 된다.

2. 부서지거나 망가진 액세서리는, 특히 당신이 좋아하는 액세서리라면 나중에 수리를 받을 수 있도록 따로 분리한다. 새로 리폼해서 쓰면 좋은 것도 있다. 길이가 긴 비즈 목걸이라면 목선까지 오도록 길이를 줄여서 착용해 보자. 훨씬 생생한 느낌이 날 것이다. 이런 리폼은 비교적 간단하다. 비즈를 다시 꿰면서 간격을 조정하기 위해 당신에게 맞는 컬러의 비즈를 함께 사용하면 완전히 새로운 디자인의 목걸이가 된다. 당신의 머리카락과 눈동자 색깔과 잘 어울리는 비즈 목걸이는 소중하게 보관할 만하다.

3. 우리는 클래식한 주얼리를 영원히 사랑할 수밖에 없다. 그러나 단순히

햇수만 오래된 것도 있다. 그런 것들은 골라내야 한다.

4. 단순히 감상할 가치밖에 없는 주얼리, 예를 들어 아이들이 학교 미술시간에 만들어 온 종이 목걸이 같은 것도 방출 대상이다. 그런 것들은 다른 기념품들을 모아 둔 곳에 함께 보관한다. 액세서리 상자는 소중하다. 지금 당장 쓸 수 있는 액세서리를 모으는 곳이다.

5. 정말 좋아하지만 오랫동안 쓰지 않았던 액세서리를 우연히 발견했다면 그것에 집중하라. 패션 액세서리의 유행은 돌고 돈다. 오랫동안 거들떠보지도 않았던 것이 6개월 전 잡지에서 점찍어 둔 최신 스타일과 기가 막히게 잘 맞을 수도 있다. 나는 중국에서 만든 산호로 조각된 긴 비즈 목걸이를 소중히 간직하고 있다. 그러나 아직 어떤 식으로 그 목걸이를 착용해야 할지 잘 모르겠다. 아마 내년쯤이면 그 목걸이를 멋지게 두르고 있지 않을까!

6. 주얼리 방출 작업이 끝났다면, 메탈컬러를 포함하여 액세서리를 컬러별로 다시 구분한다. 그린컬러의 보석이 낳나면 진주나 산호색, 골드길러의 액세서리와 따로 분류해서 보관하자. 보석 서랍이나 주얼리 트레이, 보석함이 있다면 각 상자에 컬러나 소재별로 넣는다. 보석 정리 도구가 없으면 새로 구입하면 된다. 주얼리는 찾기 쉽고 또 부서지지 않도록 잘 정리해 두자. 무조건 한 데 섞어 놓으면 십중팔구 부서지는 주얼리가 생긴다.

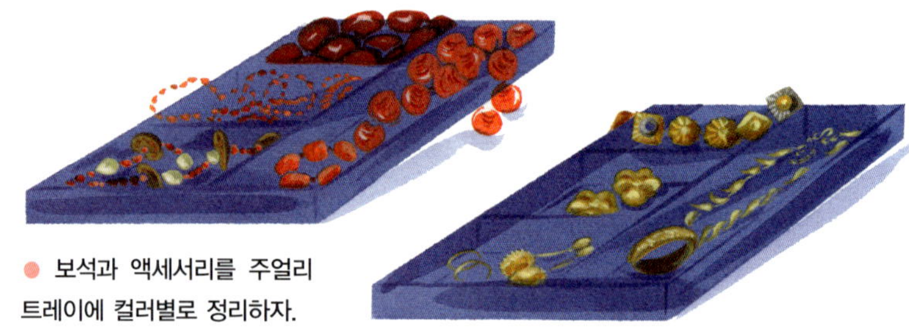

7. 이제 스카프와 숄, 핸드백과 선글라스, 양말과 속옷, 메리벨트를 둘러볼 차례다. 당신이 아끼고 자주 사용하는 것들은 한쪽에 치워두고, 쓸모없는 것들을 따로 모은다. 조잡한 스카프는 디바 스타일에 아무런 도움이 되지 않는다. 너무 오래 매서 헤진 벨트나 다 떨어진 핸드백, 아이보리 컬러의 팬티스타킹도 마찬가지다. 그것들은 그냥 쓰레기통으로 지금 당장 방출하라. 남아 있는 것들만 잘 정리해서 선반에 올려놓거나 바구니 안에 넣어 두거나 옷장에 걸어라. 서랍에 넣어도 쉽게 찾을 수 있다.

디바의 센스

"전 이 동네에 새로 이사 왔기 때문에 사람들과 마주칠 때마다 좋은 인상을 심어주고 싶어요. 그래서 요즘은 마트에 갈 때도 차려 입고 가는 편이에요. 보석도 좋은 게 있어서 그걸 하고 다니죠. 생일에 친구들이 선물해 준 비즈 목걸이가 있어서 하고 나갔더니 이웃 사람들이 침이 마르도록 칭찬하는 거예요. 그래서 그 목걸이를 할 때마다 동네 사람들과 마주친 그날이 기억나요. 이웃들에게 비즈 목걸이 이야기를 하면 저를 쉽게 떠올렸어요. '내가 이런 사람이에요'라고 말을 하면서 걸을 수 있다는 건 정말 멋진 것 같아요." —토니(Toni)

정말 잘했다! 이제 당신이 활용할 수 있는 아이템을 확실하게 파악했을 것이다. 지금까지 완전히 잊고 있던 아이템을 재발견했을 수도 있다. 정말 신나는 일 아닌가! 재발견한 아이템을 사용하여 어떤 룩을 완성할 수 있는지 한두 가지 정도 디바 저널에 적어 보라. 다음 장에서 그 아이템을 바탕으로 스스로 완전한 룩을 완성하게 될지 모르니 말이다.

이제 작업 공간을 찾자. 침대 위나 침실 바닥, 식탁 위도 괜찮다. 당신이 지금까지 전혀 해보지 않은 일을 하려고 한다. 사진을 찍어서 바인더에 넣어 두면 나중에 참고하기도 좋으니 집에 카메라가 있으면 얼른 가져 와라.

● 벨트를 확인하라. 당신이 생각하는 것보다 더 많은 벨트를 가지고 있을 수도 있다.

당신이 가진 액세서리를 보고 컬러를 하나 고른 뒤 그 컬러로 된 모든 액세서리, 즉 핸드백, 신발, 목걸이, 스카프, 팔찌 등을 한 곳에 모은다. 그 컬러로 된 신발이 많다면 그 중 한두 켤레만 고른다. 컬러 하나가 끝나면 그 다음 컬러를 골라 똑같이 해본다. 당신의 액세서리를 모두 컬러별로 분류한다. 메탈 계열은 동, 구리, 금, 은, 주석 등 컬러별로 나눈다. 예를 들어 은색 신발이 있다면 은으로 된 액세서리, 은색이 많이 들어간 스카프와 가방을 한데 모으는 식이다.

이렇게 컬러별로 모아 놓은 액세서리들을 하나씩 사진으로 찍어 둔다. 분명히 겹치는 액세서리도 있을 것이다. 그럴 수 있다. 멋지다! 이제 당신이 가진 액세서리들의 장점과 단점을 확실하게 알 수 있을 것이다!

이렇게 액세서리를 분류한 것을 어떻게 활용하면 좋을까? 당신의 액세서리는 룩을 받쳐주는 뼈대와 같다는 말 기억나는가? 예를 들어 보자. 나는 옷장에서 블랙의 액세서리들을 보고 있다. 주름진 스카프, 숄, 스웨이드 뮬, 힐 부츠, 거칠거나 매끄러운 커다란 비즈, 타이에서 구입한 여러 줄의 오닉스 목걸이, 구멍에 은테를 덧댄 블랙 벨트, 블랙 크리스털로 된 꽃 모양의 귀걸이, 블랙 숄더백, 블랙의 손잡이가 달린 토트백, 새까만 팔찌가 보인다. 모두 따로 구입한 것들이지만 내가 정말 사랑하는 것들이다. 이 블랙 액세서리들을 마음대로 매치해도 썩 잘 어울린다. 팬츠나 스웨터, 스커트와 재킷 등 내가 무슨 컬러의 옷을 입든지 이 블랙 액세서리는 나의 전체 스타일을 하나로 묶어 준다. 발부터 허리, 목, 눈까지 하나의 길을 만들어 내가 몸에 걸치고 있는 각기 다른 패션 아이템들을 하나로 묶는 역할을 한다. 이런 블랙 액세서리라면 어떤 스타일의 옷이라도 충분히 받칠 수 있는 튼튼한 뼈대가 될 것이다. 스타일을 튼튼하게 받쳐줄 액세서리들만 제 자리에 있으면 재빠르게 스타일을 완성할 수 있다.

최근 나는 금속 느낌의 주석 컬러 하이힐 샌들을 구입했다. 정면에 장식으로 달린 버클은 앤티크 골드 컬러였다. 상자 속에 조용히 들어 있는 모습이 얼마나 예쁘던지! 그러나 그 하이힐을 어떤 옷과도 매치시킬 수 없었다. 어떤가? 어디서 많이 듣던 말인가? 어디에도 쓸 수 없는 컬러의 신발이라니. 결국 나는 새 신발을 위해 새로운 컬러 그룹을 만들어야겠다고 생각했다. 쇼핑을 시작한 나는 앤티크 골드와 브론즈 컬러의 장식이 달린 벨트를 발견했고, 겉주머니의 가장자리가 앤티크하게 마무리 된 브론즈 컬러의 핸드백도 찾았다. 그러자 아주 훌륭한 메탈컬러의 액세서리 그룹이 생겼다. 나는 매일 옷을 입을 때 이 메탈컬러 그룹을 활용하게 되었다. 어느 날은 블랙 스커트에 맞추고 다음날은 화이트 팬츠에 맞췄다. 또 그 다음날은 청바지를 입을 때도 메탈 느낌의 가방과 신발로 마무리를 했다. 이 새로운 액세서리 그룹도 스타일을 하나로 묶어 주었다. 컬러와 소재가 하나로 통일되어 있었기 때문이다. 액세서리로 내 스타일의 분위기가 바뀌고 한층 더 업그레이드된 것이다. 나는 완전히 새 옷을 입은 것 같았다.

"나는 작은 주머니에 72개의 귀걸이를 넣어 두죠. 목걸이는 고리에 걸어 두고 뱅글은 서랍에 보관해요. 핸드백은 트렁크에 넣어 두었죠. 최근에는 핸드백 정리장을 따로 마련해야겠다는 생각이 자꾸 드네요. 액세서리는 나를 정말 행복하게 만들어 줘요. 액세서리를 보면 하루 종일 힘이 난다니까요."

—캐서린(Catherine)

● 액세서리들을 분류해서 보관하자.

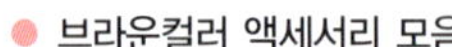

● 브라운컬러 액세서리 모음

컬러별로 나누어 놓은 액세서리 그룹을 잘 살펴보자. 액세서리가 부족한 그룹이 있는가? 당신의 피부, 머리, 혹은 눈동자 색깔에 맞는 그룹이 있는가?

헤어컬러에 대해 잠시 생각해 보자. 다크 브라운컬러의 머리를 가진 헬레나에게는 다크 초컬릿 컬러의 진주목걸이와 힐 부츠, 그것들과 잘 어울리는 가방이 있다. 금발의 캐서린은 부드러운 골드 컬러의 여러 겹으로 레이어드된 목걸이와 블론드 우드 컬러의 큰 펜던트가 달린 목걸이를 가지고 있다. 부드러운 탠컬러의 프린트가 찍힌 신발은 그녀의 헤어컬러와 비슷하다. 헤어컬러와 비슷한 뱅글도 있다. 당신은 당신에게 어울리는 컬러와 비슷한 컬러의 액세서리를 가지고 있는가? 그 중에서도 특히 눈에 띄는 액세서리가 있는가?

이렇게 컬러별로 분류해 둔 액세서리들이 정장부터 캐주얼까지 다양한 스타일과 매치가 잘 되는지 살펴보자. 드레시한 액세서리와 캐주얼한 액세서리를 한 데 섞으면 당신의 룩이 더욱 재밌어진다. 물론 신발과 핸드백을 모두 드레시한 것으로 매치시키면 파티나 사교 모임에 적절한 복장이 된다. 공통 컬러를 정해 놓고 그에 맞는 옷과 액세서리를 구비해 놓으면 다양한 모임에 적절한 룩을 연출하기가 훨씬 쉬워질 것이다.

당신의 모습이 눈에 선하다! 코디하기가 쉬운 옷이 있는가 하면 하나의 통일된 스타일 연출이 어려운 옷도 있다는 것을 조금씩 이해하기 시작한 얼굴이다. 당신이 가진 액세서리가 허술하다는 것을 파악했는가? 그렇다면 쇼핑 리스트를 작성해 보자. 필요한 것을 한 번에 다 찾을 수는 없겠지만, 일단 가지고 싶은 희망 리스트를 모두 적어 보자.

"내가 가진 팔찌는 모두 특별한 것들이에요. 한 개로 약하다는 생각이 들면 저는 세 개를 한꺼번에 끼죠. 이리저리 섞는 것을 좋아하거든요. 소매 끝을 비즈로 꾸미는 것도 좋아하죠. 진주조개와 은, 나무 비드가 함께 들어간 비즈 팔찌를 끼면 팔목에서 생기가 느껴져요. 공통적으로 부드러운 로즈컬러를 띠고 있어서 제 피부 톤과 맞는 것 같아요. 손목을 보면 하루 종일 기분이 좋아져요. 제가 원래 가지고 있는 컬러와 맞으니까 모든 것과 조화가 잘 되는 것 같아요. 그래서 비즈 팔찌의 가치가 더 높아지죠."

―다이앤(Diane)

당신의 패션 감각이 얼마나 발전했는지 실감나는가? 이제 아무것도 없는 백지 상태에서도 당신의 헤어컬러나 눈동자처럼 당신이 원래 가지고 태어난 기본적인 컬러를 돋보이게 만드는 액세서리를 찾을 수 있을 것이다. 당신의 스타일을 더욱 강조할 수 있는 액세서리를 고를 수도 있다. 당신에게 잘 어울리는 메탈 소재는 무엇인가? 펄이 가미된 컬러는 어떤가? 자신의 눈동자를 들여다보자. 녹색 눈동자는 페리도트, 투어말린, 녹색의 토파즈 귀걸이와 잘 어울린다. 파란 눈동자에는 블루 톤의 목걸이를 매치시키면 환상적인 느낌이 난다. 당신의 갈색 눈동자에 맞게 브라운 톤의 진주목걸이를 하면 생동감 있게 보일 것이다. 다양한 분위기를 좋아하는 여성이 아니라면 무지개처럼 다양한 컬러의 액세서리를 가지고 있을 필요는 없다. 그저 몇 가지로 컬러를 정하고 종류를 다양하게 가지고 있는 편이 훨씬 낫다. 앞으로 쇼핑에 관한 장에서 적절한 액세서리를 구입하는 쇼핑 방법을 소개하겠다.

페리도트(peridot) : 보석질의 투명한 녹색 감람석

투어말린(tourmaline) : 한쪽 끝이 분홍색이고 다른 쪽 끝은 녹색인 전기석

한 번에 딱 한 가지 컬러의 액세서리만 해야 되는 것은 아니다. 그러나 한 가지 컬러나 한 종류의 메탈로 된 액세서리를 다양하게 가지고 있으면 당신도 믿지 못할 만큼 다양한 스타일을 연출할 수 있다.

어떤 액세서리는 하나만 해도 큰 효과를 볼 때가 있는데, 바로 포인트 컬러일 때 그렇다. 블랙의 드레스나 미드나이트 네이비 컬러(남색)의 드레스를 입고 선샤인 골드 컬러의 가죽 핸드백을 들면 멋진 룩이 된다. 특히 핸드백 길이가 힙 부분에서 멈춘다면 힙을 강조하고 싶은 당신의 소망이 보너스처럼 이루어질 것이다. 포인트 컬러는 당신을 비추는 스포트라이트와 같다. 만약 레드컬러에 완전히 매료되었다면, 대담한 레드컬러의 목걸이를 해 보자. 엄청난 에너지기 느껴질 것이다. 혹은 레드 실크로 만든 꽃장식 핀이나 레드 뱅글, 레드 핸드백도 좋다.

화이트, 짙은 회갈색, 카키, 올리브 그린, 브라운, 러스트, 블랙, 메탈 같은 중성적인 컬러로 된 액세서리를 할 때는 한꺼번에 여러 개를 착용해서 더욱 강한 임팩트를 줄 수 있다. 볼륨감을 강조하면 재밌고 강한 인상을 남길 수 있는데, 목걸이나 벨트를 한 번에 두세 개씩 착용하거나 여러 개의 팔찌를 함께 끼는 레이어드 효과로 하나만 할 때보다 훨씬 볼륨감 있게 표현할 수 있다. 반면에 '모자라는 것이 많은 것이다' 라는 말을 신조처럼 열심히 지키는 디바들이 있다. 그들은 액세서리도 절대 과하게 하지 않는다. 그럴 수 있다. 자신을 올바로 이해했다면 마음 가는 대로 선택하면 된다.

자신이 가진 옷에 모두 매치시킬 수 있는 액세서리를 찾겠다는 야무진 생각을 하는 여성들이 많은 것 같다. 아무리 열심히 찾아 봐도 그런 액세서리는 찾을 수 없다. 모든 옷에 맞는 딱 맞는 액세서리는 당신을 노부인처럼 보이게 만들 뿐이다. 예를 들어 프린트 셔츠를 입을 때 셔츠에 들어 있는 컬러 중 하나로 된 핸드백과 신발, 귀걸이를 함께 착용하는 일은 없어야 한다. 오히려 당신 고유의 컬러, 즉 헤어컬러나 피부 톤, 눈동자 색깔과 잘 어울리는 컬러의 액세서리를 한다면 당신의 룩이 자연스럽게 통일돼 보일 것이다.

이번에는 디바 어드바이저 신시아 슬리버의 이야기를 들어 보자. 그녀는 빈티지 브로치를 아주 좋아한다. 빈티지 브로치는 누구나 하나쯤은 가지고 있는 고전적인 아이템이다. 자신 있게 또 세련되게 활용하는 방법을 알아 보자.

"저는 우아하거나 미니멀한 스타일의 액세서리를 좋아해요. 한꺼번에 여러 개를 겹쳐 하지도 않아요. 레드컬러의 이브 생 로랑 가방을 샀는데, 브라운이나 블랙과 대조가 되는 것 같아서 골랐죠. 중간 컬러를 좋아하는 저에겐 아주 멋진 포인트 컬러가 되었어요. 그 가방은 모양이 자연스러워서 트렌드의 영향을 별로 받지 않아요. 오랫동안 가지고 다닐 수 있는 핸드백이 있다는 것은 좋은 일이죠."

—제이린(Jalyn)

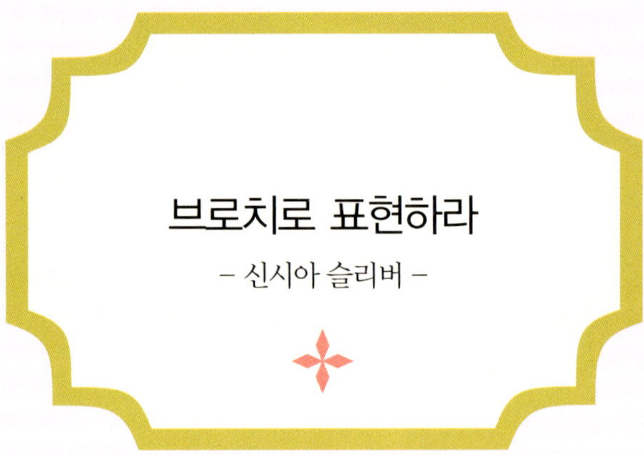

신시아 슬리버는 이미지 컨설턴트이자 어프리시아 화인 주얼리(Apprecia Fine Jewelry)의 설립자이다.

브로치는 더 이상 할머니들의 전유물이 아니다! 그보다 더 우리 자신을 잘 표현하면서도 그렇게 쓰임새가 다양한 액세서리는 없다.

1. 브로치를 당신을 찍은 스냅사진이라고 생각하면 어떨까? 자유분방한 형식의 이름표라고 생각해도 좋다. 당신은 브로치로 세상에 어떤 메시지를 전하고 싶은가?

2. 크고 흔하지 않은 브로치일수록 사람들과의 서먹한 분위기를 깨는 데 그만이다. 누군가 당신에게 먼저 말을 걸어오게 만들어 준다.

3. 브로치는 한 번에 여러 개를 할 수도 있다. 서로 어울릴 만한 모양과 컬러로 된 브로치들을 함께 꽂으면 다양한 분위기를 연출할 수 있다. 브로치는 느낌표와 같다. 상대방의 시선을 끌고 싶은 곳에 꽂아보자. 보

디스에 꽂으면 적격이지만, 어깨나 소매, 허리 라인이나 가슴 부분, 드레스 뒤쪽, 심지어 모자나 지갑 혹은 부드러운 소재의 부츠에 달아도 유쾌한 분위기를 낼 수 있다.

4. 머리에 브로치를 달아 보라. 핀을 쓰면 충분히 머리에 고정할 수 있다. 별무리 모양 브로치를 여러 개 달아 머리에 꽂으면 멋진 장식이 된다.

5. 브로치는 기능적이다. 숄이나 스카프, 카디건 스웨터를 고정할 때 커다란 브로치를 달면 좋다.

6. 할머니의 보석 상자 속에 새 생명을 불어넣자. 새로운 아이디어를 얻고 싶다면 30년대부터 60년대까지 영화배우들의 스타일을 살펴보자. 그 시대 여배우들은 큰 브로치를 매혹적으로 연출할 줄 아는 사람들이었다.

7. 체형이나 치수에 관계없이 브로치는 누구에게나 잘 어울리는 아이템이다. 특히 기분이 우울할 때 기분선환으로 그만이다.

♠ 보석에 관한 짧은 어드바이스

몇 년 동안 똑같은 목걸이를 하고 지냈는데 어느 날 자고 일어나 보니 갑자기 그 목걸이가 지긋지긋했던 적이 있을 것이다. 그런 일은 비일비재하다. 당신의 관심이 바뀐 것이다. 새로운 세계에 들어선 것이다. 그렇다면 당신의 변한 모습에 맞는 액세서리를 찾아야 한다.

액세서리에 수억을 들이고도 금고에 넣어둔 채 절대 착용하지 않는 사람들이 있다. 금고 속에서 영원히 잠만 자게 내버려 둘 액세서리를 왜 샀는지 이해가 안 된다. 거금을 들인 액세서리를 자유롭게 하고 다니지 못하니까, 다른 액세서리를 살 때도 죄책감이 들 것이다. 진보석류가 자신의 스타일에 맞지 않다고 생각한다면 이번에는 트렌디한 주얼리에 눈을 돌려 보자. 유행을 따르지만 비싸지도 않으니 마음껏 하고 다닐 수 있다. 액세서리는 정말 재미로 하면 된다. 한 계절이 지나고 나니 부서져버렸다면 그대로 버려라. 액세서리를 산다고 투자한 돈만큼의 가치는 이미 누렸다.

비싸고 화려한 액세서리를 잘 활용하고 싶다면 금고에서 꺼내야 한다. 빈티지 다이아몬드 브로치를 헬렌 고모에게 물려받았다면, 그 얼마나 행운인가! 빈티지는 보통 질도 좋고 독특한 모양이기 때문에 언제나 눈에 띈다. 브로치든 핸드백이든 혹은 스톨이든 꺼내서 사용해보자. 빈티지는 작은 예술품이다. 예술품은 감상하라고 있는 것이지 땅속에 파묻어 놓으라고 있는 게 아니다.

주얼리를 당신 자신만의 것으로 표현하려면 당신의 얼굴 크기와 비례하는 액세서리를 하면 된다. 당신의 눈과 코, 입, 눈썹, 이마의 크기는 작은 편인가 큰 편인가, 아니면 중간인가? 이렇게 한번 해보라. 주얼리 상점에 가거나 당신이 가지고 있는 주얼리들을 살펴보면서, 당신의 얼굴 중에서 크기가 가장 큰 부위와 비율이 비슷한 것을 고른다. 그리고 비율상 그것보다 약간 작은 것을 골라서 직접 착용해 보자. 분명 크기가 작은 것은 당신에게 잘 어울리지 않을 것이다. 얼굴 크기와 비례가 맞는 것은 당신에게 잘 어울리지만 지나치게 작은 것은 제 효과를 발휘하지 못한다. 팔로마 피카소가 주얼리 광고를 위해 찍은 사진을 본 적 있는가? 그녀는 크고 묵직해 보이는 목걸이를 걸고 있었다. 얼마나 멋져보이던지! 목걸이의 크기와 그녀의 큼직큼직한 이목구비의 비율이 맞았기 때문이다. 도톰한 입술, 커다란 눈과 갈색 눈동자, 커다란 코. 그녀야말로 진정한 디바다! 눈이 작고 코도 중간 크기인데 유독 입술만 크고 두툼하다면 어떤 액세서리를 해야 할까? 그렇다면 다양한 크기의 액세서리를 해도 된다. 얼굴에 크고 작은 비율이 모두 들어가 있기 때문이다. 아주 잘 어울릴 것이다.

액세서리를 섞어서 하는 방법도 있다. 고객을 상대해야 하는 나는 고객에 맞추어 옷을 입고 그에 맞는 액세서리를 한다. 특히 주얼리나 핸드백, 벨트의 가치를 가격으로 따지지 않는다. 고객이 원하는 이미지를 잘 표현하고 돋보이게 할 수 있는 액세서리를 고른다. 액세서리를 섞어 한다고 두려워하지 말기를. 패션 주얼리와 커스텀 주얼리, 나아가 디자이너 주얼리까지 모두 섞어서 매치해 보라.

다음 장에서는 지금까지 말한 내용들을 실제로 액세서리에 적용시켜 볼 것이다. 당신이 좋아하는 옷들을 포함해서 소위 '뷰티 번들' 을 만들어 볼 생각이다. 당신만의 스타일을 찾는 데 도움이 될 것이다.

이제 모든 패션 아이템이 어떻게 서로 조화를 이루는지 조금 감이 오는
가? 당신이 가진 패션 아이템들을 새로운 방식으로 조합해 보자. 그럼 완전
히 새로운 스타일이 생길 것이다. 지금까지 당신은 자신만의 컬러 팔레트를
완성했고 자신이 원하는 스타일을 표현하는 단어도 골랐다. 필요 없는 것들
은 모두 골라내어 실용적이면서도 당신이 정말 좋아하는 것들만 남겨 두었
다. 구닥다리들과는 영원히, 영원히 작별했다. 확실히 작별했으리라 믿겠다.
액세서리를 어떻게 활용해야 하는지 센스도 조금 생겼다. 이제 우리가 해야
할 일은 무엇일까?

액세서리 상점에서 일하는 진짜 디바를 소개하려 한다. 글로리아 운터만
은 삭스 5 에비뉴 백화점에 근무하면서 몇 년 동안 나와 내 고객들을 도와주
고 있는 액세서리 전문가다. 고객이 만족할 만한 액세서리를 찾아내는 그녀
의 눈과 본능은 정말 놀랍다. 그녀가 주얼리를 사랑하는 마음은 다른 사람에
게도 아주 쉽게 전파되는 것 같다. 그녀의 옷 입는 스타일도 아주 유명하다.
그녀의 조언을 듣고 자신을 돋보이게 할 수 있는 방법을 찾아보자.

디바의 센스

"지난해까지만 해도 저는 흔들리는 귀걸이를 안 해봤어요. 항상 귀에 딱 붙는 귀걸
이만 했죠. 그런데 달랑거리는 귀걸이가 훨씬 더 섹시한 것 같아요. 사람들이 저를
더 주목하는 것 같았어요. 귀에 붙는 진주 귀걸이와 진주 목걸이, 진주 팔찌를 했을
때 사람들은 제게 접근하기 어려웠다고 하더군요. 저도 좀 지루했어요. 제가 다이아
몬드나 진주, 백금 액세서리를 할 때는 사람들이 아무 말도 하지 않았어요. 요즘 유
행하는 커스텀 주얼리를 하고 나타났더니 다들 저에게 찬사를 보내더군요. 예전에는
저를 거들떠보지도 않던 사람들까지 말이에요."　　　　　　　　　　　—수잔(Susan)

덜함이 더함이다. 사치는 내부가 외부만큼 아름다울 때 존재한다.
– 코코 샤넬(Dress Designer)

주얼리는 제 인생과 같아요. 오랫동안 액세서리에 애착을 두다 보니 저에게 가장 잘 맞는 액세서리를 만드는 디자이너가 누구인지 많은 정보를 얻게 되었죠. 결국 저는 여성들이 자신의 스타일을 잘 이해하도록 돕는 위치에 이르게 되었습니다. 고객들이 자신에게 어울리는 액세서리를 착용하여 자신만의 시그너쳐 스타일(Signature Style)을 표현할 수 있도록 돕는 거죠. 액세서리로 자신을 꾸미는 것도 예술의 한 형태예요.

♣ 당신을 돋보이게 하기 위해 사용하는 컬러가 있다면?

　- 액세서리를 착용하는 기본 바탕색으로 항상 블랙컬러의 옷을 입어요. 그럼 사람들의 시선이 액세서리로 모이죠. 컬러도 그렇지만 액세서리로 제 스타일을 나타내는 편이에요.

♣ 당신의 장점을 부각시키기 위해 사용하는 방법이 있다면?

　- 신체적인 단점은 보완하고 장점을 부각시킬 수 있는 디바 스타일의 옷을 골라야 하니 그때는 본능적으로 돌변해요! 저를 나타내는 시그너쳐 스타일을 고르는 데 푹 빠져 있으면 얼마나 신나는지 몰라요. 저는 독특하고 희

귀한 액세서리나 예술 의상을 좋아하는 편이에요.

♧ 디바 스타일에 필요한 핵심 아이템이 있다면?

—어려운 질문이네요. 제 옷들은 모두 중요해요. 다양한 옥 비즈가 섞인 2.5미터 정도의 목걸이가 있는데 아주 독특한 스타일이죠. 메탈 소재는 거의 들어가지 않고 오로지 옥으로 된 목걸인데요, 허전하다 싶으면 세 가지 컬러의 옥 뱅글과 옥 반지, 심플한 디자인의 골드 이어링을 함께 착용해요. 좀 더 인상적인 분위기를 풍기고 싶을 때는 터키옥 조각 펜던트를 목걸이에 끼우죠. 하와이 같은 곳에선 외출복으로 그만이겠죠? 고정된 틀에서 벗어난 생각 혹은 자신의 한계를 넘어보겠다는 결심이면 충분한 것 같아요. 여러분들도 용기를 내세요!

♧ 당신의 머스트 헤브 액세서리는?

—신발이라고 대답하는 사람들도 있겠지만 저에게는 주얼리예요. 매일 아침 일어나면 제 자신에게 묻지요. "오늘의 액세서리는 뭐로 정할까?", "오늘은 어떤 것이 어울릴까?" "오늘은 어떤 분위기를 내면 좋을까?" 그리고 제 보석 상자에 어떤 것이 들어 있는지 곰곰이 생각해 보죠. 터키석? 상이? 은 아니면 금? 유리 비즈 아니면 나무? 옥 비즈? 상아 비즈? 모던한 스타일의 호박 목걸이? 아니면 원시 부족 스타일의 목걸이? 우울하거나 피곤하다 싶으면 에너지를 충전할 수 있는 디자인을 골라요. 그냥 마음 가는 대로 고르는 거죠. 만지고 냄새 맡고 보고 들으면서 감각에 따르는 편이에요. 무의식적으로 고른다는 말이 맞겠죠.

♧ 오래되었지만 여전히 사용하는 것이 있다면?

—친구가 저를 위해 특별히 주문 제작해 준 옥 반지가 있는데요, 항상 끼고

다녀서 이제 제 분신이 되었죠. 저는 주얼리를 많이 가지고 있는데, 일 년에 한 번 할까 말까한 것도 있고 5년마다 한 번씩밖에 하지 않는 것들도 있어요. 하지만 특별한 행사에서건 아니면 회사에서건 혹은 산책할 때나 쇼핑할 때건 제가 착용하고 나간 액세서리는 100퍼센트 자기 역할을 다 하기 때문에 저에겐 아주 소중한 것뿐이에요.

♣ 거금을 들였지만 전혀 후회하지 않는 아이템이 있다면?

　- 화이트 골드에 다이아몬드 세팅이 된 까르띠에 시계요. 일단 자신을 소중히 여기게 되면, 제 자신도 그런 특별한 시계를 가질 자격이 있는 사람이란 사실을 인정하게 되죠. 그럼 그 다음 결정은 쉬워요. 자기 자신을 이해하고 존중하게 되면 자신감이 묻어나오게 되어 있어요. 원래 가지고 있던 마음속 높은 벽도 곧 사라질 거라 믿습니다.

♣ 속옷 서랍에 들어 있는 것은?

　- 여전히 주얼리.

♣ 당신이 신봉하는 패션 법칙이 있다면?

　- 제가 100퍼센트 법칙이라고 부르는 법칙이 있어요. 액세서리 상자에는 제 스타일과 100퍼센트 맞는 것만 넣겠다는 것이죠. 자신에게 딱 맞는 액세서리를 고르는 건 중요한 일이에요. 퍼즐 맞추기와 비슷한 것 같아요. 도무지 뭘 골라야 할지 모를 땐 시선이 끌리는 것, 마음이 가는 것을 선택해요. 당신은 어떤가요? 컬러에 끌리는 편인가요? 아니면 앤티크 비즈나 복고풍 액세서리가 마음에 드나요? 모던한 디자인과 원시 부족 스타일의 디자인 중 어떤 게 좋아요? 이제 당신도 생각보다 주얼리 스타일을 잘 파악하고 당신을 대표할 만한 액세서리를 꼼꼼하게 고를 수 있을 겁니다. 액세서리는 개인

적인 것이며 강한 힘을 발휘한답니다. 막연히 트렌드만 쫓지 말고 당신의 마음을 따라가 보세요. 즐기세요!

♣ 당신이 무시하는 패션법칙이 있다면?

– 주얼리는 몸에 착용하는 것이란 생각에 반대해요. 저는 하루 24시간, 일주일 내내 액세서리를 보면서 생활하는 사람이에요. 제 마음에 드는 액세서리는 진열해 두기도 하죠. 바구니 한 가득 앤티크한 아프리카 상아 뱅글을 모아 두었고, 베네시안 비즈를 벽장식으로 달아 놓았어요. 희귀한 트레이드 비즈는 조각상에 걸어 두었죠. 인테리어에 포인트가 있었으면 해서 유리 뚜껑이 달린 나무 상자를 주문 제작해서 그 속에 예쁜 팔찌들을 넣었어요. 전 액세서리 중에서 팔찌를 가장 좋아하거든요.

♣ 다른 사람에게 알려주고 싶은 패션 아이디어가 있다면?

– 충분하다는 말로는 충분하지 않습니다. 당신이 착용하는 액세서리는 당신에게 100퍼센트 맞는 것이라야 하죠. 그래야 그 액세서리를 영원토록 사랑할 수 있으니까요!

뷰티 재충전

당신의 긴장을 풀어주는 것들의 리스트를 적어보라. 산책부터 잡지 읽기, 발톱 페디큐어, 낱말 맞추기, 꽃꽂이까지 어떤 것이든 상관없다. 적어도 열다섯에서 스무 가지 정도를 각각의 종이에 적어서 접은 뒤 상자나 쟁반위에 섞어 두어라. 그 중 하나의 쪽지를 골라서 적힌 단어대로 한번 해보라.

Chapter 10

스타일 연출 & 완성

Putting it together

캠프가 끝난 후 있을 데이트 준비를 하기 전에, 통일된 룩을 이루는 요소에는 어떤 것이 있는지 자세하게 분석해 봐야 한다. 무엇보다 눈으로 봐야 깨닫는다. 다른 여성들의 스타일을 보기만 하면, 사랑에 빠진 사람을 금방 알아보듯이 굉장히 쉽게 이해할 수 있을 것이다. 그런 사람에게서는 광채가 나기 때문이다.

스타일이 훌륭한 여성을 지켜보는 것은 정말 놀라운 일이다. 마치 온 몸이 순식간에 얼어버리는 전율을 느끼기도 한다. 어느 날 카페에 앉아 있던 나는 완벽한 스타일의 여성이 들어오는 것을 보고 어쩔 줄 몰라 한 적이 있다. 하던 일을 멈추고 그녀를 응시했으며(노골적으로), 그녀의 아름다움에 자석처럼 빨려들었다. 생면부지의 낯선 사람이었지만, 그녀 주위를 서성대고 싶어 미칠 지경이었다! 그녀는 자신감과 사랑스러움을 동시에 발산하고 있었다. 어느 누가 그런 매력에 빠지지 않겠는가! 스타일이 멋진 여성을 만나면 나는 뒤로 물러 앉아 그녀가 모든 것을 조화롭게 멋을 낸 방법에 놀란다.

눈을 크게 뜨고 주위 여성들을 둘러보자. 그들이 바로 스타일 선생님이다. 분명히 컬러, 스타일, 핏을 잘 살린 여성이 많을 것이다. 사람들의 시선을 끄는 스타 아이템과 그것을 돕는 조연 아이템을 잘 매치시켰을 것이고, 세련된 화장과 최근 유행하는 헤어스타일로 룩을 마무리했을 것이다. 당신의 시선을 끄는 룩이 있다면 그녀의 주얼리와 신발, 컬러 코디네이션을 주목하라. 당신의 시선이 그녀의 룩을 따라 어떻게 움직이고 있는지 의식하면서 그것을 당신 것으로 소화하라. 컬러? 질감? 액세서리는 어떤가? 모두 이띤 식으로 조화를 이루는가? 그녀의 스타일을 구체적으로 설명할 수 있겠는가?

당신도 곧 그런 멋진 여성의 대열에 합류하게 될 것이다. 당신의 장점을 부각시킬 줄도 알고, 자신의 아이디어를 다른 여성들에게 알려 주게 될 것이다. 당신이 선택한 컬러, 당신의 스타일을 말해 주는 옷, 그리고 액세서리, 최근 유행하는 헤어스타일, 메이크업 같은 마무리 터치 등 모든 것에 자신이 생길 것이다.

전문가들을 관찰하라. 스타일리시한 여성들을 만나고 싶다면 백화점 패션쇼나 자선 패션 행사에 가보라. 특히 다양한 연령대의 '진짜' 여성들이 모델로 나오는 행사라면 더 좋다. 모두 당신의 뷰티 재충전의 기회로 삼아라. 물론 전문 모델이 나오는 쇼를 방문해서 잘 마무리된 스타일이 어떤 것인지 체험하는 것도 중요한 경험이 될 것이다.

나는 패션쇼에서 여러 역할을 담당해 왔다. 초청연사로서 옷에 대한 연설도 많이 했고, 쇼에 나온 다양한 옷들을 완전히 파악하기 위해 열심히 노력했다. 내가 패션쇼에서 영감을 받는 방법에 대해 소개하겠다.

패션쇼가 시작되기 몇 시간 전에 나는 무대 뒤로 가서 그들이 말하는 '풀'을 감상한다. 풀은 모델에게 입힐 준비가 끝난 옷들을 말한다. 쇼를 위해 엄선하여 다림질도 하고 정성스레 매만진 옷들이다. 옷에 맞는 액세서리도 함께 걸려 있는데, 특히 가방을 열어보면 주얼리와 선글라스, 머리띠, 스카프가 들어 있다. 각 의상에 맞추어 골라놓은 핸드백들도 모두 옷걸이에 걸려 있다. 그 아래로 신발이 보인다. 브랜드마다 최고가의 신발을 내놓았을 테지만 쇼만 봐서는 그런 사실을 짐작하기 어렵다. 물론 쇼의 목적은 옷을 판매하는 것이지 액세서리 홍보가 아니다. 그러나 속으면 안 된다. 액세서리가 없다면 의상은 절대 멋있게 보이지 않는다.

멋진 룩을 연출하려면 시간도 필요하지만, 특히 올바른 재료가 필요하다. 앞으로 있을 세 번의 데이트에 어떤 옷을 입어야 할지 정하는 데 내가 도움을 준다고 약속했으니, 내가 제안하는 연습을 한다면 당신도 모델처럼 멋있게 옷을 입을 수 있다.

당신만의 룩을 완성하려면 다음 세 가지 요소가 필요하다.

1. 스타 아이템이 필요하다. 당신의 옷장에서 단연 돋보이는 액세서리를 말한다. 중국 전통 의상이라든가, 자수를 놓은 재킷, 버터옐로우 컬러의 가죽 재킷, 입었다 하면 주목받는 자카드 소재의 팬츠처럼 절대 평범할 수 없는 아이템을 준비하자. 사람들의 시선을 끄는 독특한 점이 있어야 한다.

2. 다음으로는 조연 아이템이 필요하다. 스타 아이템을 보충할 수 있는 것을 말한다. 팬츠나 스커트, 블라우스도 있겠고 디자인은 심플하지만 질이 좋은 T셔츠가 될 수도 있다. 언제 어디서나 스타 아이템을 빛나게 만들며, 전체적인 룩의 분위기를 살려주는 아이템이다.

3. 다른 패션 소품들과 조화를 잘 이루고 전체 룩을 하나로 묶어 줄 수 있는 아이템도 필요하다.

이 세 가지 중에 하나라도 빠져 있으년, 낭신은 늘 쓸만한 액세서리가 없다고 생각할 것이다. 단순히 그런 생각 때문에 친구들과의 편안한 모임을 피하고 싶을 수도 있다. 이런 일이 일어나길 바라는가?

오늘은 당신의 옷장 속에, 세 번의 데이트에서 당신을 빛나게 만들 어떤 스타 아이템이 있는지 살펴볼 것이다. 또한 조연 아이템도 찾아서 서로 잘 어울리는 서너 개 정도의 패션 아이템을 모아 뷰티 번들을 만들어야 한다.
스타 아이템이 될 만한 아웃핏과 거기에 잘 어울리는 액세서리 두세 개를 조합해 보자. 그럼 완전한 룩의 반은 이미 만들어진 셈이다. 뷰티 번들은 자신감 있는 옷 입기의 전초적인 단계라고 보면 된다.

출발이 좋으면 룩을 마무리하기도 쉽다. 집으로 불쑥 찾아온 친구에게 언제라도 요리를 대접할 수 있을 만큼 냉장고에 요리 재료가 충분히 들어 있는 것과 같다. 멋진 전채 요리 몇 가지와 와인 한 병을 곁들여 내고도 친구들과 여유롭고 즐거운 시간을 보내는 것이다. 나는 당신이 옷에 대해서도 똑같은 자신감을 느끼도록 도와줄 것이다. 당신만의 뷰티 번들을 파악해서 레시피처럼 종이에 잘 적어 둔다. 그러면 뷰티 번들에 필요한 아이템을 모두 가지고 있지 않아도 필요한 것만 구입하면 되니 편리할 것이다.

오늘 당신이 가진 옷을 살펴볼 때는 옷을 하나의 재료라고 생각하자. 출근용 옷과 특별한 정장을 적절하게 매치하면 멋진 스타일이 된다. 가는 세로 줄무늬의 핀 스트라이프 셔츠와 간단한 블레이저처럼 출근용 아웃핏과 특별한 모임에 어울릴 만한 화려한 아웃핏을 매치시키는 것이다. 그동안의 옷 입는 습관에서 벗어나 새로움을 추구해 보자.

이제 옷장으로 다시 돌아간다.

앞으로 다가올 세 번의 데이트에 입고 갈 옷이 당신의 옷장에 없다면 쇼핑을 해야 한다. '쇼핑'이란 말에 정신이 번쩍 들어서 코트와 지갑을 들고 문으로 돌진한다면, 스톱! 그 자리에 서라. 아직 때가 안 됐다. 쇼핑을 해야 할 시점이 되면 내가 호루라기를 불 것이다.

쇼핑을 나가느니 차라리 집에서 욕실 타일을 붙이고 벽지나 바르는 게 낫다고 생각하는 타입이라면 잠시 집행 유예의 시간을 주겠다. 억지로 드레스룸에 들어가 나쁜 조명을 받을 필요도 없고 당신을 기죽게 만드는 멋진 스타

일에 무차별 공격을 받을 필요도 없다. 걱정하
지 마라. 쇼핑이라면 끔찍하게 생각하는 당신
이 쇼핑을 좋아하게 만들 전략이 있다. 앞에서
했던 네모 칸 채우기 만큼이나 쉬운 방법이다
(이것이 힌트다!). 그러나 지금 우리가 둘러 볼
곳은 당신의 옷장 안이다.

"왠지 저를 자극하는 것들이 있어요. 그럼
그런 것부터 고른답니다. 멋진 셔츠, 재킷,
스커트 혹은 제가 원하는 분위기를 그대로
발산하는 액세서리들이요. 그동안 너무 사고
싶어 했던 신발이나, 정원의 꽃들을 그대
로 표현한 스커트를 고르기도 하죠. 그리
고 그것들을 토대로 아웃핏을 정합니다. 격식을 차린 스타일이든 가벼운 캐주얼 스
타일이든 상관없어요. 만약 신발을 먼저 정했다면 그 다음으로 지는 그 신발과 질
어울리는 액세서리를 고를 것 같아요. 다음에는 상의, 또 그것과 매치가 잘 되는 하
의를 고를 거예요. 만약 옷을 먼저 고르면, 그 다음으로 신발을 고르고 나서 액세서
리를 고르겠죠. 그날 모임에 알맞은 컬러를 고르는 데 가장 신경 쓰는 편이에요. 그
럼 그날 제가 입을 룩에도 많은 변화가 생겨요."　　　　　　　　　　　－비앙카(Bianca)

● 클래식한 분위기의 출근용
정장 바지는 여성적인 블라우
스를 잘 받쳐주는 아이템이다.

　지금은 즐기는 시간이다. 이것은 창조적인 프로세스이므로 서두르면 안
된다. 천천히 숨을 깊게 쉬어라. 당신의 숨소리를 들어보라. 이 단계까지 오
기 위해 얼마나 많은 노력을 했는가! 당신만의 CSF도 충분히 파악했다. 인

생을 파티라고 여기는 외향적인 사람이건, 시냇물이 졸졸 흐르는 계곡에서 지내길 좋아하는 내성적인 사람이건, 이제 당신 속에 숨은 디바 DNA가 제 역할을 할 때가 왔다. 당신의 옷장 속에도 디바 DNA가 들어 있을까?

옷장 안에서 놀다 보면 당신이 가진 옷을 매치시켜서 세 벌 이상의 완성된 룩을 만들 수 있을 것이다. 생각만 해도 근사하지 않은가? 나와 한 가지만 약속하자. 모든 것을 기록하는 것이다. 당신이 찾은 스타일을 영원히 기억해야 할 것 아닌가. 사진으로 찍어도 된다. 나를 믿어라. 창조적인 아이디어가 물밀듯이 밀려올 때는 절대 이 스타일을 잊지 않을 거라고 생각하기 쉽지만, 다음 주 화요일쯤 되면 무슨 옷이 어떤 액세서리와 잘 맞았는지 가물가물해질 것이다. 다음에 나오는 간단한 형식을 이용하면 당신이 입었던 옷을 쉽게 기록할 수 있으니, 몇 장 복사하여 바인더에 넣어 두어라. 여유가 생기면 옷들을 매치시켜 보고 그대로 기록한다. 그 옷을 표현할 수 있는 핵심 단어도 몇 자 적어 둔다. 당신의 스타일을 구체적으로 표현하는 훈련 방법이다.

♣ 아웃핏 ♣

상의 :

하의 :

재킷 :

신발 :

액세서리 :

마무리 체크 사항 :

이 옷을 입고 갈 행사나 장소 :

스타일 핵심 단어 :

상의 :

하의 :

재킷 :

신발 :

액세서리 :

마무리 체크 사항 :

이 옷을 입고 갈 행사나 장소 :

스타일 핵심 단어 :

상의 :

하의 :

재킷 :

신발 :

액세서리 :

마무리 체크 사항 :

이 옷을 입고 갈 행사나 장소 :

스타일 핵심 단어 :

상의 :

하의 :

재킷 :

신발 :

액세서리 :

마무리 체크 사항 :

이 옷을 입고 갈 행사나 장소 :

스타일 핵심 단어 :

♠ 실전 데이트

다시 말하지만, 세 번의 데이트 중 한 번은 집에서 해야 한다. 정장을 입을지 캐주얼을 입을지는 이미 결정했을 것이다. 편안하고 여유 있는 그러나 한편으로는 매혹적인 옷을 입고 싶을 것이다. 당신이 파티를 여는 사람 아닌가! 집 밖에서 하게 될 데이트는, 한 번은 캐주얼하게, 한번은 드레시하게 입으면 된다. '집으로 돌아가기엔 너무 귀여운' 스타일로 변하고 싶지 않은가? 이렇게 써 붙이고 다니는 차를 본 적이 있다.

♠ 스타 아이템 결정하기

당신의 스타 아이템부터 정해 보자. 우선 데이트에 입고 나갈 만한 옷들을 모두 골라 각기 매치해 보자. 옷장으로 가서 열 벌을 고른다. 품질이나 특별한 디테일 장식이 있거나 핏이 너무 좋아서 당신의 장점을 그대로 드러낼 수 있는 옷을 고른다. 데이트에 입고 나갈 만큼 멋진 것이면 옷이든, 신발이든, 주얼리나 스카프, 어떤 것이든 상관없다. 그렇게 고른 것을 침대 위에 펼쳐 놓는다. 이동식 옷걸이를 사용하면 옷장 밖에서 한 번에 모두 볼 수 있나.

스타 아이템은 옷도 될 수 있고 액세서리도 될 수 있다. 하나의 룩을 완성했을 때, 당신의 시선을 잡아끄는 것이 액세서리가 될 수도 있다. 대담한 목걸이나 얼룩무늬 하이힐 펌프, 자수 장식이 된 숄도 좋다. 옷장 속에 무엇이 들어 있는지 잘 알아야 어디서든 돋보이는 룩을 만들 수 있다는 사실을 명심하자. 당신의 스타 아이템은 무엇인가? 종이에 리스트를 작성해 보라.

디바의 센스

"설날 가족 모임을 위해 제가 정말 좋아하는 옷을 입기로 했죠. 일단 목 부분의 털 장식이 가슴까지 늘어지는 블랙의 벨벳 스트랫치 탑을 골랐어요. 속에는 밑단이 둥글게 처리된 블랙 새틴 캐미솔을 입었는데 단 부분을 일부러 겉으로 냈죠. 섹시하면서도 귀엽고 편안하면서도 재밌는 룩이 될 것 같았어요. 제가 정말 좋아하는 벨벳 탑은 털 장식이 목부터 가슴 라인까지 연결되어 가슴 부분에 시선을 모아주죠. 하의로는 출근용 울 팬츠를 입었어요. 구두는 앞이 트인 **키튼 힐** 샌들을 신었어요. 그대로 또 한 번 입고 싶어서 다음 달에 생일파티를 열었어요. 친구들에게는 정장을 입고 오라고 부탁했죠. 점심식사에 말이에요. 우리들은 매달 만나는 모임이 있는데, 늘 청바지에 T셔츠만 입으니까 이번엔 정장을 입자고 제안했어요. 정장을 입은 친구들이 얼마나 멋있고 세련되어 보이던지. 다들 성숙한 여성미를 물씬 풍기는 게 도대체 친구들 모습을 알아볼 수 없을 정도였다니까요! 늘 만나는 친구들인데 정장을 하고 보니 다들 정말 아름다웠어요. 오랫동안 기억에 남을 거예요."   -코니(Connie)

나는 디바 몇 명을 만나서 그녀들의 스타 아이템을 알려달라고 부탁했다. 그들이 왜 디바로 불리고 또 디바 스타일이란 어떤 것인지 이해하는 기회가 되길 바란다.

♠ 제이린의 스타 아이템

● 원 버튼 디스트레스 가죽 재킷, 시접 부분을
그대로 드러나게 박고 비대칭적인 디자인으로
전체적으로 너울거리는 분위기의 재킷.

● 비단뱀 무늬가 들어간 플랫폼 샌들, 끈으로
발목을 돌려 묶는 스타일. 가죽으로 덮은 플랫
폼 부분은 장미 정원이 프린트되어 있다.

● 그물 모양의 패브릭으로 한 겹 덮은
스트레치 블랙 데님 재킷, 레이스와 장식
이 많이 달려 있다.

● 레드컬러의 입생 로랑 핸드백,
손잡이는 동물의 뿔로 되어 있다.

♠ 헬레나의 스타 아이템

● 버건디 컬러의 수트, 옷깃 가장자리를 두 줄로 박음질한 선이 수트를 더욱 젊고 모던하게 만든다.

● 초콜릿 브라운 진주 목걸이. 길이가 길어서 목 주위로 여러 번 감을 수 있다.

● 메탈 브론즈 컬러의 새틴 트렌치코트

● 모로코 스타일의 자수가 들어간 뮬

♠ 조연 아이템 구성하기

스타 아이템 하나로는 완성된 룩을 만들지 못한다. 스타 아이템을 받쳐 주는 조연 아이템이 필요하다. 어깨가 드러나 섹시해 보이는 저지 니트 랩 상의가 있다면 그것을 받쳐 줄 심플한 팬츠도 필요하다. 룩의 주연은 상의라고 할 수 있지만 각각의 패션 아이템들이 한데 어우러졌을 때 매혹적인 상의가 더욱 빛날 수 있다. 매끄러운 발이 드러나는 스트랩 슈즈가 있다면 더욱 섹시해 보일 것이다. 반짝이며 달랑이는 귀걸이 또한 사람들의 시선을 당신의 얼굴로 모아 줄 것이다.

조연 아이템도 독특한 매력이 있어야 한다. 옷을 조연 아이템으로 골랐다면, 질이 좋고 재단이 잘 되고 몸에 잘 맞아야 한다. 조연 아이템이 빛나야 당신의 스타 아이템이 더욱 매력적으로 보이기 때문이다. 디바들이 단골로

● 멋진 조연 아이템이란……

● 낮부터 밤까지 언제나 입을 수 있는 부드러운 스웨터

● 터틀넥

● 바디 라인을 잘 살려 주는 고급 T셔츠

선택하는 조연 아이템으로는 T셔츠(짧은 팔, 긴팔, 슬리브리스), 카디건 스웨터나 스웨터 세트, 터틀넥이나 V넥 스웨터 등이 있다. 어디에 매치시켜도 잘 어울리는 부츠나 랩 스커트도 있고, 캐주얼하거나 드레시한 또는 그 중간인 심플한 팬츠도 조연 아이템으로 활용할 수 있다. 디바들은 다양한 컬러의 청바지를 즐겨 입는다. 조연 아이템에는 스타 아이템처럼 사람들의 시선을 한 번에 사로잡을 만한 디테일만 없을 뿐이다.

● 멋진 조연 아이템이란……

● 짧은 블랙 드레스

● 면으로 된 진 재킷

● 표면이 매끈한 앵클부츠

♠ 헬레나의 조연 아이템

● 캐시미어 탱크

● 다크 인디고진 재킷

● 다크 인디고 진 팬츠

● 초콜릿컬러의
하이힐 롱부츠

　옷장 속을 보면서 핵심 조연 아이템은 어떤 게 있는지 살펴보자. 고른 것을 옷장 한쪽 옷걸이에 걸어두거나 침대 위에 펼쳐놓고 상태를 확인한다. 조연 아이템은 스타 아이템보다 훨씬 더 많이 사용하기 때문이다.

　결정한 조연 아이템의 리스트를 작성한다. 작성한 리스트를 복사하여 지갑에 넣고 다닌다. 쇼핑할 여유가 있을 때마다 리스트를 보면서 새로 살 때가 된 것이 있는지 확인한다. 너무 헤지거나 상태가 나빠지기 전에 미리 새 것으로 바꾸지 않으면 막상 써야 할 때 화가 나서 폭발하지 모르니 말이다.

♠ 나의 조연 아이템

"매년 저는 T셔츠를 새로 삽니다. 저에겐 굉장히 중요한 옷이고 한 일 년 열심히 입었다 싶으면 빨리 헤지기 때문이지요. 컬러나 스타일이 기본적인 T셔츠는 자주 바꾸는 편이라서 짧은 소매 셔츠와 재킷 속에 입는 슬리브리스 셔츠는 자주 바꿉니다. T셔츠는 제 스타일을 더욱 멋지게 만드는 중요한 아이템이랍니다."

–데브라 (Debra)

조연 아이템은 절대 지루하면 안 된다. 이 책을 위해 여러 명의 디바를 인터뷰하면서 나는 한 가지 분명한 사실을 발견했다. 디바들은 가장 기본적인 아이템조차 특별한 점이 없으면 사지 않는다는 것이다. T셔츠는 짜임이 좋거나 혼방이라 표면이 매끈하고 드레시했고, 다양한 컬러의 크로스오버 탑은 소재가 벨벳이나 예쁜 망사여서 더욱 재밌는 룩을 연출할 수 있는 것들이었다. 부츠는 디자인이 심플하면서도 디테일이 아주 멋졌다. 청바지도 독특했다. 몸에 잘 맞고 최신 유행 디자인이 많았다. 일반적인 청바지보다 좀 더 고급스런 청바지들만 가지고 있었다. 당신도 이제부터는 특별해 보이는 것, 질이 좋은 조연 아이템을 고르자. 그러면 당신이 입는 모든 룩을 더욱 멋있고 빛나게 만들어 줄 것이다.

그럼 사람들은 또 이렇게 질문할 것이다. "블랙 팬츠는 몇 장이나 필요할까요?" 조연 아이템이 블랙 팬츠이고 상의를 부각시켜 입는 사람이라면, 분명 드레시한 스타일부터 캐주얼까지 여러 벌의 블랙 팬츠를 가지고 있어야 한다. 여기서 주의할 점! 사람들이 블랙 팬츠를(혹은 다른 옷을) 여러 벌씩 사는 이유는 자신에게 가장 잘 맞는 옷을 찾지 못했기 때문이다. 정말 안타깝다. 흰 셔츠가 다섯 벌이나 있지만 정말 원하는 스타일은 아니라니. 정작 당신이 사고 싶은 옷은 조금 더 비싸다는 이유로 그냥 포기해 버리지 않았는가? 그러나 싼 옷을 여러 벌 사서 입지 않는다면 비싼 것 하나를 사는 것보다 돈을 더 많이 낭비한 셈이 된다. 양이 아니라 질로 승부하자. 이 말을 들으니 당신 옷장에 골라내야 할 잡동사니들이 아직 더 들어 있다는 생각이 드는가? '그냥 괜찮은' 것들이라 버리지 못했는데, 갑자기 버리고 싶은 생각이 드는가? 그렇다면 옷장을 조금 더 정리해야겠다. 옷장 정리는 앞으로도 계속해야 한다. 조금 적게 가지고 그것들을 모두 활용하는 게 백배 낫다.

♠ 사고 또 사게 되는 것들

똑같은 것을 두벌, 혹은 세벌씩 사는 게 유용할 때가 있다. 멋진 팬츠를 발견했다면 두 벌을 사서 한 벌은 하이힐을 신었을 때, 또 한 벌은 단화를 신었을 때로 팬츠 길이를 맞추는 게 현명한 방법 아닐까? 팬츠 하나로 당신이 가진 신발 길이를 모두 맞출 수는 없다. 아무리 팬츠가 멋있어도 굽이 높은 신발에 길이를 맞춰 놓으면 굽이 낮은 신발을 신었을 때 팬츠 밑단이 질질 끌리게 마련이다. 한 벌을 먼저 입어보면서 다른 한 벌은 꼬리표를 떼지 않고 그대로 두자. 입어 보니 몸에도 안 맞고 당신의 스타일에도 맞지 않으면 나머지 한 벌은 바꾸거나 환불할 수 있을 테니 말이다. 청바지에 이 방법을 활용해 보라. 당신에게 잘 맞는 멋진 청바지를 발견하면 두 벌을 사서 팬츠 길이를 각각 높이가 다른 신발에 맞추는 것이다. 다양한 스타일에 잘 어울릴 것 같은 상의를 발견했다면 한 벌 이상 사두는 게 좋다. 당신의 풍만한 가슴을 부각시키고 싶다면 너무 꽉 끼지 않으면서도 몸매가 잘 드러나는 스웨터를 찾아라. 당신에게 가장 잘 어울리는 두 가지 컬러로 두 벌 정도는 사도 된다. 더 이상은 참자. 이런 방법을 이용하면 인생이 얼마나 간단해질까? 앞으로 쇼핑에 관해 더 자세히 짚어보겠지만, 당신 옷장 속에 있는 옷들을 정리하는 지금 쇼핑 계획까지 함께 세워 두면 더욱 유익할 것이다.

스타 아이템이 없는 옷장을 많이 본다. 옷을 입을 때 도전의식을 가지고 열정적으로 실험해보겠다는 의지가 없는 여성의 옷장이 그렇다. 오직 실용성만 추구하는 여성일수록 옷장 안이 심심하고 눈에 띄는 스타 아이템이 없다. 당신이 정말 사랑하는 것이 있는데 지금 당신 옷장에 들어 있지 않다면, 쇼핑 리스트에 적어라. 시간적 여유가 있을 때 꼭 구입해서 앞으로 예정된 세 번의 데이트에 입게 되기를 바란다.

또 한 명의 디바 데브라 콕스 (88페이지 참조)처럼 당신도 심플한 스타일을 즐긴다면, 당신의 옷장에는 조연 아이템만 들어 있을 것이다. 괜찮다. 모든 조연 아이템이 일정한 수준이라면 함께 갖추어 입었을 때 당신의 세련됨과 고급스러운 취향을 충분히 나타낼 수 있다.

● 랩 블라우스는 멋진
스타 아이템이다.

플레어드 팬츠(flared pants) : 나팔 모양으로 벌어진 바지, 나팔 바지

세퀸(sequin) : (여자옷 장식용) 번쩍이는 금속 조각

"제 비밀무기는 울 소재로 된 플레어드 팬츠예요. 울 소재라 절대 구김이 가지 않아요. 밑위가 짧아서 허리가 답답하지 않으니, 일 년 내내 입을 수 있죠. 흑옥 단추가 달린 샤넬 스타일의 재킷과 고급스러운 세퀸장식이 된 탑을 함께 입고, 오픈 토 샌들을 신으면 포멀한 룩이 되죠. 평상복으로 입을 때는 멋스러운 호피무늬 롱 재킷 속에 화이트 블라우스를 입고 블랙 부츠를 신어요. 약간 변화를 주어 롱 재킷 속에 T셔츠나 진 재킷을 입어도 멋스럽게 보이죠. 저녁식사나 가벼운 파티 땐 재미있는 스카프를 매주면 되고요. 말하고 보니 플레어 팬츠는 거의 매일 입네요. 그래도 입을 때마다 다른 분위기가 난답니다."

–코니(Connie)

● 광택이 나는 트렌치코트와 러플 블라우스가 클래식한 분위기를 발산 한다.

♠ 뷰티 번들 만들기

자, 이제 당신의 스타 아이템과 조연 아이템도 찾았으니 뷰티 번들을 만들어 보사. 일단 옷 중에서 스타 아이템이 될 만한 것을 하나 고른디. 고른 옷을 펼쳐 놓고 살펴보자. 컬러는 어떤가? 질감은 어떤가? 반질반질 광택이 나는 가, 매끄러운가, 오돌토돌한가, 반짝반짝 빛나는가, 부드러운가, 딱딱한가? 패턴은 있는가? 등에 중국 한자가 수놓아진 재킷처럼 뚜렷한 주제가 있는 옷인가? 어떤 것을 매치하느냐에 따라 앞서 말한 컬러와 질감, 옷이 나타내 는 주제를 한 번 더 반복할 수 있다. 옷을 제외한 패션 아이템 중에서 방금 고른 스타 아이템과 잘 어울릴 것 같은 것을 두 가지를 고른다. 신발이나 핸 드백이 적당할 것 같은데, 잘 어울리는 게 있는가? 귀걸이는 어떤가? 어울리 는 것이 없다면 벨트, 시계, 스카프들 중에서 골라도 된다.

내가 만든 뷰티 번들을 소개하겠다. 길이가 무릎까지 오는 넛멕 컬러의 부드러운 울 코트는 나를 변신시켜 주는 스타 아이템이다. 후드만 아니면 꽤 클래식한 분위기가 난다. 가장자리는 똑같은 넛멕 컬러지만 공단으로 처리되어 있다. 후드 때문에 스포티한 분위기도 나고, 공단처리 때문에 글래머러스한 분위기도 낼 수 있다. 물론 '스포티'와 '글래머러스'는 여러 가지 연습을 통해 찾은 나만의 스타일 단어다. 앞에는 주머니가 달려 있다. 원래 있던 단추가 별로여서 내가 직접 단추를 바꿔 달았다. 물론 평상시에는 단추를 잠그지 않고 열고 다닌다. 나에게는 이 코트와 잘 어울리는 아이템이 네 가지 정도 더 있다.

1. 캐러멜 컬러의 두 줄짜리 진주 목걸이.
2. 넛멕 컬러의 스웨이드 부츠
3. 은은하게 반짝이는 캐러멜 컬러의 가죽 클러치 백. 똑같은 컬러로 된 커다란 보석장식이 달려 있어서 화려하게 반짝인다.
4. 코트와 같은 컬러의 스웨이드 호보 백

이것들을 모두 침대에 함께 올려놓으니 정신이 멍해질 정도로 기분이 좋았다. 완벽한 뷰티 번들이 만들어졌기 때문이다. 넛멕 뷰티 번들을 활용할 때는 상, 하의만 결정하면 된다. 나는 시크하면서도 캐주얼한 분위기를 위해 플레어 팬츠와 블랙 크로스오버 스웨터를 매치시켰다. 낮이라면 호보 백을 들면 되고 저녁 모임이 있다면 반짝이는 클러치 백이 안성맞춤일 것이다. 넛멕 컬러로 전체 분위기를 맞추고 진주 목걸이를 하였더니 내 헤어컬러에 하이라이트를 더해 주었고, 순식간에 하나의 룩이 완성되었다. 또 그 코트와 함께 크루 네크 스웨터, 아이보리컬러의 실크와 울 혼방 팬츠를 입고 똑같은 부츠에 진주 목걸이를 하기도 한다.

또 다른 뷰티 번들도 있다. 블랙컬러를 중심으로 만든 것인데 모두 내 블랙 액세서리 그룹에서 고른 것이라서 아이템 몇 가지는 당신도 낯익은 것이다.

1. 블랙 꽃무늬가 프린트된 새틴 소재의 드레시한 블랙 재킷. 광이 나는 블랙 비드 단추가 달려 있고, 앞뒤로 두 개씩 작은 주머니가 있다.

2. 새틴으로 된 긴 직사각형의 스카프. 주름이 들어가 있는데 넓게 펴서 숄로 쓰기도 하고 하나로 묶어서 스카프로 쓰기도 한다.

3. 장미 모양의 블랙 크리스털 귀걸이

4. 진주처럼 생긴 커다란 블랙 비즈 목걸이. 리본으로 쌓인 블랙 비즈도 군데군데 섞여 있다. 목 뒤에서 리본으로 묶는 것이라 마음대로 길이를 조절할 수 있다.

5. 블랙의 부드러운 가죽으로 된 작은 타원형 핸드백. 나비넥타이 모양으로 묶인 작은 가죽레이스가 핸드백 양 가장자리에 붙어 있고, 두 개로 된 어깨끈의 손잡이 부분은 거친 가죽으로 되어 있다.
나는 컬러는 통일시키되 질감은 서로 다르게 입는 것을 좋아한다. 그래서 이런 뷰티 번들을 이용하여 다양한 룩을 연출할 수 있다. 가장자리에 보일 듯 말듯 작은 꽃모양의 아플리케가 장식된 블랙 레이스 스커트와 앞서 말한 다섯 가지 블랙 아이템을 함께 매치하기도 하고, 좀 더 격식 있는 모임에 갈 때는 심플하지만 등이 깊게 파인 블랙 스웨터와 함께 매치하기도 한다. 물론 청바지나 하얀 와이셔츠와 함께 입어도 너무 잘 어울린다. 반짝이는 블랙 스팽글 장식이 된 블랙 니트 탱크와 블랙 팬츠를 입을 때도 이 뷰티번들을 사용한다. 똑같은 아이템 몇 가지로 드레시한 스타일에서 캐주얼 스타일까지 마음대로 연출하는 것이다. 신발은 계절에 따라 샌들에서 펌프스, 부츠까지 바꿔 신으면 된다.

이제 뷰티번들을 어떻게 만드는지 스카프, 아니 사실 스카프처럼 사용할 수 있는 숄을 가지고 시범을 보이겠다. 숄은 부드럽지만 꽤 인상적인 분위기를 연출할 수 있는 아이템이다. 더스티 블루 톤의 울로 짠 스카프는 얇고 표면이 오돌토돌한 느낌이라 재미있다. 스카프 하나로 우아하면서도 발랄하고 거친 느낌을 표현할 수 있다면, 단연 스타 아이템이 될 만하지 않은가.

일단 스카프를 먼저 고른 뒤, 무엇이 잘 어울릴지 옷장 속을 살펴보았다. 역시 청재킷이 잘 어울릴 것 같았다. 좋다! 그리고 쨍쨍한 햇볕에서 쓸 만큼 완전한 블랙은 아니지만 차양이 드리워진 노천카페에서 쓸 수 있을 정도로 짙은 블루 톤의 선글라스도 골랐다. 뷰티 번들은 이렇게 시작되었다! 여기에다 나의 조연 아이템인 블랙 팬츠를 함께 입으면 친구들을 만날 때 편안하게 입을 수 있는 캐주얼 룩이 완성된다. 셔츠와 진 재킷은 아주 기본적인 아이템이지만, 숄을 어깨에 두르거나 스카프처럼 하나로 뭉쳐서 둥글게 매주고 내가 좋아하는 선글라스를 낀다면 새로운 스타일이 된다. 어디나 잘 어울리는 진주 귀걸이까지 한다면, 똑같이 진과 스웨터를 입은 사람들이 아무리 많이 있어도 내 스타일이 단연 눈에 띌 것이다.

● 오렌지컬러의 뷰티 번들

● 짙은 보라색의 뷰티 번들
(재킷, 신발, 핸드백을 함께
매치한 스타일)

이제 내가 컬러별로 액세서리를 구분하라는 이유를 알았는가? 당신도 자신에게 어떤 액세서리가 있는지 이미 파악했을 것이다. 액세서리는 당신의 아웃핏을 더욱 재미있게 표현하고 당신을 좀 더 적극적으로 나타낼 수 있는 도구다. 아웃핏에 입체감을 주기도 한다. 급하게 옷을 차려입어야 할 때 미리 정해놓은 뷰티 번들이 있다면 얼마나 수월하겠는가? 여러 가지 액세서리를 일일이 대보지 않고 이미 정해놓은 뷰티 번들을 기초로 꾸밀 수 있으니 시간도 절약된다. 두 번 고민할 필요도 없다.

여기에 당신의 뷰티 번들을 직접 기록해 보자. 완전하지 않더라도 멋진 뷰티 번들을 위해 무엇이 필요한지는 파악할 수 있으니 괜찮다. 최소한 세 가지 이상의 패션 아이템이 모여야 뷰티 번들이 된다는 점을 명심하자.

자, 당신은 뷰티 번들을 어떻게 만들었는가? 당신의 옷장에서 디바 스타일이 될 만한 뷰티 번들을 찾았는가? 아직 미완성인가? 그렇다면 당신에게 없는 아이템을 확인해서 쇼핑 리스트에 첨가하라. 세 번의 데이트, 즉 정장, 캐주얼, 홈 파티에 입을 데이트 룩을 완성하기 위해 필요한 것도 적어 놓아라. 컬러, 질감, 소재, 디테일을 완벽하게 맞추기 위해 필요한 것들을 모두 적어야 한다. 적당하게 요행을 바라면 안 된다. 자신에게 필요한 쇼핑 리스트를 꼼꼼히 정리하여 완벽하게 구매하라. 다음 장에서는 성공적인 쇼핑을 하는 방법에 대해 알려 주겠다.

세 벌의 아웃핏이 준비됐다면 331페이지를 펼쳐서 데이트 계획을 적는다. 대안도 함께 적어 보자. 좋은 훈련이 된다. 각각의 데이트 룩은 두세 가지 스타일 단어로 설명해 보자.

앞으로 만날 디바 어드바이저는 빈티지 쇼핑에 대한 유용한 정보를 알려 줄 것이다. 빈티지 제품은 근사한 스타 아이템이다. 빈티지 쇼핑을 하다 보면 마치 숨겨진 보물을 찾는 것처럼 흥미진진해진다. 디바 어드바이저 멜리사 호티는 동생 알리슨과 함께 《악어가죽, 오래된 밍크도 돈이다》를 집필했다. 멜리사가 빈티지 숍에서 스타 아이템을 어떻게 찾는지 우리도 배워 보자. 당신의 옷, 특히 세 번의 데이트에 입고 나갈 아웃핏을 완성하는 데 큰

도움이 될 것이다. 돈 한 푼들이지 않고도 다양한 스타일을 발견하게 될 것
이다.

● 여기서 스타 아이템은 풍선 모양의
둥그런 버블 스커트다. 스쿠프 네크 스
웨터는 조연 아이템이다.

빈티지의 장점

− 멜리사 호티 −

당신이 가진 옷에다 두세 벌의 빈티지 아이템만 추가해도 심심하기만 했던 당신의 스타일이 멋지게 변할 것이다. 빈티지 아이템은 찾기도 쉽고 경제적으로도 저렴하며 딱 하나밖에 없어 독특한 개성을 살릴 수 있다. 멀리 가서 찾을 필요 없이 동네 빈티지 숍이나 이베이 사이트를 찾아보자. 마음에 쏙 드는 것을 발견했다면 일단 입어보고 몸에 딱 맞으면 바로 집어 들자. 이 세상에 그것과 똑같은 것은 또 없다. 내가 좋아하는 빈티지 아이템 열 가지를 소개한다.

1. 1950년대 스타일의 캐시미어 카디건. 청바지부터 파티용 새틴 스커트까지 어떤 아이템과도 잘 어울려서 일 년 내내 입을 수 있다. 가장자리가 정교하게 비드로 장식된 것이나 옷깃에 풍성한 털이 달린 카디건을 골라 보자.

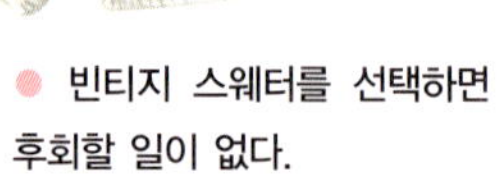
● 빈티지 스웨터를 선택하면 후회할 일이 없다.

2. 40~60년대 악어가죽 핸드백. 상표가 없어도 멋진 핸드백이 많지만 고급 제품을 원한다면 '벨스톤'(Bellestone)이나 '다이츠'(Deitsch), '루실 드 파리'(Lucille de Paris) 제품을 추천한다(가방 안쪽의 상표를 확인하자). 이베이에서 구입할 때는 주의할 점이 있다. 도마뱀이나 뱀 가죽 가방을 악어가죽이라고 표시하고 파는 사람이 있으니 조심하자. 구입 후기 댓글이 많이 붙어 있는 판매자를 찾아야 한다. 최소한 100여 명 정도의 믿을 만한 판매자를 찾을 수 있을 것이다.

3. 벨벳 이브닝 코트. 5, 60년대 블랙 벨벳 이브닝 코트가 있으면 어떤 모임에도 나갈 수 있다.

4. 헤르메스(Hermes), 푸치(Pucci), 꾸레쥬(Courreges)나 랑방(Lanvin)같은 유명 디자이너의 로고가 들어간 스카프. 좀 더 보편적인 (가격도 더 저렴한) 베라(Vera) 제품도 괜찮다. 베라 제품의 강렬한 컬러와 경쾌한 무늬는 시대가 흐를수록 더 강한 매력을 발산한다.

5. 굽이 높지 않고 동그란 방울장식이 달린 새틴 뮬. 다음 빈 디너파티에 갈 때는 좀 더 화려하게 꾸며 보자. 나는 다니엘 그린제품을 좋아한다.

6. 빈티지 시계. 체구가 작고 귀여운 스타일의 여성에게는 40~60년대식 시계가 잘 어울린다. 대담하면서 아름답게 보이고 싶다면 남성용 시계는 어떤가? 나는 40년대식 로즈골드컬러의 시계를 좋아하는데, 시계판에 장식이 많고 가죽 끈으로 되어 있다.

7. 카우보이 부츠. 부츠는 청바지에 섹시한 분위기를 부여해 준다. 질이 좋으면 평생 신을 수 있고 시간이 지날수록 훨씬 멋지게 변한다. 하지만 구입할 때 가죽 상태가 어떤지 잘 살펴야 한다. 처음부터 금이 가고 벗겨지면 안 된다. 단, 가죽 부츠는 공항 검색대를 통과할 때 난감하게 한다. 꼿꼿이 선채로 가죽 부츠를 벗으려면 디바 스타일이 구겨지는 것을 감수해야 할 것이다.

8. 커다란 라인스톤 팔찌. 디바는 반짝여야 한다. 소장 가치가 있는 팔찌를 찾고 있다면 시장 가치가 있는 '바이스'(Weiss)나 '아이젠버그'(Eisenberg) 제품이 좋다. 물론 마음에 쏙 드는 것을 찾았고 잠금 부분이 튼튼하다면 상표가 문제될 일은 없겠다.

9. 실크 나이트가운도 있다. 되도록 3, 40년대 제품이 좋다. 적어도 하루이틀 쯤은 T셔츠와 파자마를 벗고 로맨틱한 꿈을 꿔 보자.

10. 인조 호피 코트. 50~70년대 제품. 트렌치코트부터 스윙코트까지 다양한 스타일이 있다. 당신에게 잘 어울리는 스타일을 골라서 입어보자.

당신은 지난 며칠 동안 굉장히 많은 일을 해치웠다. 그러니 뷰티 재충전 시간을 가질 만하다. 커피나 차, 아니면 원하는 음료를 들고 당신이 가장 좋아하는 공간으로 간다. 베란다든 거실 소파든, 침대 위든 당신에게 가장 성스럽고 평화로운 곳으로 가서 편안하게 쉬자. 20분 동안이라도 아무 것도 하지 말고 편안하게 휴식하라. 곧 에너지가 재충전될 것이다.

Week 3

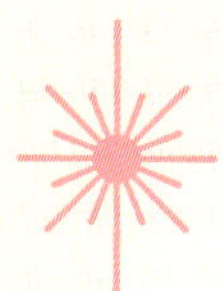

Chapter 11 쇼핑 노하우

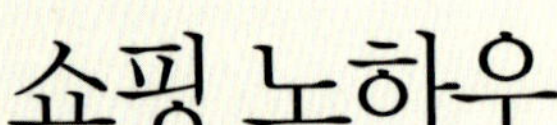

쇼핑 노하우

Shopping Know-how

당신의 옷장에 허점이 있다는 것을 깨달았는가? 내 말은, 디바 스타일을 완성하기가 만만하지 않다는 뜻이다. 중요한 스타 아이템 몇 가지는 빠져있고 조연 아이템도 한물간 것들이라 업데이트하거나 새로운 것으로 대체해야 하는 상황 아닌가? 앞 장에서 당신의 데이트 룩을 완성시켜줄 뷰티 번들 두세 가지를 만들어 보았다. 데이트 룩을 완성하려니 구두나 부츠, 샌들이 필요할 것이다. 혹시 가장 기본이 되는 신발도 없는 것 아닌가?

며칠 동안 옷장 안에서 보낸 소감이 어떤가? 이제 곧 쇼핑 시작을 알리는 호루라기를 불려고 한다. 그 전에 당신이 숙지해야 할 기본 규칙과 짚고 넘어가야 할 문제점, 당신의 해묵은 습관 몇 가지만 더 밝혀 보겠다. 잠시만 내 말에 귀 기울여 보자. 세상에는 우리의 집중력을 흐리게 하는 것들이 너무 많다. 모두 우리의 시선을 끌려고 안달이다. 다양한 브랜드와 디스플레이, 판매원들과 가격표의 홍수 속에서 자신에게 맞는 것을 찾아내는 사람들을 보면 신기할 따름이다. 강력하고 효과적인 쇼핑을 위해 이번에는 쇼핑 집중력을 키우는 훈련을 해보자.

우리들은 진부한 쇼핑 습관에 얽매여 있다. 그러니 노력한 만큼 효과를 거두지 못하는 것이다. 낡은 쇼핑 습관을 어떻게 떨쳐 버릴까?

1. 당신이 좋아하는 것을 사자. '대략' , '그만하면 괜찮네' 같은 생각은 더 하지 말자. 자신이 100퍼센트 만족할 만한 것만 구입하는 것이다. 당신은 할 수 있다!

2. 자신을 가장 먼저 생각하라. 지금까지는 남편에게, 아이들에게 필요하니까 샀을 것이다. 이제는 디바로 다시 태어날 당신 자신을 생각할 차례다!

3. 뷰티캠프가 끝나면 세 번의 데이트를 할 수 있다. 그것만 생각하라! 촌스러우면 나이 들어 보인다. 이제 당신은 촌스러움에서 벗어나야 한다! 자신을 돌보자. 그럼 주위 사람들까지 행복하게 만들 것이다. 자신을 돌보는 것이 남을 돌보는 일이 될 수 있다니 대단하지 않은가!

4. 자신의 몸무게를 너무 의식하지 말고 지금 모습 자체로 디바가 될 수 있다고 생각하라. 그것이 살을 빼는 길이다. 당신은 현재의 몸에 맞는 옷을 고르고 있다. 앞으로 다섯 달 뒤의 몸매에 맞춘 옷을 사는 게 아니라는 점을 명심하자. 데이트가 코앞에 다가왔다!

5. 당신의 마음을 사로잡은 컬러와 스타일의 옷을 구입하자. 자신이 표현하고 싶은 디바 스타일을 그만큼 존중한다는 뜻이다. 당신은 자신을 표현하기 위해 옷을 사는 것이다.

6. 자신의 계획이 중요하다. 다른 사람의 의견은 일절 무시하라. 이번 시즌에 화이트 셔츠 하나쯤은 있어야 한다고 동네 아줌마들이 아무리 떠들어도 당신의 쇼핑 리스트에 들어 있지 않다면 신경을 꺼라. 당신에게는 당신만의 계획이 있다.

7. 당신이 좋아하는 아이템이 나타났다면 세일할 때까지 기다리지 마라.

사냥감은 보는 즉시 낚아채야 한다. 옷 가격을 당신이 몇 번이나 입을 지를 가늠해서 나누어 보라. 그것이 '가격 대비 착용 회수' 공식이다. 30만 원짜리 핸드백이나 재킷, 구두를 제값 다 주고 사더라도 더 많이 사용한다면 돈을 절약하는 것이다.

8. 포기하지 말자. 태권도 배울 때 사부님이 말씀하시길 같은 동작을 수천 번 반복해야 자기 것이 된다고 했다. 그 전까지는 그저 집중하고 열심히 수련하는 길 밖에 없다. 쇼핑에도 수많은 시행착오가 따른다. 컬러, 스타일, 핏에 적용해야 할 새로운 정보가 수도 없이 쏟아져 나온다. 기꺼이 학생의 자세로 돌아가 열심히 익히고 연습하라. 그럼 쇼핑도 잘할 수 있다. 수천 번의 시행착오 없이도 말이다.

9. 성공적인 결과를 상상하자. 자신을 다스려라. 나는 어떤 옷도 어울리지 않는 사람이라고 자포자기했던 바보 같은 모습을 버리자. 새로운 생각을 하라. 내가 원하는 것을 찾았고, 그렇게 어려운 일도 아니었다고 긍정적으로 생각하자. 당신의 모습이 얼마나 멋있게 변할지 다시 한 번 떠올려 보라. 그게 바로 당신 자신에게 해야 할 이야기다!

10. 아웃핏을 훌륭하게 완성하면 보너스도 있다. 한 벌의 아웃핏을 완성하면 옷장 속의 나머지 옷들에게 커다란 영향을 끼친다. 한 가지 스타일에 필요한 아이템이 여섯 가지의 다른 스타일을 만들 수도 있다. 나는 그런 경우를 너무 많이 보아 왔다. 한 가지 문제를 해결하면 뜻하지 않게 다른 문제까지 줄줄이 풀리는 도미노 효과를 볼 때가 많다. 여러 가지 아웃핏을 한꺼번에 완성할 수 있다는 것이다.

자, 이제 당신의 쇼핑 리스트를 정리해야 한다. 종이 한 장을 꺼내서 앞에서 했던 것처럼 네모 칸을 그린다. 첫 줄에 '스타 아이템', '언더웨어/ 파운데이션', '신발', 둘째 줄에 '벨트, 가방, 스카프, 장갑, 선글라스, 양말', '쇼핑 경험', '뷰티용품', 셋째 줄에 '주얼리', '겉옷/외투', '조연 아이템' 이라고 쓴다.

스타 아이템	언더웨어와 파운데이션	신발
벨트, 가방, 스카 프, 장갑, 선글라 스, 양말	쇼핑 경험	뷰티 용품
주얼리	겉옷 외투	조연 아이템

　세 번의 데이트에 필요한 것을 정확하게 구입하면 성공적인 쇼핑이 된다. 이번 달에 부득이하게 직장에 나가서 일을 하고 있다면, 점심시간을 이용하여 뷰티용품점에 가보자. 머리 장식용 소품이 어떤 게 나와 있는지 확인하라. 당신의 뷰티용품 상자에도 그런 것들이 들어 있는지 알아보자. 뷰티용품 문제도 매일 조금씩 해결하면 점점 발전할 수 있다. '조금씩 하면 쉬운 일도 몰아서 하려면 힘이 든다' 는 말을 들어 본 적 있는가? 이렇게 당신이 '조금씩' 할 수 있는 계획을 세우면 큰 힘 들이지 않고 문제를 해결할 수 있다. 물론 마지막까지 최선을 다해야 성공할 수 있지만, 이 계획을 반만 실천해도

이미 성공한 것이나 마찬가지다.

　네모 칸에 써 놓은 쇼핑 리스트를 한 줄씩 완수할 때마다 자신에게 상을 주자. 쇼핑이 어렵게 느껴진다면 한 칸씩 완수할 때마다 자신에게 상을 주자! 뷰티캠프에 더 적극적으로 참여하게 만드는 상은 어떤 게 있을까? 근사한 저녁? 연예인 가십거리가 가득한 잡지와 거품 목욕? 뷰티캠프가 힘들다면 당신의 힘든 노력을 충분히 보상해 줄 상을 찾아라. 상을 받으면 더 열심히 할 수 있다!

♠ 자신에게 주고 싶은 상

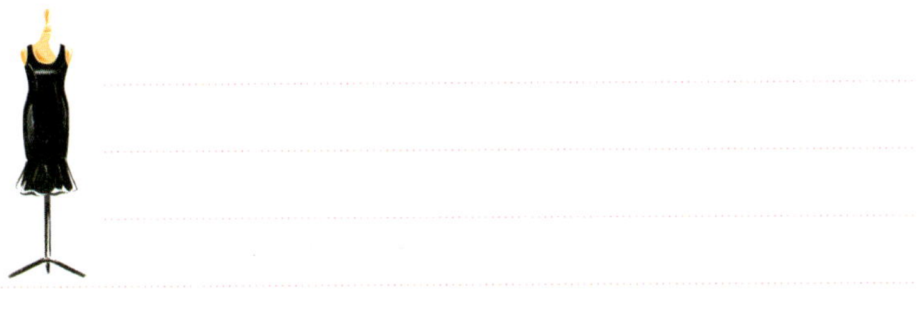

이제 지금까지 당신이 적어 놓은 쇼핑 리스트를 모두 훑어보는 시간이다. 우선 항목을 정하고 각각의 아이템을 적당하게 분류해야 한다. 살 것이 하나도 없는 항목도 있고 너무 사야할 것이 많은 항목도 있을 것이다. 항목대로 하나씩 쇼핑을 끝내면 그 다음 항목으로 넘어간다. 물론 하루에 여러 항목을 완수할 수도 있다. 어쨌든 처음 시작한 계획을 끝까지 준수하자. 항목을 여러 단위로 분리해 놓으면 실천하기도 쉬워질 것이다. 신발을 사는 것이 특히 힘든 여성은 신발 쇼핑에 시간을 더 할애하자.

당신이 원하는 곳에서 쇼핑을 한다. 백화점이나 체인점처럼 반품이나 환불이 쉬운 곳에서 쇼핑을 원하는 여성도 있다. 쇼핑에 자신이 있다면 주변의 작은 상점이나 중고품 상점에서 쇼핑할 수도 있고 디자이너 숍을 이용해도 된다. 그러나 개인 숍의 환불 제도는 대형 체인점만큼 완벽하지 않다는 점을 주지해야 한다. 집에 가져가서 입어보고 하루 안에 환불할 수 있는지 적극적으로 물어보자.

어디서 쇼핑을 하든지 기본 법칙을 준수하자. 당신이 정말 사랑하는 것을 사야 한다. 마음에 들지 않더라도 몸에 꼭 맞아서 당신의 체형을 돋보이게 해 주는 브라가 있다면 실용성 때문에라도 구입해야 한다.

쇼핑을 스포츠처럼 즐기고 물건 값을 깎는 데 귀신같은 소질을 발휘한다고 해도, '가격 대비 입는 횟수' 공식을 생각하면서 쇼핑을 하자. 아무리 가격이 싸도 당신에게 맞지 않으면 잘 산 게 아니다. 이제 신발을 사러 가자. 당신에게 딱 맞는 신발이 있다. 그런데 이번에는 당신이 생각했던 한도액을 초과한다. 그래도 사야지 어쩌겠는가? 당신의 발에 기막히게 맞는데 그냥 두고 올 수 없다. 내가 언제 디자이너의 이름이 붙었으니 꼭 사라고 하던가? 그런다고 멋진 디바가 되는 것은 아니다. 당신이 산 것들을 어떻게 매치시키느냐에 따라 디바가 결정된다. 특히 자선단체인 아름다운 가게에서 산 것들로 멋진 스타일을 만들 수 있다면 당신은 훌륭한 디바가 될 만하다.

영수증을 잘 보관하자. 특히 환불을 해야 할지 고민 중이라면 더더욱 꼬리
표와 함께 잘 보관해야 한다.

"전 쇼핑을 즐기지는 않지만 다양한 곳을 가봤죠. 쇼핑을 자주 하는 분이라면 티제
이 맥스나 로에만스에 가보세요. 좋은 물건을 살 수 있을 거예요. 전 가리지 않고 제
마음에 드는 것이면 모두 사는 편이예요. 제 옷이나 기존의 액세서리와 잘 맞는지
별로 고민하지 않아요. 한두 달 안에 그것을 이용해서 멋진 룩을 만들 수 있다고 확
신하기 때문이죠."

−캣(Cat)

쇼핑의 기본 규칙을 알았는가? 쇼핑 리스트도 있으니 달력을 꺼내어 이번
주에 쇼핑할 시간을 잡아 보자. 이것은 자기 자신과의 약속이다. 쇼핑몰을
이용할 계획이라면 저녁 시간이 좋겠다. 오후 5시에서 7시 사이에는 손님들
이 뜸해서 한적하니 점원이 당신에게 더욱 많은 시간을 할애할 수 있다. 보
통 주말보다 주중에 쇼핑객들이 적은 편이다. 당신을 잘 도와주는 점원이 있
다면 그 점원의 시간에 맞추어 쇼핑하는 것도 좋은 방법이다. 자기 자신에게
시간을 할애하고 스스로 노력하는 것은 아주 중요하다.

됐다. 이제 달력을 본다. 쇼핑할 시간도 잡았으니 이제 호루라기를 불어도
되겠는가? 아니, 뭐부터 사야할지 모르겠다고? 구입하기 까다로운 것부터
시작하자. 하의를 사러 갔는데 결국 상의만 다섯 벌 사가지고 오는 사람이라
면, 하의부터 쇼핑할 계획을 세우자. 기능성 속옷이 필요한데 오랫동안 백화
점 한번 가지 않는 사람이라면, 거기서부터 시작한다. 자신의 고질적인 문제
를 해결하지 못하면 당신은 평생 백화점이라면 아무 쓸모없는 곳이라고 생
각할 것이다. 쇼핑을 혼자서 하려고 하면 힘들다. 딱 맞는 팬츠를 찾기가 힘

들다고 점원에게 솔직하게 말하고 도움을 구하자. 열군데 이상 상점에 들어가서 똑같은 부탁을 해보자. 아마 전혀 예상하지 못한 곳에서 도움을 얻을 수도 있다. 정말이다, 나를 좀 믿어주길. 그리고 지금까지 거들떠보지 않았던 옷들도 입어봐야 한다. 해결책을 찾으려면 항상 열린 자세를 가져야 한다. 당신에게 딱 맞는 옷을 기막히게 찾아주는 천재적인 점원들이 분명히 존재한다. 그런 사람들과 만나면 얼마나 기분 좋은지 아는가! 그들은 당신의 문제를 해결하라고 하늘이 보내신 천사다. 그러니 항상 열린 마음으로 믿어라. 뼈다귀를 쫓는 개처럼 동물적인 본능을 따라 움직여라.

이제 각 항목마다 어떻게 쇼핑을 해야 하는지 아이디어를 소개하겠다.

♠ 스타 아이템 – 의류

어떤 사람들은 자신의 룩에서 가장 중요한 스타 아이템을 주얼리, 핸드백, 신발이라고 생각한다. 만약 당신의 목표가 그렇다면 이 장을 잘 조절해서 읽자. 혹은 당신의 스타 아이템을 구할 수 있다고 생각하는 곳에 별표만 해두

자. 그게 아니라면 이 장을 진지하게 읽고 그동안 부담스럽게 생각해서 입어 보지 못했던 옷들을 다시 생각해 보자. 어깨가 드러난 탑이나 화려한 재킷, 컬러나 패턴이 부담스러워서 입어볼 생각도 못했던 팬츠, 너무 섹시해서 재미로 입어 봤던 스커트에도 신경 써 보자.

보통 스타 아이템은 우리가 돈을 더 많이 주고서라도 꼭 가지고 싶은 것이다. 그러나 항상 그런 것만은 아니다.

작년 겨울, 나는 가장 친한 친구 둘과 함께 쇼핑을 나갔었다. 우리들은 서로의 사업에 도움을 주고받으려고 한 달에 한 번씩 만났는데, 모임 끝에는 항상 서로의 패션과 메이크업에 대한 이야기가 오갔다. 나는 내가 좋아하는 것과 앞으로 표현하고 싶은 이미지에 관해 콜라주를 만들어서 친구들에게 보여 주었다. 어떤 상점 앞에 다다랐을 때 호피무늬 코트가 눈에 띄었다. 내가 입어본 첫 번째 코트였다. 친구들은 환호성을 질렀다. "멋지다, 얘!"

평소에는 사지 않는 브랜드였고 가격도 보통 구입하는 옷의 몇 배였다. 그러나 심장이 거세게 궁궁거렸다. 전신거울로 보니 코드가 내 몸에 정말 칙칙 감기듯 너무 잘 어울렸다. 그러나 경제적으로 과용한다는 생각이 들었다. 내 스타일 북을 펼치니 코트가 필요하다고 적어 놓은 게 보였다. 내가 이미 비슷한 스타일의 호피무늬 코트 사진까지 붙여 놓았던 것이다. 스타일 북이 제 구실을 하는 순간이었다! 나는 두 번 생각하지 않았다. 스타일 북 안에 들어 있는 사진은 내가 그 코트를 갖고 싶어 한다는 증거였다. 호피무늬를 입어본 적은 없었지만 이제 안전지대에서 벗어나 새로운 것을 추구할 때가 왔음을 직감했다. 약간 두렵긴 했지만 나는 그 코트를 샀다. 그리고 마음에 들지 않으면 환불하면 된다고 내 자신을 설득했다.

그 이후 몇 주 동안 나는 날씨가 바뀌길 고대했고 드디어 코트를 입을 계
절이 왔다. 이제 그 코트는 나의 스타 아이템이다. 어떤 식으로 입어도 나에
게 만족감을 주는 코트였기 때문이다. 컬러도 잘 맞고 핏도 흠 잡을 데 없었
다. 특별한 관리를 할 필요가 없는 소재라서 아주 편했다. 가격 대비 입는 횟
수를 따져 봐도, 정말 잘 샀다는 생각이 들었다.

이런 이야기를 하는 이유는 당신도 나와 비슷한 경험을 할 가능성이 많기
때문이다. 왠지 불편하지 않을까하는 걱정 때문에 자신에게 잘 맞는 옷을 사
면서도 긴장할 때가 있을 것이다. 오랫동안 해오던 습관대로 하지 않고 새로
운 것을 추구하다 보면 두려움이 생기게 마련이다. 그러나 당신의 심장을 쿵
쾅거리게 만드는 옷을 만났다면 틀림없이 좋은 징조다.

"저는 가격이 꽤 비싼 메탈컬러의 재킷을 샀어요. 메탈컬러는 유행이 지나도 항상
입을 수 있는 옷이니까요. 제 머리와도 너무 잘 어울렸거든요. 완전히 저를 위해 만
들어진 옷 같아요!"
                                                        −카렌(Karen)

PL(Private labels)
: 자체적으로 만든
라벨

스타 아이템을 찾을 때는 PL 상품을 생산하는 대형 백화점이 좋다. 자체
제작 브랜드는 유명 디자이너가 만들어 대 히트를 친 고급 상품을 그대로 본
떠 싼 가격에 내 놓은 제품이다. 소재나 디테일은 같을 수 없겠지만 적어도
겉으로 보기에는 별 차이가 없다. 그 중에서도 나는 메이시 백화점의 자체
라벨 상품을 좋아한다. 내가 좋아하는 프라다의 재킷과 똑같은 재킷을 아주
싼 값에 살 수 있기 때문이다. 멋진 자카드 꽃무늬 패턴이 들어간 블랙 새틴
재킷인데 몸에도 잘 맞는다. 짜임 때문에 연한 블랙부터 짙은 블랙까지 꽃무
늬의 컬러가 다양하게 나타난다. 반짝이는 블랙의 단추가 달린 멋진 재킷은

보통 휴일이나 파티에 입어야 하지만 나는 거의 일 년 내내 입고 다닌다. 캐주얼 스타일이라도 아무렇게나 입은 것처럼 보이기 싫은 내 성격에 꼭 맞는 옷이었다. 그 재킷과 함께 벨벳이나 새틴 팬츠를 받쳐 입기도 하고 가끔은 청바지를 입기도 한다. 블랙 새틴 재킷, 나의 최고 스타 아이템이다! 나는 그 옷을 입을 때마다 칭찬을 듣는다. 그럼 최대한 겸손하게 '감사합니다' 하고 대답한다. 물론 우쭐거리고 싶은 마음을 자제하기가 힘들긴 하지만.

스타 아이템을 찾을 때는 당신을 돋보이게 만들어 줄 수 있는 컬러인지 고민해야 한다. 라임 그린 스웨터나 라일락컬러의 실크 블라우스는 어떤 가? 블랙처럼 중성적인 컬러라도 재미있는 질감이 느껴지는 패브릭을 고르면 좋다.

♠ 언더웨어와 파운데이션

7장에서 언더웨어와 파운데이션에 대해 많은 이야기를 나누었다. 아직 언더웨어 쇼핑을 나가지 않았다면 특별한 모임에 갈 때처럼 잘 차려입고 란제리를 사러 가자. 란제리도 사기 진에 입어 볼 수 있기 때문에 완진히 차려입고 가야 속옷이 잘 맞는지 알 수 있다. 나는 란제리와 파운데이션을 판매하는 점원들을 좋아한다. 그들은 전문해결사들이기 때문이다. 우리가 물어 보기만 하면 속 시원하게 문제를 해결해 준다. 기능성 속옷은 종류가 많으니 당신의 아웃핏을 더욱 돋보이게 해줄 속옷을 찾아야 한다. 아웃핏이 잘 맞으면 지적이고 부유한 분위기가 난다. 그러니 속옷을 사는 데 많은 시간을 투자하는 현명함을 발휘하자. 기능성 속옷은 끊임없이 발전하고 있으니 작년에 속옷을 사러 나갔다면 서둘러 다시 매장에 나가서 확인해 봐야 한다.

♠ 신발

신발을 먼저 정하고 그에 따라 아웃핏을 정하는 사람들도 많다. 어떤 신발이
편안한가? 어떤 신발을 신으면 세 시간 동안 편안하게 서있을 수 있을까? 어
떤 신발이면 세 블록을 걸어도 끄떡없을까? 정장 데이트에 리무진 서비스를
이용한다면 신발은 아무래도 상관없을 것이다. 발이 불편하면 기분도 찝찝
해진다. 하이힐을 끔찍하게 사랑하지만 당신의 발이 거부한다면 발에 잘 맞
고 기능적으로 훌륭한 신발을 찾기 위해 시간을 더 투자해야 할 것이다.

메탈컬러의 신발을 살 때는 항상 주의해야 한다. 화려한 패턴을 자랑하는
아웃핏에는 메탈컬러의 신발이 적격이다. 드레스 패턴에 들어 있는 컬러와
같은 색의 신발을 신으면 중년부인 같은 분위기만 날 뿐이다. 메탈컬러의 신
발도 그냥 묻혀 버리고 말 것이다. 실버 주얼리를 한꺼번에 여러 개씩 착용
할 때는 백랍컬러나 탁한 은색의 신발을 고른다. 그럼 여러 컬러가 멋지게
섞일 것이다. 스커트나 팬츠밑단 컬러와 맞는 신발을 골라야 한다는 법칙은
구시대적 발상이 되어 버렸다. 이제 사람들은 발에도 컬러와 패턴을 부여하
고 싶어 한다. 멋진 생각 아닌가. 얼굴 부근, 즉 귀걸이나 목걸이와 컬러 배
합이 잘 이루어지는 신발을 찾아라. 그럼 전체 룩이 하나로 통일된 분위기가

날 것이다. 핸드백과 신발 컬러를 똑같이 매치시킬 필요도 없다. 그것도 이미 한물간 법칙이 되어 버렸다. 그러나 나는 항상 핸드백 컬러와 매치가 잘 되는 신발을 고른다. 그럼 아웃핏이 더욱 돋보인다.

십 년 전 신발 치수를 아직 고수하고 있는가? 치수는 잊어버리고 당신에게 맞는지 안 맞는지를 먼저 고려하자. 발이 좀 더 편안한 신발을 찾아야 한다. 하이힐을 신을 때는 젤 패드를 깔아 주면 훨씬 편하다.

● 평범한 신발을 신을 때는 화려한 프린트의 옷이 잘 어울린다.

"고급 신발이 좋은 이유는 셀 수 없이 많죠. 물론 신발 가격을 생각하면 가슴이 미어질듯 아프긴 하지만요. 그래서 제가 쓰는 방법이 있어요. 제가 좋아하는 고급 상점에서 50퍼센트 세일할 때를 기다리는 거죠. 물론 그렇더라도 한 켤레에 10만원, 어떨 땐 20만 원 이상 줘야 하지만 앞으로 몇 년 동안 신을 테니 괜찮아요. 유행이 한 6개월쯤 지난 것이면 어때요? 전 최근 유행이 키튼 힐이든 10센티미터가 넘는 통굽 신발이든 별로 상관하지 않아요. 바보처럼 보이지 않고 형태가 독특한 신발이면 유행을 따지지 않고 사는 편이에요. 그런 신발을 신으면 발도 멋있어 보이고 전체 스타일도 살아나는 기분이 들거든요. 제 경험으로 봤을 때 가죽 신발이나 디자이너 슈즈는 세월이 갈수록 더 멋있어지더라고요. 한 1, 2년 신발장 속에 묵혀 놨다가 다시 신어도 아무 문제 없었어요."

—멜리사(Melissa)

키튼 힐(kitten heel) : (여성 구두의) 굴곡이 진 가는 굽

♠ 벨트, 가방, 스카프, 장갑, 선글라스, 양말

내가 이런 것들을 한데 묶은 이유는 일반 상점에서도 이런 것들을 함께 판매하기 때문이다. 그리고 내가 특히 좋아하는 부분이기도 하다. 나는 작은 부티크에 가서도 옷을 고르기 전에 이런 아이템들을 반드시 먼저 살펴본다. 할인판매점에 가도 마찬가지다. 잔디 깎기와 놀이기구를 파는 상점의 조그만 의류코너에서 20달러도 안 되는 멋진 벨트를 사는 경우도 많다. 물론 100달러가 넘는 벨트도 살 줄 안다. 나도 쓸 때는 쓰는 사람이란 걸 알아주기 바란다!

스카프와 숄은 말 그대로 옷장의 분위기를 띄워주는 아이템이다. 자신의 아웃핏을 독특하게 보이기 위해 간단한 숄을 스스로 뜨개질로 떠서 입는 일상속의 디바도 있다. 그녀는 무늬가 들어간 자신의 롱 코트 색상 중 하나인

밝은 골드 컬러로 숄을 뜨기로 결심했다. 그리고 멋진 솜씨를 발휘하여 완성한 숄을 데이트에 입고 나갔다. 그 숄이 없었다면 그녀의 데이트 룩이 어땠을지 이제 상상도 할 수 없다. 작은 숄 하나로 진정한 디바 스타일이 만들어진 것이다.

내 고객 중에는 장갑에서 예술과 기능을 모두 찾아내는 여성도 있다. 그녀는 체질적으로 손과 발이 항상 차가웠다. 그러나 아무 문제없었다. 색깔별로 장갑을 마련해 두었기 때문이다. 장갑은 그녀의 옷에 전혀 의도하지 않은 악센트 구실을 했다. 아웃핏과 멋진 조화를 이루면서 단순한 장갑이 아닌 스타 아이템 역할을 톡톡히 해낸 것이다.

선글라스에도 유행이 있다는 것을 명심하자. 구식 선글라스로는 당신의 스타일을 업데이트 할 수 없다.

"모든 옷에 매치하기 위해 핸드백을 여러 개 사는 것보다 디자이너 핸드백을 일 년에 하나 씩 사는 게 훨씬 경제적이에요. 가방 사는 것도 일종의 투자 아닌가요? 근래에 최고급 중고품 상점에서 절반 가격에 핸드백을 구입했어요. 너무 놀라서 입이 다물어지지 않더군요. 발렌시아가 핸드백이었는데 제가 들고 다니는 핸드백보다 더 트렌디하고 형태도 잘 잡혀 있었어요. 메신저 백과 비슷하지만, 그렇게 평범하기만 하면 사지 않았겠죠. 정통 메신저 백은 이미 가지고 있었으니까요. 그런데 그 가방을 보는 순간, 옷을 평범하게 입어도 그 가방만 든다면 독특한 분위기를 연출할 수 있을 것 같은 느낌이 들었어요. 그래서 다른 가방은 다 제쳐두고 제 마음에 쏙 드는 그 가방을 찜한 거죠. 제 스타일이나 경제 사정 때문에 옷은 보통 쇼핑몰에서 사지만, 그 대신 신발이나 핸드백은 디자이너 브랜드를 선호하는 편이에요."

– 레티샤(Leticia)

♠ 쇼핑 습관 고치기

정사각형을 아홉 칸으로 나누고 가장 중간에다 '쇼핑 경험'이라고 쓰자. 그리고 당신이 쇼핑하면서 느낀 점을 단어로 적어보자. '재밌는', '자신감 있는', '여유 있는', '대담한' 같은 단어를 쓸 수 있겠다. 쇼핑을 할 때 자신을 다스리는 방법도 적어 보자. 휴식시간을 어떻게 보낼지 계획도 세워본다. 간식을 먹거나 친구를 초대해서 식사하는 방법 등 여러 가지가 있을 것이다. 이제 완전히 새로운 방법을 써보는 게 어떨까? 지금까지 쇼핑했던 방법을 버리고 전혀 새로운 방법을 시도해 보는 것이다. 쇼핑은 힘이 들긴 하지만 또 얼마나 신나는 일인가? 특히 두둑이 밥을 먹고 친구까지 동행한다면 쇼핑도 얼마든지 즐거워질 수 있다. 쇼핑을 잘하는 친구가 있다면 함께 다녀도 좋다.

테리 헤쳐나 펠리시티 후프만이나 수전 서랜든같은 영화배우가 레드 카펫 위로 입고 나갈 드레스를 정하기 위해 몇 벌의 드레스를 입어보는지 아는가? 5벌? 10벌? 25벌? 아니다. 자그마치 50벌이나 갈아입는다! 할리우드에서 일하는 스타일리스트들은 스타들에게 입혀보려고 최소한 50벌의 드레스를 준비한다. 또한 음식도 준비하고 분위기도 최대한 편안하게 만든다. 50벌을 다 입어보려면 엄청난 시간이 소요되기 때문이다. 드레스가 결정되면 그때서야 피팅 작업에 들어가는 것이다.

"저는 대부분 제 몸보다 큰 치수를 구입해요. 우리 딸들은 저보고 뭐라고 그러죠. '엄마 왜 그러세요? 엄마는 그 치수가 아니잖아요. 엄만 체구가 작아요.' 그러나 제 몸을 정확하게 판단하기 어려워요. 자꾸 체형이 변하니까요. 아이들은 제 몸에 딱 맞는 것을 사라고 하지만요."

−데브라(Debra)

자신을 여왕처럼 대우하라. 쇼핑은 땅을 평평하게 고르는 작업과 같다. 뛰어난 외과의사, 가장 강한 악어, 악착같은 엄마, 진드기 같은 기자의 인내심을 발휘해야 한다. 쇼핑을 즐겁게 생각해 보자! 차를 타기 전에 효율직으로 쇼핑을 끝낸 자신을 상상해 보자. 쇼핑 리스트를 챙기고 약간의 간식도 준비한다. 신발도 편한 것으로 신는다.

♠ 뷰티용품

빨리 헤어나 메이크업, 스킨케어를 시작하고 싶다면 아마 사야 할 용품이 많을 것이다. 아직 쇼핑 리스트를 작성하지 않았다면 곧 사야 할 것이 무더기로 생길 것이다! 머리 장식에 필요한 도구나 전기 헤어롤, 화장용 화대 거울처럼 이미 부족하다고 느낀 것들도 있을 것이다. 그런 것들을 리스트에 적어라. 헤어, 메이크업 관리가 시작되면 쇼핑 리스트에 채울 용품이 더 많아질 것이다. 메이크업이나 스킨케어 제품 중 선호하는 것이 있다면 먼저 샘플을 사용해 보자. 헤어드라이어, 메이크업 브러시 등 당신의 스타일을 정교하게 다듬는 데 필요한 용품들은 최상품으로 준비하자. 비싸고 좋은 용품들을 사본 적이 없다면 다른 일보다 먼저 처리해야 한다. 뷰티 용품들을 먼저 갖춰놔야 멋지게 스타일링을 할 수 있다. 이 자체가 하나의 작은 프로젝트가 될 수 있으므로 시간을 충분히 할애하자.

♠ 주얼리

액세서리를 사면 파산할 것 같아서 당신의 룩을 마무리하지 않은 채 그냥 방치하면 안 된다. 나는 가장 싼 것이 60만원이나 하는 구두점에 간 적이 있는데, 상점의 직원 또한 굉장히 멋있어 보였다. 내가 그녀의 목걸이를 칭찬하자 그녀는 할인매장에서 산 거라면서 이렇게 말했다. "유행은 금방금방 바뀌는데 비싼 돈 주고 진짜를 살 필요 없잖아요?" 나도 정말 그러고 싶지 않았다. 곧장 그 상점을 나왔고 할인 매장에 가서 구두를 샀다. 여기에서 한 가지, 누군가 당신의 스타일을 칭찬한다면 그냥 "감사합니다" 하고 간단하게 대답하자. 그 목걸이를 만원을 주고 샀는지 백만 원을 주고 샀는지 굳이 밝힐 필요는 없다.

액세서리를 싸게 살 수 있는 또 한 곳은 백화점의 주니어 매장이다. 주니어 코너에서 T셔츠 같은 옷은 입어 볼 생각도 하면 안 되지만 주얼리는 상관없다. 백화점의 커스텀 주얼리 코너보다 훨씬 싼 값에 최신 유행 주얼리를 살 수 있다. 혹은 동네 수공예품점이나 노천 시장을 이용해 보자.

당신을 대표할 시그너쳐 아이템으로는 비싼 것을 장만하고 싶을 것이다. 첫 눈에 반해버린, 앞으로 30년 동안 '당신'을 그대로 표현해 줄 목걸이가 눈앞에서 뱅뱅 맴돌지 않는가? 나는 고풍스럽고 우아한 진주를 구별하는 눈은 없지만 우연히 두 줄로 된 브론즈컬러의 진주 목걸이를 발견하고는 몇 날 며칠을 고민하다가 결국 그 목걸이를 사버렸다. 한 달마다 열리는 모임에 제일 처음으로 진주 목걸이를 걸고 나갔다. 심플한 디자인에 캐러멜컬러의 T셔츠와 반짝이는 금빛 컬러의 가죽 재킷을 매지하고 청바지를 입었는네 사람들의 찬사가 쏟아졌다. 그 이후부터 나는 아침에 눈을 뜨면 진주 목걸이를 먼저 대령해 놓고 옷을 맞춰 입었다. 컬러 맞추기도 좋고 클래식하면서도 흥미로운 분위기를 낼 수 있었다. 진주 목걸이의 신비로운 컬러는 나의 예민한 감수성을 더욱 자극했다. 물론 일 년 내내 착용할 수 있어서 너무 좋았다. 말 그대로 나를 나타내는 시그너쳐 아이템이 된 것이다! 나는 그 진주목걸이를 디자이너의 개인 살롱에서 구입했다. 주얼리 디자이너들의 개인 숍에 가서 작품을 체크하는 것도 시그너쳐 아이템을 구입하는 좋은 방법이다.

물론 인내심을 가져야 한다. 당신의 마음을 사로잡고, 당신에게 완벽하게 어울리는 시그너쳐 아이템을 찾아야 하기 때문이다. 시그너쳐 아이템은 오랫동안 사용해야 하기 때문에 유행에 너무 민감한 것은 좋지 않다. 현대적이면서도 가격이 저렴한 액세서리라도 충분히 당신의 시그너쳐 아이템이 될 수 있다.

당신이 시작한 주얼리 이야기는 반드시 끝을 맺자. 만약 당신이 끔찍하게 사랑하는 목걸이나 팔찌가 있다면 그것들과 잘 맞는 귀걸이까지 반드시 가지고 있어야 한다는 뜻이다. 물론 딱 맞을 필요는 없지만 어느 정도 조화를 이루어야 한다. 브로치를 골랐다면 이미지가 비슷한 귀걸이를 고르자. 만약 다이아몬드나 크리스털, 혹은 골드나 실버처럼 메탈컬러 브로치를 샀다면 귀걸이도 다이아몬드나 크리스털, 골드로 된 것을 착용하자.

디바의 센스

"괜찮은 상의를 발견하면 컬러를 다르게 해서 두 벌을 사는 편이에요. 하나가 세탁소나 세탁기 바구니에 들어가 있을 동안에도 똑같은 상의를 입을 수 있으니까요."

—카렌(Karen)

디바의 센스

"데이트할 때 드는 비용을 아껴서 주얼리를 모으는 데 썼어요. 저에게 주얼리를 선물해 줄 남자친구가 생길 때까지 제 스스로 사기로 했거든요. 그래서 매년 특별한 주얼리를 제 자신에게 선물했죠. 다른 사람들도 큰 선물을 받는데 저라고 받지 말라는 법은 없잖아요? 제가 '내 자신'에게 다이아몬드 링 귀걸이, 다이아몬드 반지, 자수정 귀걸이를 선물했어요. 올해는 다이아몬드 팔찌를 선물했고요. 이제 저에게 선물해 줄 누군가를 원하지 않게 되었죠."

—에이미(Amy)

♠ 외투/겉옷

멋지게 차려입었는데 외투가 룩을 망치는 것만큼 최악의 상황은 없다. 당신은 사람들 눈에 띄지 않길 바라는가? 그런 사람은 디바가 아니다. 그렇게 될 수도 없으니 절대 꿈도 꾸면 안 된다! 가지고 있는 코트를 잘 정리하라. 당신이 눈길 한 번 주지 않았던 코트가 중고품 상점이나 아울렛매장, 빈티지 숍에서는 인기 상품으로 날개 돋친 듯 팔릴지 모른다. 품질이 좋은 상품들이 진열된 백화점 판매대를 확인하는 것도 잊지 말자. 어떤 점원은 코트를 제값 주고 사는 사람이 어디 있냐는 말까지 했다. 백화점은 일단 시즌이 지나면 재고로 쌓아두기 싫어서 상품들을 빨리 팔아 치우려고 하는데 그때가 옷을 장만할 수 있는 좋은 기회라는 것이다. 당신의 스타 아이템이 옷이라면 겉에 입는 코트 종류는 커다란 주머니나 장식이 많이 달리지 않은 좀 무난한 것으로 고르자.

케이프나 숄은 외투의 분위기를 바꾸어 준다. 부드럽지만 디자인이 단순하여 정장이나 캐주얼 복장에 모두 잘 어울린다. 반면에 밝은 컬러나 메탈컬러, 혹은 새틴으로 된 코트와 함께 매치하면 단순한 숄 한 장이 스타 아이템으로 변할 것이다. 나는 가짜 얼룩말 털이 가장자리를 둘러싼, 블랙의 셔닐 코트를 가지고 있다. 물론 자주 입는 코트는 아니지만 특별한 모임에는 안성맞춤이다. 침실 옷장을 싹 치우고 나니 현관 쪽 간이 옷장이 생각나는가? 그럼 거기도 치우자. 어느 집이나 옷장의 반은 오래되고 구식인 골동품들이 차지하고 있으니 말이다.

도발적인 외투는 당신의 룩을
재미있게 만들어 준다.

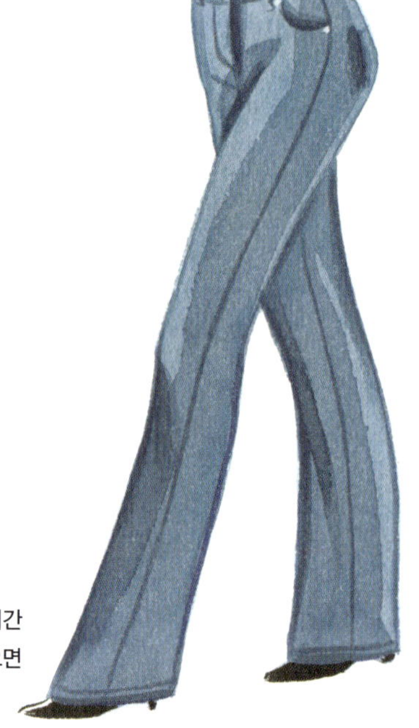

옆으로 박음질 선이 들어간
헴 팬츠(Hem pants)를 입으면
다리가 더 길어 보인다.

♠ 조연 아이템 관리

모든 조연 아이템을 훤히 꿰고 있어야 잘 활용할 수 있다. 우리는 멋있는 팬
츠가 세탁기에서 3센티미터나 줄어들고 나서야 비로소 새 팬츠를 사러 나갈
것이다. 상의나 언더웨어, 그리고 클래식한 분위기의 스웨터의 경우도 마찬

가지다. 만약 내일 캐시미어 스웨터에 좀이 슨다면 당신은 무엇을 입을 것인가? 어떤 것들은 정기적으로 교체해 주어야 한다. 블랙이나 화이트 혹은 당신이 즐겨 입는 어떤 컬러의 T셔츠는 정기적으로 새로 사야 한다. 조연 아이템 리스트를 적어서 지갑 속에 넣고 다니자. 이것이 자신을 돌보는 길이다.

♠ 수선을 해서라도 핏을 맞춘다

수선은 즉시 해치워야 한다. 길이가 긴 팬츠는 바짓단을 줄이자. 바짓단을 줄이면 어떤 모습이 되는지 고치기 전에 물어봐야 한다. 길이가 넉넉해야 고급 옷처럼 보이니 바짓단을 너무 치켜 올리지 말자. 바짓단이 볼품없이 올라간 남자들을 보면 어떤 생각이 드는가? 돈을 아끼려고 불철주야 노력하는 모습을 굳이 옷으로까지 표현할 필요는 없다. 멋진 남자조차 바보로 만드는 게 바짓단이다. 소매길이도 마찬가지다. 보통 기준보다 1센티미터 정도 더 길게 하면 훨씬 패셔너블해 보인다. 무엇보다 패션을 아는 디바들은 그렇게 입는다.

쇼핑이 끝났다면, 구입한 물건들을 한 곳에 죽 늘어놓자. 그리고 뷰티 번들을 만들어 보라. 완성된 뷰티 번들에 스타 아이템과 조연 아이템을 추가하면 스타일이 완성된다. 완성된 뷰티 번들이 어떤가? 그동안 필요했던 신발과 핸드백을 다 갖추었나? 아웃핏이 완성된 것 같은가? 당신의 스타일이 잘 살아나는가? 거의 디바 스타일에 근접했겠지만 여전히 몇 과정을 더 거쳐야 한다. 다양한 방법으로 뷰티 번들을 조합해 보면 더욱 마음에 드는 스타일을 발견할 수 있다. 당연하다, 마음이야 항상 바뀌는 거니까! 세 벌의 데이트 룩을 찾아서 열심히 움직여라.

물건의 꼬리표를 떼지 말고 집에서 입어 보라. 느낌이 어떤지, 구김이 지는 모양은 어떤지 알아보기 위해 앉아보고 일어서 보라. 전신거울로 구석구석 살펴보면서 새로 산 옷을 시험 삼아 입어 보자.

만약 생각했던 것만큼 마음에 들지 않으면 다시 포장해서 환불하고 다시 쇼핑을 하자. 물건을 산 뒤 마음에 들지 않아서 환불하는 일이야 언제나 일어날 수 있다. 그러면서 많은 것을 배우지 않는가. 결국 나중에는 쇼핑이 쉬워질 것이다. 어떤 데이트 룩을 연출하고 싶은지 당신만의 비전이 있을 것이다. 그 비전을 따르라. 아직 일주일이나 남았으니 열심히 노력하면 반드시 값진 결과를 얻을 수 있다. 그리고 그 과정을 즐겨라!

세 번의 데이트를 하는 동안 사진을 찍고 싶을 것이다. 데이트 파트너든 당신의 딸이든 혹은 전문 사진작가든, 누가 사진을 찍더라도 당신은 멋있게 찍히기를 바랄 것이다. 디바 어드바이저 버니 버슨은 어떤 포즈로 사진을 찍어야 하는지 잘 알고 있다. 지금까지 했던 포즈는 당신의 잘못이 아니다. 광고사진 분야에서 일하고 있는 버니는 멋있는 사진 찍기에 관심이 많다. 그녀의 조언을 들어 보자. 그리고 어디다 손을 얹고 고개를 얼마나 기울여야 하는지 연습해서 실제 데이트에서 멋진 포즈를 취해 보자. 자, 스마일!

다음 장에는 헤어와 메이크업 예약을 할 것이다. 보라, 우리가 여기까지 오다니! 첫째 주가 가장 힘들었지만 훌륭하게 해냈으니 헤어나 스킨 케어를 얼마든지 받을 자격이 있다. 물론 그 전에 뷰티 재충전부터 하자. 그리고 세 번의 데이트를 준비하자.

이번 주는 열심히 쇼핑을 했으니 뷰티 재충전도 쇼핑의 연장선이라고 생각하자. 다만 초점을 살짝 바꾼다. 파티에 필요한 것을 모두 구입했는가? 초대장은 어떤가? 손톱 정리 도구는? 책과 CD, 잡지는? 옷이 아닌 다른 것 중에서 사고 싶은 것이 없는가? 단, 옷보다 저렴한 것으로 고르자. 그동안 쇼핑에 정신을 집중했으니 쉴 시간이 필요할 것이다. 휴식을 즐겨라!

대부분의 사람이 자신은 사진을 잘 안 받는다고 생각한다. 물론 사진에 잘 나오는 체형이나 얼굴이 있긴 하지만 당신 또한 멋지게 찍힐 수 있다.

카메라는 물체를 길이와 넓이, 즉 2차원만으로 표현한다. 사진에 깊이감이란 없다. 그러므로 가까이 있는 것은 커 보이고 멀리 있는 것은 작게 보일 것이다. 당신은 그런 특성을 전략적으로 잘 이용해야 한다.

얼굴부터 시작하자. 사람들은 웃을 때 무의식적으로 고개를 약간 뒤로 젖히는 경향이 있다. 그럼 볼(얼굴 중 가장 넓은 부분)이 카메라에 더 가까워지고 눈은 상대적으로 약간 더 멀어져서, 사진으로 보면 얼굴엔 웃음꽃이 피지만 볼은 두툼하고 눈은 단추 구멍처럼 작게 나올 것이다.

이것을 피하는 방법은 웃을 때 고개를 살짝 앞으로 숙이는 것이다. 그럼 눈이 강조되고 볼은 뒤로 들어가 보인다. 자연히 얼굴이 갸름해지면서 눈이 훨씬 큰 얼굴이 된다. 고개를 앞으로 '약간' 숙이는 것, 그게 바로 비법이다. 그러나 자칫 잘못하면 광기를 발산하는 사람처럼 찍힐 수 있다. 그럼 얼마나 숙여야 잘 숙인 것일까? 우선 고개를 꼿꼿이 세우고 둘째손가락을 당신의 코와 수평이 되게 들고 윗입술까지 내린다. 그런 다음 코를 다시 손가락 높이만큼 내려서 똑같이 수평이 되게 맞추는 것이다. 기껏해야 2센티미터도 안 되게 고개를 숙인 것이지만 아주 큰 차이를 만든다.

전신사진일 경우 한 발을 앞으로 약간 내딛고 뒷발에 무게중심을 싣는다. 전체적으로 약간 비스듬하게 각이 생기면서 꼿꼿이 서 있는 것 보다 훨씬 우아하고 날씬한 몸매로 변한다. 손은 허리에 얹은 채 자연스럽게 떨어뜨린다. 손을 앞으로 모으면 배 부분이 더 뚱뚱해 보인다.

앉은 자세로 찍을 때는 무릎을 한쪽으로 약간만 돌리고 한 쪽 다리를 살짝 앞으로 내민다. 허벅지를 슬림하게 표현하고 싶다면 다리를 꼬는 방법도 있다. 그 대신 허리는 언제나 쭉 펴고 시선은 약간 아래를 향해야 한다.

사진은 밑에서 위로 찍히면 안 된다. 그런 각도로 사진을 찍는 것은 화를 자처하는 길이다. 오만불손하고 심술궂게 나올 것이다.

웃을 때 눈을 억시로 크게 뜨지 바라. 눈가 주름은 자연스러운 깃이 좋다. 살짝 미소를 지을 때는 눈을 크게 떠도 상관없지만 함박웃음을 지으면서 눈을 부릅뜨고 있으면 자칫 정신 나간 사람으로 보일 수 있다.

사진을 찍는 사람이 카메라를 이리저리 움직이면서 자연스러운 웃음을 유도하고 있는데도 뻣뻣하게 경직된 채 어색한 웃음을 짓는 것은 좋지 않다. '준비' 신호를 달라고 하고 카메라를 향해 자연스럽게 웃어라. '이를 악물고' 웃는 것처럼 느껴지면 혀를 앞니 뒤쪽에 갖다 붙이고 웃음을 지어 본다.

모델이라도 모든 사진에 멋있게 찍히는 것은 아니다. 전문 사진작가들은 모델의 완벽한 모습을 잡아내기 위해 수십 통의 필름을 쓴다. 어떤가, 위안이 되는가?

마지막으로, 잘 나온 사진을 고를 때는 사진을 거울에 비춰 본다. 그게 거울로 자신을 바라보던 모습이고, 사진이 어색하게 보이는 이유이기도 하다. 이제 멋지게 찍힐 준비가 되었는가?

당신만의 스타일을 갖기 위해 꼭 알아야 할 4가지

1. 스타일은 자신에 대한 이해에서 나온다.

톰 포드는 구찌의 크리에이티브 디렉터 시절 빅토리아 베컴이 입은 구찌 드레스를 보고 누가 입혔냐며 노발대발했다고 한다. 아무리 핫한 아이템이라도 자신에게 어울리지 않으면 안 입느니만 못하다. 스타일을 위해서는 자신의 몸에 대한 이해가 우선되어야 한다. 그러려면 많이 입어보는 것이 중요하다.

2. 트렌드에 연연하지 마라

트렌드 하면 가장 먼저 거론되는 것이 잇 아이템이고 그 중에서도 잇 백이다. '잇' 백과 여러모로 대조적인 에르메스 백은 한 세기 전부터 내려오는 디자인으로, 트렌드여서가 아니라 유행하지 않은 적이 없기 때문에 인기 있다. 우쭐대는 로고도 없지만 그 자체로 돈과 세련됨으로 인식된다. 요즘은 로고 대신 익명성으로 자신의 스타일을 만든다. 로고 있는 명품 백을 든 여자보다 로고 없는 아메리칸 어패럴의 나일론 소재 백이 더 시크하게 보일 수 있다. '무엇을' 이 아니라 '어떻게' 연출하느냐가 스타일을 좌우한다.

3. 애티튜드는 누가 가르쳐주는 것이 아니다

마를렌 디트리히, 그레타 가르보 등의 여배우는 담배 피울 때조차 말로 설명할 수 없는 기품이 느껴진다. 타고난 기질과 성품으로 무의식중에 드러나는 애티튜드는 자타공인 배드 걸 케이트 모스의 스타일에서도 드러난다. 미국에서 대히트를 친 프렌치 스타일 가이드 북들을 본 프랑스 여자들은 정작 깡마르고 시크한 데다 남편은 물론 연인까지 섭렵한 팜므 파탈이라면 나도 프랑스 여자가 되고 싶다며 의아해 했다고 한다. 남의 눈 신경 안 쓰는 자유로운 감성의 프렌치 스타일에 대한 답은 책에도, 그 어디에도 나와 있지 않다. 그건 살아온 환경과 몸에 밴 애티튜드의 문제다.

4. 적절한 자신감은 필수다

effortless chic(노력하지 않은 듯 멋스러운)의 중요성을 늘 강조하는 마크 제이콥스는 "나에게 명품이란 다른 사람을 위해 치장하는 것이 아니라 자신을 즐겁게 하기 위한 것이다."라고 했다. 일반인들이 과도한 드레스업을 감행한다면 오버한다고 빈축을 살지 모른다. 자신 없다면 롤모델의 스타일을 차용해 보는 것도 좋은 시작이다.

Week 4

✦ ✦ ✦

Chapter 12

헤어 스타일

Hair Style

처음 2주 동안 당신은 집에 있으면서 당신 자신의 CSF를 주로 다루었다. 그리고 세 번의 데이트 룩을 위해 필요한 아이템은 무엇인지 알아보았다. 지난주에는 쇼핑을 했다. 이제 4주째가 되었다.

여성들 대부분은 머리손질을 하나의 동떨어진 프로젝트로 생각한다. 그래서 너무 풍성하게 혹은 너무 빈약하게, 너무 곱슬거리거나 아예 쭉 뻗은 스트레이트 머리를 해 버린다. 헤어스타일이 당신의 빛나는 장점이 되면 얼마나 좋겠는가? 특별한 데이트 룩을 완성하려면 헤어스타일도 굉장히 중요하다. 지금까지 하지 않았던 새로운 스타일을 시도해 보자. 드라이어로 머리를 부풀리거나, 새로운 컬러로 염색하거나, 전혀 새로운 스타일로 커트를 해도 좋고, 헤어 액세서리를 이용해도 좋다. 이번 주는 당신의 헤어스타일을 업그레이드하는 게 목표다.

　그동안 헤어스타일을 무시하고 살았거나 어떻게 할지 몰라 끙끙대고 있다면 당신은 정말 심각한 틀에 갇혀 살았다는 증거다. 이 장에서는 당신의 낡은 틀에서 빠져 나와 근사하고 화려한 헤어스타일로 변신하는 데 도움을 주겠다. 물론 실력 있는 스타일리스트에게 당신의 머리를 맡기는 게 관건이다. 헤어스타일리스트는 정보를 많이 가지고 있어서 당신은 물어보기만 하면 된다. 이제 디바 어드바이저 돈 리톤를 만나 보자. 그녀는 현직 스타일리스트로 활동하면서 후배 스타일리스트들 교육에 힘쓰고 있다. 물론 당신의 멋진 뷰티 동업자가 되어 줄 것이다. 새로운 스타일리스트를 찾고 있거나 지금 당신의 머리를 책임지는 스타일리스트의 창조력을 좀 더 끌어내고 싶다면 돈의 도움을 받아 보자.

　페기는 스톡홀름의 어떤 잡지사에서 주관하는 메이크오버 프로젝트를 담당하고 있을 때 만난 여성이다. 그녀는 평생 머리 때문에 불행하게 살았다. 곱슬머리를 펴기 위해 매일 드라이어와 씨름했고 머리를 빗다가 엉켜서 고생한 적이 한두 번이 아니었다. 그녀는 매끄러운 스트레이트 머리를 갖고 싶었다고 한다.

　그녀는 자신의 머리카락을 괴롭히고 있었다. 귀엽고 아름다운 곱슬머리가 얼마나 멋있고, 독특한 장점이 될 수 있는지 전혀 깨닫지 못하고 있었다. 우리는 그녀의 머리를 잘랐고 헤어 제품을 사용해서 마무리하는 법을 보여 주었다. 그녀의 헤어스타일이 확 달라졌고 아주 아름다운 모습으로 변했다. 얼굴을 따라 부드럽게 흘러내리는 곱슬머리가 아름답고 귀여운 눈과 입술을 더욱 부각시켰다. 스트레이트 헤어스타일로는 도저히 낼 수 없는 분위기가 풍겼다. 그녀는 영화배우 같았다. 무엇보다 매일 드라이어로 한 시간씩 손질

할 필요가 없게 되었다. 가족과 여유로운 아침을 보내게 된 것이다. 수년간
의 불행이 사라지는 순간이었다.

우리들도 대부분 머리를 혹사시키고 있다. 당신도 자신이 어떠했는지 잘
알 것이다. 최근 우리 동네 헤어숍에 이런 푯말이 붙은 것을 보았다. "인생은
시련과 고난의 연속이다. 그러나 당신은 마음에 드는 헤어스타일을 찾게 될
것이다." 나는 이런 말을 덧붙이고 싶었다. "지금 당신 모습 그대로를 사랑
하면 그 속에서 가장 아름다운 스타일을 발견하게 될 것이다."

"어떤 젊은 디자이너와 최근 헤어스타일 트렌드에 관해 이야기를 나눈 적이 있어요.
'지금 그대로의 모습을 가장 잘 활용한 헤어스타일이 멋스러운 거죠. 지금 유행이라
고 해서 당신의 곱슬머리를 스트레이트로 만들기 위해 한 시간을 투자한다 해도, 결
국 저녁쯤 되면 엉망이 되지 않던가요? 머리카락이 두껍고 길게 뻗는 머리라면 그
냥 짧게 잘라도 좋겠죠. 그럼 시간이 지나도 스트레이트 헤어의 자연스러움이 그대
로 남아 있을 거예요' 라고 그녀는 말했어요. 그녀의 말이 맞아요. 더는 잡지 속에 나
오는 유명 연예인들을 따라하지 않겠어요. 저만의 헤어스타일이 있을 테니까요"

– 캐슬린(Kathleen)

♠ 헤어스타일에 대한 고정관념

"마흔 살이 넘은 여성들은 짧은 머리가 좋다." 이런 얘기를 얼마나 많이 들
었는가? 이것이 진실인가? 물론 아니다. 짧거나 길게, 당신이 원하는 대로
하면 된다. 변화란 좋은 것이다! 물론 힘든 일이긴 하지만 또 얼마나 멋진 일
인가! 디바로 거듭나려고 열심히 노력하고 있지만 헤어스타일에 관한 낡은

틀을 벗기가 어렵다. 왜, 어떤 틀이기에 그럴까?

1. 뽀글뽀글 파마머리. 작고 가늘게 말린 파마머리에 끝은 갈라져서 푸석 푸석한 머리. 당신도 어떤 머리를 말하는지 잘 알 것이다. 파마도 진화 한다. 머리숱이 풍성해 보이려면 반드시 파마를 해야 한다는 생각을 버 리자. 지금까지 파마머리를 고수하고 살았다면 스타일리스트의 도움을 받아 다른 스타일을 시도해 보자.

2. 하얗게 부분 염색한 머리. 겉을 하얗게 덮는 것은 케이크를 만들 때나 하는 일이다. 하얗게 하이라이트를 주면 재밌는 헤어스타일을 연출할 수 있어 젊어 보이고 또 머리카락이 건강해 보인다. 그러나 너무 오래 전 유행이다. 십여 년 전에 유행하던 스타일 아닌가. 구시대적 습관을 고수하고 있다니, 혹시 당신 자체가 구시대 적 습관을 벗어나지 못하는 것은 아닌지.

3. 뱅 헤어와 롱 스트레이트. 긴 스트 레이트에 앞머리는 가지런히 일자 로 자른 뱅 헤어는 젊은이들이 하는 스타일이다. 스무 살 여자애들은 귀 엽게 보이겠지만 우리처럼 중년 여성 들에겐 영 어울리지 않는 스타일 이다. 단 앞머리를 일자로 자르지 않는다면 긴 머리 라도 멋있어 보일 것이다.

● 곱슬머리는 각종 헤어 제품을 사용해서 스트레이트로 풀 수 있다.

물론 아름다운 긴 머리란 머릿결이 건강할 때 이야기다. 정기적으로 잘라서 머리끝이 갈라지지 않도록 해야 한다.

4. 80년대식 풍성한 뱅 헤어. 앞머리를 무조건 일자로 자르지 말고 자연스럽게 층을 주면서 옆으로 갈수록 점점 길게 커트하면 훨씬 매력적인 뱅 헤어가 된다.

5. 말리고 그대로 나온 머리. 도대체 뭘 믿고 물기만 없앤 체 그대로 나올 수 있을까? 물론 손질을 많이 하지 않아도 스타일리시한 커트 스타일이 있긴 하지만 대부분의 헤어스타일은 매일 정성들여 손질해야 한다. 최소한 어제 드라이한 머리를 조금 다듬는 정도의 손질이라도 말이다.

6. 진한 컬러로 염색한 머리. 나이가 들면 머리카락의 색깔도 옅어진다. 그래서 얼굴에 주름이 지더라도 한층 부드러워 보이는 것이다. 너무 진하게 염색하면 얼굴 주름이 더 뚜렷해진다. 한두 단계 진한 컬러보다 차라리 한 두 단계 옅은 컬러로 염색하자.

7. 손질하지 않은 백발머리. 백발, 즉 은발머리는 모던한 스타일로 커트만 해도 멋지게 보일 수 있다. 아무 손질도 하지 않고 그냥 길게 기른 머리는 헤어스타일을 파괴하는 것과 같다. 디바 스타일에 대한 기본적인 개념이 없는 것이다.

8. 위로 풍성한 볼륨을 주어 하나로 모은 머리. 20년 전 TV 드라마 '다이너스티' 의 조안 콜린스가 생각난다. 좀 더 모던한 스타일이 되려면 머리카락을 여러 방향으로 자연스럽게 흘러내리게 해야 한다. 지금까지

머리 꼭대기와 앞쪽에 볼륨을 줘서 부풀린 머리를 즐겨 했다면 이제 정말 그만하자. 차라리 정수리 부분만 볼륨을 주고 나머지는 그대로 늘어뜨리면 멋있는 옆얼굴이 만들어진다. 복고풍 헤어스타일이 다시 인기지만 그대로 따라 하기 전에 한 번만 더 생각하자.

9. 한 갈래로 땋은 머리. 사이매스터를 만든 여배우 수잔 소머즈가 TV에 나와 인터뷰하는 모습을 본 적이 있다. 나는 그녀의 모습이 정말 이상해 보였다. 머리를 두 갈래로 땋아서 늘어뜨린 그녀는 소파에 앉아서 쉰 살이 되고 나서 좋은 점을 이야기하고 있었다. 아직 사춘기도 안 지난 여자아이에게나 어울릴 것 같은 머리를 하고 말이다. 그녀의 말을 진지하게 받아들이기가 무척 어려웠다. 차라리 나이 든 여성에게는 하나로 묶어서 늘어뜨린 머리가 더 잘 어울린다. 땋은 머리는 정말 보기 민망했다.

10. 반 가르마. 스무 살이 넘은 여성이라면 반 가르마가 잘 어울리지 않는다. 오른쪽이나 왼쪽으로 가르마를 타는 것이 훨씬 더 매력적으로 보일 것이다.

디바의 센스

"헤어스타일리스트인 제 입장으로선 항상 파마만 원하는 주디를 보면 화가 나요. 완전히 80년대 스타일이잖아요. 그래서 제가 말했죠. '그냥 제 생각대로 해볼게요. 아주 근사하게 달라질 수 있어요. 그리고 제가 사용하는 헤어 제품을 드릴 테니 집에서 스스로 해보세요. 저랑 약속해요. 일단 저에게 맡겨 주시고 마음에 들지 않으면 다음번엔 파마를 해드릴게요.' 전 주디의 친구들이 달라진 헤어스타일에 대해 평을 해주길 바랐어요. 물론 효과가 있었죠. 10년 동안 그녀를 달랜 끝에 드디어 파마의

♠ 궁합이 잘맞는 헤어디자이너

헤어디자이너들은 당신에게 가장 잘 어울리는 스타일을 알고 있다. 당신이
만족해야 그들도 만족한다. 부탁만 하면 당신에게 많은 것을 가르쳐줄 수도
있다. 그러므로 좋은 헤어디자이너를 찾는 것이 관건이

다. 친구들에게 추천을 부탁하자.
회사에서, 독서모임에서, 카풀을
할 때 좋은 헤어디자이너를 소개받
을지도 모른다. 나도 친구들의 추
천으로 실력 있는 헤어디자이너를
만났다. 반드시 상담을 받아야
한다. 대부분의 헤어디자이너
는 상담을 할 때 돈을 받지 않는
다. 머리를 만진다는 것은 자신
을 돌보는 경험이라는
사실을 명심하자. 헤
어디자이너가 별로 마
음에 들지 않는다면
바꿔야 한다. 자신의
미를 가꾸는 것 자체에
재미를 느껴야 한다.

● 당신이 믿는 헤어디자이너와
친하게 지내자.

그리고 꼭 한 사람만 정해놓고 머리를 맡길 필요도 없다. 물론 헤어디자이너를 믿는 마음이 남편에 대한 믿음보다 더 강할 때도 있지만, 염색과 커트를 각기 다른 헤어디자이너에게 맡기면 어떤가? 미용실 한 군데에서 여러 명의 헤어디자이너들에게 부탁할 수도 있다. 그럼 당신의 헤어디자이너에게 머리를 맡길 수 없을 때라도 언제든지 제2의 도움을 받을 수 있을 것이다.

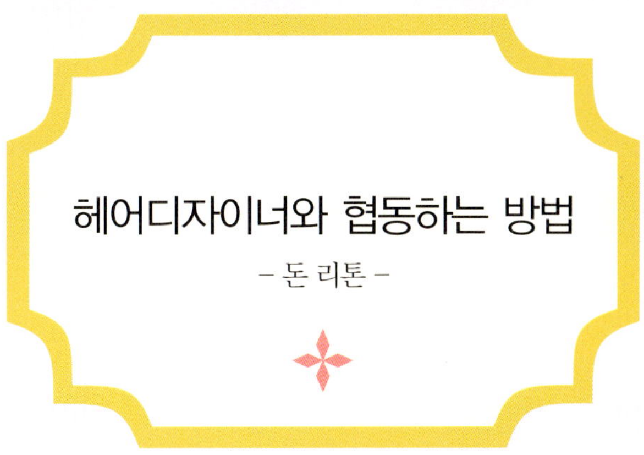

1. 헤어디자이너도 잘 골라야 한다. 건강해 보이고 당신의 문제를 잘 이해해줄 것 같은 디자이너를 찾자. 헤어디자이너를 믿을 수 있다면 새로운 스타일을 시도할 때도 믿음이 갈 것이다. 헤어디자이너 몇 명과 이야기를 나눈 뒤 자신에게 잘 맞을 것 같은 한 명을 선택해도 된다. 자신을 열심히 도와주는 헤어디자이너를 선호하는 여성도 있겠고 자기 주관이 뚜렷한 디자이너에게 의지하고 싶은 여성도 있을 것이다. 우선 자신의 스타일이 어떤지 부터 파악하자. 일단 헤어디자이너를 정하고 나면 무조건 믿어야 한다. 고객이 나를 믿어주면 굉장히 신나고 최대한 실력을 발휘하고 싶어진다. 머리를 힐 때는 의자에서 푹 쉬는 기분으로 머리하는 시간을 즐기자.

2. 헤어디자이너 앞에서 솔직해지자. 나는 생각이 유연하고 나의 조언을 귀담아 듣는 고객에게 최선을 다하고 싶어진다. 고집이 세고 태도가 딱딱한 고객에게는 나도 더 참견하지 않는다. 마음이 열려 있는 고객에게 더 다가가고 싶은 법이다.

3. 헤어디자이너에게 당신이 좋아하거나 싫어하는 스타일이 사진을 모아

서 보여 주자. 아주 효과적인 방법이다.

4. 자신의 생각을 모두 디자이너에게 말하자. 두 사람 사이에 의사소통이 안 되면 헤어스타일도 나빠질 가능성이 크다.

5. 자신이 나타내고 싶은 분위기를 말하자. 예술적인 분위기? 고상한 분위기? 섹시 스타일? 헤어스타일을 통해 당신의 개성을 나타낼 수 있다.

6. 머리를 만질 때 개인적인 건강 문제에 대해 말하는 것을 꺼리지 말자. 갑상선을 앓았거나 폐경기를 지났거나 화학치료를 받는 것처럼 개인 건강에 관한 문제나 이혼처럼 신상에 관한 문제도 툭 터놓고 말할 수 있어야 한다. 건강문제도 잘 이겨냈다면 헤어스타일을 새로 바꾸는 것쯤이야 식은 죽 먹기가 아닐까?

7. 너무 밝거나 너무 어둡게 염색하지 말자. 다섯 살 때 금발이었다고 지금도 금발이 잘 어울린다는 보장은 없다. 헤어컬러가 너무 짙으면 답답해 보여서 부담스럽다. 자연스런 컬러가 좋다. 자주색이나 적갈색은 피하자. 펑키 스타일이 좋다면 커트로 표현하라.

8. 헤어용품을 사용하자! 사기는 열심히 사는데 쟁여놓고 사용하지 않는 사람이 부지기수다. 매일 사용한다면 멋진 스타일을 만들 수 있을 것이다. 여러 가지 용품을 사용해야 머리를 자유자재로 만질 수 있다.

9. "원하는 대로 해 주세요"라고 헤어디자이너에게 말했다면 끝까지 디자이너에게 맡겨라.

♠ 30~40대 여성을 위한 두피 및 헤어 케어

헤어컬러와 적당한 헤어스타일을 결정해 줄 사람을 찾을 때까지 헤어 케어는 전적으로 당신 손에 달려 있다. 건강한 머리카락을 가지고 싶다면 노력해야 한다. 헤어 케어를 위한 아이디어 몇 가지를 아이디어를 소개한다.

1. 머리는 매일 감지 않는다. 신체가 늙어 가면 유분배출도 적어진다. 너무 자주 머리를 감으면 머리카락에 있는 유분까지 함께 씻겨 나간다. 헤어디자이너에게 좋은 샴푸에 대한 조언을 구하자.

2. 매주 두피관리를 받거나 축모 브러시로 매일 머리를 빗어라. 손목을 돌려가며 하루 백번씩만 빗질을 하면 두피를 자극해 유분이 골고루 퍼질 수 있다. 겨우 3분 정도만 투자하면 된다. 또한 자신을 돌본다는 생각에 정신건강까지 좋아지는 이중효과를 거둘 수 있다. 의외로 빗질을 하면서 명상에 빠지는 사람도 많다.

3. 축모 브러시를 깨끗하게 씻어야 한다는 강박관념을 버리자. 두피의 유분이 묻었을 뿐이니 머리카락만 제거하면 더럽지 않다.

4. 머리카락이 빠진다고 빗질을 두려워하면 안 된다. 억지스럽게 들릴 수도 있지만 빗질을 해서 빠지는 머리카락은 이미 한 달 전에 죽은 것이다. 빗질은 머리카락 상태를 좋게 유지하기 위해 꼭 필요하다.

5. 당신의 머릿결을 위해 적당한 샴푸와 컨디셔너를 사용해야 하니 돈을 써야 한다. 헤어디자이너들은 물론 돈을 조금이라도 아낄 수 있는 방법

을 알려 줄 것이다. 그러나 올바른 샴푸를 정기적으로 사용해야 머릿결이 좋아지고 건강해진다. 물론 염색한 머리라면 빨리 탈색되는 것은 어쩔 수 없다.

"너무 오랫동안 한 디자이너에게 맡긴 것 같아서 새로운 헤어디자이너에게 갔어요. 디자이너가 저에 대한 매너리즘에 빠진 것 같아서요. 새로 만난 디자이너는 아주 젊은 사람이었어요. 그녀는 제 뒤에 서서 머리를 이리저리 잡아당기더니 당당하게 말하더군요. '길게 하죠. 긴 머리가 좋을 것 같아요.' 전 쉰 살이 넘었고 평생 짧은 머리만 하고 살았어요. 머리를 길러 보라고 한 사람은 아무도 없었죠. 갑자기 막막했어요. 제 생각은 반대였죠. 그런데 그녀가 말하더군요. '머리를 기르면 더 섹시하고 관능적으로 보일 거예요.' 그 말에 그만 마음이 움직였어요. 그래서 그 후 1, 2년 동안 계속 머리를 길렀죠. 그녀의 말이 맞았어요. 지금 제 모습에 얼마나 만족하는지 몰라요."

―코니 (Connie)

♠ 머리가 희어질 때의 비책

흰머리에는 어떤 컬러를 매치시켜야 하는지 사람들이 종종 물어 온다. 그러나 흰머리도 따뜻한 분위기, 차가운 분위기가 있다. 이제 '디바의 센스' 코너에서 자신들의 이야기를 해줄 여성들은 모두 머리가 희게 변한 것 이외에 다른 공통점은 없다. 데브라 에스는 얼굴빛이 노랗고 짙은 녹색 눈동자를 가졌다. 그녀의 머리는 따뜻하고 차가운 분위기가 섞인 백발이다. 우리가 만났을 때 그녀는 리브조직으로 된 브라운컬러의 터틀넥 스웨터를 입고 있었다. 또한 베이지컬러의 자수가 놓인 코듀로이 재킷과 긴 청스커트를 입고, 브라운 웨지 슈즈를 신고, 레드컬러의 핸드백을 들고 있었다. 바로 생활 속의 디바 그 자체였다! 따뜻한 컬러는 회색빛 머리칼과 맞지 않는다는 통념을 깬 스타일이었다. 모두 그녀의 회색빛 머리에 따뜻한 기운이 감돌았기 때문에 가능한 일이었다. 케이시는 희게 변한 머리에 잘 어울리는 시원한 컬러의 옷을 가장 많이 입었다. 물론 원래부터 시원한 컬러를 즐겨 입었지만 특히 요즘은 선명한 화이트, 블랙, 반짝이는 메탈 그레이 컬러의 옷을 입는다. 데브라가 입었던 따뜻한 컬러의 옷은 생각해 본 적도 없다고 했다. 머리가 희어지면 차갑고 따뜻한 분위기는 바꾸지 않더라도 자신의 컬러 팔레트를 약간 수정해야 한다.

● 흰머리는 모던한 스타일에 잘 어울린다.

머리가 은색으로 변함에 따라 메이크업이나 액세서리도 조금씩 변해야 한다. 얼굴에 윤기와 빛을 주려면 화장품도 유분기가 적은 매트한 것보다 부드럽게 윤이 나는 것을 사용하면 좋다. 목걸이나 귀걸이를 사용하여 얼굴에 빛을 줄 수도 있다. 다이아몬드나 크리스털 같은 보석을 활용한다.

디바의 센스

"은발은 제 신비스런 분위기의 비밀이었어요. 시선을 끌어들이고 다른 사람을 매혹시켰죠. 헤어스타일과 스타일은 모두 최근 유행을 따르고 있어요. 그래서 또래의 여성들과 함께 있어도 단연코 눈에 띄는 것 같아요."　　　　　—케이시(Kathy)

♠ 헤어스타일 관리하기

커트를 정기적으로 하자. 물론 자르는 길이나 얼마나 복잡한 커트를 하느냐에 따라 횟수가 달라질 것이다. 짧은 머리는 긴 머리보다 자주 커트를 해서 다듬어야 한다. 시간과 돈 문제라면 헤어디자이너와 상담하여 손질하는 데 시간이 오래 걸리지 않는 스타일을 찾으면 된다.

이제 집에서 관리하는 방법을 익혀야 한다. 관리할 때 필요한 도구와 미용 제품도 알아야 한다. 볼륨과 머릿결을 살려주고 스타일을 잘 잡아 주며 머리에 윤기를 주는 좋은 제품을 쓰면 관리도 쉬워진다. 스트레이트 젤이나 왁스, 디프리저, 볼륨 스프레이, 헤어 마스카라 같은 전문제품을 쓰지 않으면 헤어디자이너가 한 것과 똑같은 스타일을 만들기 어렵다. 스타일을 바꿀 때마다 어떤 제품을 써야 하는지 헤어디자이너에게 물어 보자.

> 디프리저(defrizzer) : 곱슬머리를 푸는 약제

스타일마다 필요한 제품도 다르다. 욕실 캐비닛에서 굴러다니는 제품을 헤어디자이너에게 보여주고 현재의 스타일을 관리하는 데 적절한 것인지 물

어 보자. 맞지 않는 제품이라면 아낌없이 버려라. 혹은 노숙자 쉼터에 기부하라.

스타일 테크닉을 배워야 한다. 물론 전문적인 스타일링 기술은 배우기 어렵겠지만 데이트에 필요하다면 직접 머리 손질을 해보는 것도 나쁘지 않다. 물론 헤어디자이너가 머리를 만져주면 스트레스도 받지 않을 것이고, 그 머리는 일주일까지 지속되기 때문에 여러모로 편할 것이다. 필요하다면 30분 정도 예약하고 헤어디자이너에게 헤어스타일 관리에 필요한 기술을 배워 보자. 혹은 헤어 장식품을 가지고 가서 머리를 위쪽이나 뒤로 쉽게 묶어 올리는 방법을 가르쳐 달라고 부탁해도 된다. 헤어디자이너가 머리카락에 광택을 주거나 또는 다른 독특한 효과를 주는 방법에 대해 가르쳐 줄 수도 있다. 헤어디자이너는 훌륭한 선생님이다. 그러니 되도록 많은 것을 배워서 당신의 머리를 잘 관리하자.

일단 좋아하는 디자이너와 친분을 맺어놓았다면 데이트 전에 충분히 시간을 두고 예약을 하자. 특별한 상황이 생기면 머리를 세팅할 시간이 필요할지 모르니 시간을 여유 있게 잡아야 한다. 사정상 다른 디자이너에게 머리를 맡겨야 한다 해도 걱정할 것 없다. 모두 비슷한 교육을 받은 사람들이고 당신에게 최고의 스타일을 찾아주기 위해 노력하는 사람들이다.

커트와 염색을 잘하면 얼굴에 생기를 불어 넣을 수 있다. 헤어스타일은 얼굴을 돋보이게 하는 예술 작품이다. 그러므로 작품을 잘 보존하도록 노력하자. 헤어스타일을 잘 유지하기 위해 어떤 제품을 어떻게 써야 할지 수업을 더 받아라. 머리가 빠져서 고민이라면 헤어디자이너가 추천하는 전문의나 헤어 케어 전문가를 찾아가라. 집에만 있지 말고 적극적으로 움직이자! 전체

가발과 부분 가발도 있지 않은가. 앞으로 세 번의 데이트가 기다리고 있다. 해결책을 찾아 나서자. 예약을 하라. 꼭!

디바의 센스

"머리를 하고 나와서 거리를 걸으면 피곤이 싹 가시죠. 헤어진 남자친구를 만나거나 호텔 칵테일 바에서 마티니라도 마시고 싶어져요. 물론 우리 남편은 집에서 저녁을 준비하고 있지만요. 평범한 일상에서 탈출하여 당장 어디론가 날아가고 싶어져요. 멋있게 염색하고 커트를 하고 나오면 항상 그런 기분이 들죠. 생활에 활기가 생기고 스트레스가 확 풀려요. 한 5년쯤은 더 젊어지고, 몸무게도 5킬로그램은 빠진 것 같아요. 물론 집으로 향하긴 하지만 신나는 기분만은 가시지 않죠."

—브리짓(Bridget)

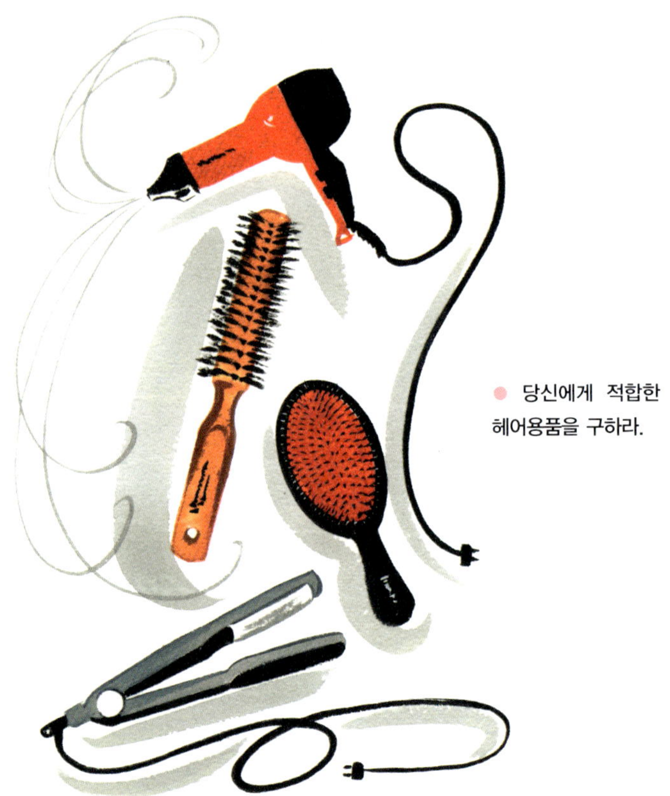

● 당신에게 적합한
헤어용품을 구하라.

머리를 하는 것은 아주 숭고한 경험이다. 누군가 내 헤어스타일을 살려 주고 목마사지까지 해주는데 싫을 게 뭐 있는가? 이번 주에는 헤어숍에서 뷰티 재충전을 해보자. 머리를 하면서 영화도 볼 수 있을 테니 파마를 하는 동안 헤어스타일에 관한 영화를 보는 건 어떨까? 자신의 헤어숍을 갖고 싶어 하는 헤어 디자이너에 관한 영화가 몇 편 있다. 1975년도 영화 〈샴푸〉는 클래식 코미디 영화로 워렌 비티와 골디 혼, 줄리 크리스티가 나온다. 〈뷰티 숍〉은 2005년도에 만들어진 코미디 영화인데, 퀸 라티파와 케빈 베이컨, 앤디 맥도웰이 출연한다. 퀸 라티파의 의상도 주의 깊게 살펴보자. 두 영화 모두 강력하게 권하는 바이다!

[Chapter 13]

메이크업

Make-up

지금까지 자신의 해묵은 틀에서 벗어나기 위해 열심히 노력했다면 바로 이 장에서 좌절감을 느낄지 모르겠다. 많은 여성들이 메이크업에 대한 오랜 습관을 쉽게 떨쳐버리지 못하기 때문이다. 디바라면 메이크업도 업데이트해야 한다. 최근에 새로운 메이크업을 시도해 본 적이 없다면 이 장에서 좋은 아이디어를 얻게 될 것이다. 피부가 건강해야 메이크업이 효과를 발휘한다. 이 장에서 스킨케어 방법도 배워보자.

지금까지 당신에게 잘 어울리는 아웃핏을 찾기 위해 열심히 노력했지만 메이크업까지 완벽해야 스타일이 빛날 수 있다. 메이크업은 당신에게 활기와 생기를 불어넣어 준다. 다가올 10년을 건강하고 멋지게 보내려면 올바른 스킨케어를 받아야 한다. 자신에게 맞는 메이크업 도구와 기술도 갖춰야 할 것이다. 나는 보톡스나 주름제거 수술 같은 특별한 시술을 받으라고 권하고 싶지 않다. 사전지식도 많이 필요하고 회복하는 데 시간도 오래 걸린다. 그러나 혹시 그런 시술을 받을 의향이 있다면 주위 사람들에게 추천해 달라고 부탁하자. 마지막 장에서 좀 더 자세하게 다루어 보겠다.

♠ 나이에 맞는 메이크업

나이가 들면서 머리카락이나 눈동자, 피부 톤이 점점 옅어진다. 눈썹도 빠지고 피부 촉감도 달라진다. 따라서 스킨케어나 메이크업을 하는 방법도 달라져야 한다.

아이섀도, 하이라이터, 컨실러, 립스틱 등 메이크업을 하면 또렷한 인상이 된다. 올바른 방법으로 딱 맞는 화장품을 사용하면 얼굴 윤곽이 드러난다. 아무런 주목도 받지 못하는 삶에서 벗어날 때가 되었다고 생각하지 않는가? 나이가 든다는 것이 사라져야 한다는 뜻은 아니다. 당당하게 자신을 표현한다면 아름다움과 활기를 찾을 수 있다. 우리의 목표가 바로 그것이다.

몇 년 동안이나 스킨케어니 메이크업이니 하는 말과 동떨어져 살았다면 화장을 함으로써 얼마나 많은 것들이 변하는지 곧 놀라게 될 것이다. 화장업계는 날로 진화하고 있다. 당신의 서랍 속에 들어있는 화장품들은 아마 오래 전에 유효기간이 지났을 것이다. 더 좋은 화장품들이 계속 나오고 있다. 즉 당신이 고민하는 문제의 해결책도 많이 있다는 뜻이다. 나는 당신이 해결책을 찾을 수 있도록 도울 것이다. 이 장에서는 두 명의 디바 어드바이저를 만나게 된다. 펠리시아는 당신의 스킨케어를 담당할 것이고, 린은 당신에게 딱 맞는 립스틱을 찾아 줄 것이다.

여전히 버블검 핑크에 꽂혀 사는가? 15년 전에 단종된 컬러인데도 아직 그와 비슷한 컬러 찾기에 혈안인가? 그러면서 다른 컬러에는 눈길 한 번 주지 않다니. 당신에게 훨씬 잘 어울리는 립스틱이 얼마나 많은지 상상해 본 적은 있는가. 이제 과거에서 벗어날 때가 됐다.

당신이 부지런히 피부 관리를 해왔다 해도 지금의 얼굴은 불과 1, 20년 전에 거울로 보던 얼굴과도 많이 달라져 있을 것이다. 얼굴 윤곽에 중력의 힘이 작용하기 때문이다. 눈은 움푹 들어가고 피부 톤은 옅어지니 그런 얼굴을 어떻게 다루어야 할지 정말 난감할 것이다. 우리가 흔히 저지르는 실수 몇 가지를 알아보고 해결책은 없는지 함께 고민해 보자.

♠ 누구나 쉽게 저지르는 실수

1. 눈에 띄는 컨실러 자국 – 컨실러는 당신의 스킨 톤보다 아주 조금만 밝으면 된다. 눈 밑에다 화이트 컨실러를 지나치게 두껍게 바를 필요는 없다. 스킨 톤도 자꾸 변하기 때문에 알맞은 컨실러를 사용하는 것은 굉장히 중요하다.

2. 잘못된 파운데이션 컬러 – 특히 싼 화장품일수록 자신의 피부 톤에 맞는 파운데이션을 찾기는 하늘의 별따기다. 심지어 백화점의 화장품 코너의 점원도 당신에게 맞지 않는 컬러를 권할지 모른다. 파운데이션 컬러를 알아볼 때에는 손등이 아니라 턱선 근처에 발라보는 게 가장 정확하다. 맞는 컬러를 선택했다면 피부와 구분이 잘 되지 않을 것이다. 나이가 들면 잔주름이 늘어나고 모공이 커지는 등 피부가 거칠어지기 때문에 이런 피부 변화를 커버할 수 있는 파운데이션을 골라야 한다. 새로 생긴 검버섯을 파운데이션으로 커버할 수 있다면 전체적으로 화장을 하지 않은 것 같은 자연스러운 피부를 연출할 수 있다.

3. 정리하지 않은 눈썹 – 나이가 들면 눈썹도 빠져서 듬성듬성해진다. 그럼 일정한 형태가 나오기 어렵다. 전문가에게 눈썹 정리를 맡겨 보자. 마

치 눈가의 주름제거 수술이라도 받은 것처럼 변할 것이다. 나이가 들면 시력이 약해지기 때문에 스스로 눈썹 정리를 하는 게 쉽지 않다. 그러므로 눈썹 정리에 자신이 없다면 한 달이나 두 달마다 정기적으로 관리를 받는 게 좋겠다. 메이크업이나 스킨 케어를 받을 때 함께 받으면 효율적이다.

집에서 스스로 하고 싶다면 펜슬이나 파우더로 그린 뒤에 눈썹 라인 가까이 난 잔털은 뽑아내야 한다. 시중에는 따라 그릴 수 있는 눈썹 판도 나와 있다. 얼굴 윤곽을 또렷하게 만들기 위해 눈썹정리만큼 효과적인 방법도 없을 것이다.

4. **서툰 볼터치** – 볼터치를 너무 진하게 하면 어릿광대처럼 보일 것이다. 몇 년 전에 했던 것보다 더 연하게 칠하자. 또 너무 밝은 컬러는 피해야 한다. 나이가 들면 피부의 촉촉함이 줄어들기 때문에, 파우더보다는 크림 타입의 볼터치가 사용하기 수월하다.

5. **무늬만 업데이트** – 단순히 백화점 화장품코너에 가서 새로운 아이섀도 컬러를 집어 들었다고 업데이트가 되는 것은 아니다. 반드시 사야 한다. 메이크업을 업데이트하고 싶다면 메이크업 아티스트와 상담을 해서 현재 얼굴 상태와 최근 메이크업 경향, 당신에게 맞는 화장법과 메이크업 제품에 대한 정보를

● **립스틱은 매년 업그레이드해 주자.**

얻어야 한다. 뷰티캠프에 참여하는 동안 상담을 받아 보라. 이것에 대한 아이디어는 나중에 가르쳐 주겠다. 손가락을 사용한 화장법을 새로 익혀야 할지 모르겠다. 혹시 아직도 몇 십 년 전 화장법을 따르고 있는가? 매일 똑같은 손가락으로 똑같은 곳만 문지르고 있지 않은가? 다시 말하지만 전문가와 상담하여 새로운 화장법을 익히고 손가락 훈련도 다시 하자.

6. 아웃핏 컬러에 메이크업 맞추기 – 전문가라면 아웃핏과 메이크업 컬러가 조화를 이루게 할 수 있다. 그러나 우리처럼 나이 많은 여성들은 굳이 그렇게까지 할 필요는 없다. 눈꺼풀이 두꺼워지고 주름이 자글자글해지면 라임 그린같은 컬러는 자연스럽게 피하게 된다. 전체적으로 통일된 분위기를 내려고 아웃핏과 메이크업 컬러를 맞출 필요는 없을 것이다.

7. 화장품 판매 점원에게 전적으로 의존하기 – 스물두 살 된 젊은 아가씨가 당신을 잘 이해할 수 있을까? 당신과 연령대가 비슷한 점원을 찾아 조언을 구하자.

8. 선명한 라인 – 입술 라인을 그리고 옅은 컬러를 그 속에 바르면 라인이 그대로 보이기 때문에 좋지 않다. 아이라인을 너무 두껍고 진하게 그리는 것도 마찬가지다. 파운데이션을 바른 자국이 선명하게 남는 것도 보기 흉하다. 모든 라인은 피부 톤과 완벽하게, 아주 완벽하게 섞여야 한다.

9. 최근 '인기' 컬러에 노예가 되는 것 – 메이크업을 6개월마다 바꿀 필요는

없다. 메이크업도 옷처럼 시즌별, 트렌드별로 차이가 나긴 하지만 당신의 룩은 일관성이 있어야 한다. 립스틱이나 아이라인만 바꾸는 식으로 시즌별로 융통성 있게 화장법을 조절하는 것이 훨씬 더 현실적이다.

♠ 스킨케어

이제 어디부터 시작해야 할까? 좋은 메이크업은 좋은 피부에서 시작한다. 좋은 메이크업과 좋은 피부는 서로 불가분의 관계다. 디바 어드바이저 펠리시아의 이야기를 듣기 전에 강조하고 싶은 말이 있다. 지갑 속에 얼마가 들어 있든지 상관없이 부지런히 스킨케어를 해야 한다는 점, 또 그것을 할 수 있다는 점이다. 50만 원짜리 페이스 크림이 머스트 헤브 아이템이라는 말을 들으면 사고 싶은 마음이 굴뚝같을 것이다. 그러나 사실, 당신의 피부에 적합한 스킨케어 제품의 가격대는 다양하다. 대형 할인 매장이나 가까운 화장품 전문점, 스킨케어 전문점 혹은 방문 판매 등 다양한 경로를 이용해 보자.

역시 스킨케어가 가장 힘든 부분이 아닐까 생각한다. 지금까지 한 번도 받아본 적이 없는 여성이라면 이제 본격적으로 시작해 보자. 홈 마사지 서비스를 해온 스킨케어 전문가 펠리시아의 이야기를 들어 보자.

● 건강한 피부를 유지하려면
세심한 관리가 필요하다.

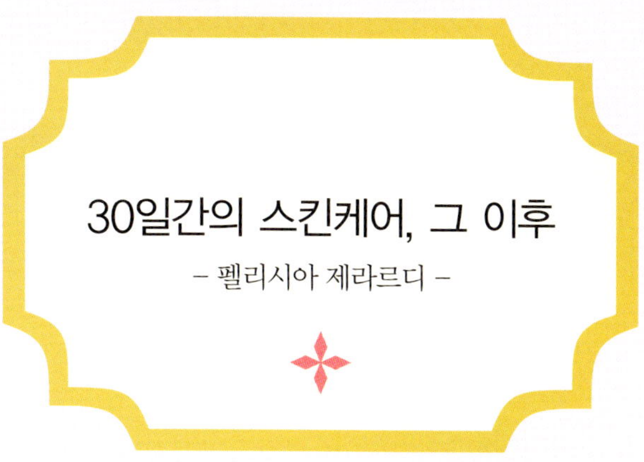

30일간의 스킨케어, 그 이후

- 펠리시아 제라르디 -

펠리시아는 샌프란시스코에 있는 펠리시아 제라르디 스킨케어(Felicia Gelardi Skin Care)를 설립한 스킨케어 전문가이다.

1. 데이트를 하기 한 달 전에 2주 간격으로 두 번 스킨 스케일링을 받도록 예약을 하자. 스케일링은 박피를 해서 죽은 피부조직을 제거하는 것으로 피부 톤이 좀 더 밝아지고 피부도 뽀송뽀송해 진다. 물론 4–6주 동안 혼자 하는 방법도 있다. 스킨 스케일링을 하고 나면 화장품도 잘 스며들고 색조화장도 훨씬 쉽게 할 수 있다.

2. 눈썹 정리를 한다. 필요하다면 입술 주변의 잔털도 제거하면 좋다. 피부전문가와 턱 주변에 잔털이 없는지 확인하여 제거할 수도 있다. 당신은 아무렇지 않게 생각할지 모르지만 전문가의 입장에서는 얼굴에 난 잔털을 제거해야 한다.

3. 피부가 칙칙해지는 것을 막으려면 피부재생 화장품을 사용해야 한다. 비타민 C 세럼은 콜라겐 생성을 도와주어 탄력 있는 피부를 만든다. 레티놀이 들어간 제품은 주름관리에 효과적이다. 지금부터는 이런 화장

품들을 사용하자.

4. 전문가에게 메니큐어와 페디큐어를 받자. 단순히 손, 발톱 정리만 했을 뿐인데도 기분이 확 달라질 것이다. 그리고 한 번 손질을 해두면 지속력이 뛰어나다. 발톱의 각질을 제거하고 샌들을 신으면 기분이 훨씬 더 좋아질 것이다.

5. 꼭 선크림을 바르자. 자외선에 계속 노출되면 피부가 상하고 결국 피부암에 걸릴 확률이 높아진다. 현재 5명중 1명꼴로 피부암을 앓고 있다고 한다. 흐린 날이나 잠깐 외출할 때, 특히 운전할 때 선크림을 반드시 바르자. 창문으로 들어오는 햇빛에도 피부는 상할 수 있다. 주성분이 이산화티타늄, 이산화아연, 아보벤존인 제품을 찾아라. 이런 성분들은 자외선(UV) 중에서 특히 B형 자외선을 막아 준다.(UVB) B형 자외선은 주름살이나 피부 노화 촉진의 주원인이다. SPF 지수가 최고 30이상 되는 제품을 사용하자. 선크림 제품은 계속 개발되고 있으니 이물감이 없고 끈적거리지 않으며 피부에 도포하기 쉬운 제품을 찾을 수 있을 것이다. 얼굴과 목, 손, 팔 전체에 골고루 바른다. 셔츠를 오픈해서 입을 때는 가슴에도 발라야 한다.

6. 매일 스킨케어하는 버릇을 기르자. 아침과 저녁에 약산성 세안제로 얼굴을 씻고 나서 토너와 비타민 C 세럼, 노화방지제가 들어간 세럼 등 자신의 피부에 적합한 제품을 사용하자. 선크림은 아침에 한 번만 바른다. 그리고 모이스처라이져를 바른다.

7. 토너가 중요하다. 그러나 토너의 진정한 용도를 모르기 때문에 그냥 건

너뛰는 사람들이 많다. 토너는 클렌징을 한 후 남아있는 찌꺼기나 유분
을 제거하는 효과가 있다고 생각하지만 그렇지 않다. 클렌징을 하고 나
면 피부는 거의 깨끗해진다. 만약 찌꺼기가 남아있다면 잘못된 클렌징
제품을 사용한 것이다. 토너는 피부의 PH밸런스를 맞춰주는 작용을
한다. 토너를 사용하기 싫다면 20분쯤 기다렸다가 다음 화장품을 발라
줘야 한다.

● 당신이 자주 가는 스킨 케어
숍에 가서 관리를 받자.

8. 피부는 좋아질 수 있다. 물론 꾸준히 피부 관리를 한 여성에게만 해당하는 말이다. 피부 문제는 임시변통의 방법으로는 도저히 해결할 수 없다. 당신과 피부 전문가가 한 팀이 되어 꾸준히 노력해야 한다. 스킨케어의 효과가 나타나는 기간도 사람마다 다르다. 인내심을 갖자. 그럴만한 가치가 충분하다.

"전 스파가 제일 좋아요. 스파를 못하면 최소한 매니큐어나 페디큐어라도 받지요. 정말 뷰티 재충전을 해야 되겠다 싶으면 혼자서 팩도 하고 마사지도 하죠. 그리고 일요일 저녁엔 집에서 간단하게 스파를 즐겨요. 때도 밀고 머리에 트리트먼트도 듬뿍 바르고요. 온 몸의 긴장이 다 해소되는 것 같아요. 바쁘게 일하려면 조금이라도 시간을 내서 쉬는 게 중요하지 않겠어요."

—트레이시(Traci)

♠ 당신만의 메이크업 스타일 연출하기

메이크업은 아웃룩과 매치가 되어야 한다. 자연스럽고 편안한 옷에는 자연스러운 메이크업을 해야 당신의 스타일을 완성할 수 있다. 세련된 스타일이라면 메이크업도 당연히 세련된 분위기가 나야 한다.

　당신은 자연주의자인가? 그래서 화장도 잘 안하고 다니는가? 얼굴에 색칠하는 것을 용납할 수도 없고 도저히 참지 못하는 타입인가? 그러나 아무것도 바르지 않고는 20대 얼굴처럼 자연스럽게 보일 수 없다는 사실을 알고 있는가? 자외선을 막아줄 선크림조차 바르지 않았다면 피부가 분명히 상했을 것이다. 파운데이션이나 메이크업 베이스로 피부 톤을 일정하게 잡아주기만 해도 훨씬 건강하고 생기 있게 보인다. 메이크업에 익숙해지면 화장하는 일이 아무렇지 않게 느껴질 것이다. 그럼 주위 사람들의 찬사를 받게 되고 당신은 자연스럽게 메이크업을 열심히 하게 될 것이다. 이제 막 화장을 시작한 여성이라면, 고쳐야 할 나쁜 습관도 없으니 더 빨리 메이크업을 배우게 될 것이다.

　메이크업을 싫어하는 여성이라도 눈썹 정리쯤은 하고 싶을 것이다. 피부가 건조하거나 어두워 보이는 것은 싫을 테니, 광택이 있는 립스틱을 발라보자. 아마 하나 정도는 가지고 있을 것이다. 환하게 빛나는 얼굴을 갖고 싶지 않은가? 눈꺼풀 전체에 연한 누드컬러의 아이새도를 바르면 칙칙한 피부를 커버할 수 있다. 마스카라도 거의 같은 작용을 한다. 볼터치도 좋다. 당신에게 어울리는 컬러가 전체적으로 차가운 톤이라면 자주빛 볼터치를 해보자. 따뜻한 분위기라면 복숭아컬러가 가장 좋다. 그 정도는 충분히 할 수 있지 않은가!

원래 화장을 즐겨하는 여성이라면 지금부터는 그 방법을 바꿔 보자. 나는 당신이 스스로 파운데이션 컬러와 종류를 잘 확인할 거라고 믿는다. 파우더형 볼터치를 쓰던 여성은 크림 타입으로 바꿔 써보는 것도 좋다.

립스틱 컬러는 어떤가? 약간 밝은 컬러도 괜찮지만 너무 강하거나 대담한 컬러는 오히려 나이가 들어 보이니 자제하자. 최근에는 글로시한 립스틱을 많이 바르는 편이다. 립 라이너를 사용할 때는 라인이 선명하게 드러나지 않아야 한다. 립스틱이 잘 번진다면 투명 립 라이너를 사용하면 립스틱이 입술선 밖으로 번지는 것을 막을 수 있다. 립글로스는 입술 중간에 약간만 발라 입체감을 주자. 즉시 섹시한 입술로 변할 것이다. 하지만 립글로스는 계속 덧발라야 하기 때문에 당신 같은 자연주의자에게는 권하고 싶지 않다. 물론 그럴 만큼 인내심이 있다면 또 모르겠지만.

나이든 여성이 눈 화장을 짙게 하면 더 늙어 보이는 수가 있다. 옅은 핑크나 복숭아컬러, 혹은 골드컬러의 아이섀도로 눈에 빛과 광택을 주라. 눈에 서리가 앉은 것처럼 화이트 펄 섀도를 많이 바르는 것은 역시 좋지 않다. 젊은 아가씨들이게나 어울리는 메이크업이다. 그러나 광택이 있으면 빛이 나기 때문에 펄이 든 메이크업 제품을 적당하게 쓰는 것은 나쁘지 않다. 40대 이상 여성은 광택 있는 제품을 피하라고 할 때도 있었지만 요즘은 제품이 좋아져서 나이든 여성이 써도 아무 문제 되지 않는다. 둥그렇게 눈이 튀어나오면 눈꺼풀에 칠한 섀도가 드러나지 않기 때문에 눈 밑에 다른 컬러를 발라주는 게 좋다. 섀도를 바를 때는 펜슬보다는 털이 뻣뻣한 브러시가 사용하기 쉽다. 아이섀도는 속눈썹 가까이 발라서 자연스럽게 보이도록 한다.

고등학교 때는 누구나 가짜 속눈썹을 달아 본다. 한 올씩 분리해서 눈초리

부분에 속눈썹을 붙이면 전체 속눈썹이 말려 올라간 것처럼 만들 수 있다. 겁먹을 필요 없다. 가짜 속눈썹도 사용하기 편하다. 화장품 코너에 가서 사용법을 물어 보자.

컬러가 들어간 안경은 피하자. 당신의 눈가를 더욱 어둡게 만들 뿐이다. 햇볕이 쨍쨍한 날이 아니라면 굳이 눈 밑을 어둡게 만들 필요 없다. 햇빛이 눈부시면 멋진 선글라스를 끼면 된다. 안경을 끼는 여성에게는 안경이 가장 중요한 액세서리가 될 수 있다. 그러므로 안경도 계속 업데이트시켜야 한다는 점을 명심하자. 스타일이 오래된 안경 혹은 반짝거림이 심한 실버나 골드 안경테는(앤티크한 안경테나 옅은 메탈컬러가 아닌) 나이가 더 들어 보이게 만든다.

♠ 메이크업 도구에 투자하라

메이크업을 하려면 확대경이 필요하다. 당신이 화장하는 곳에 자연광이 들어오지 않거나 조명이 좋지 않다면 조명이 달린 확대경을 고르는 것도 방법이다. 우리들 대부분이 그렇듯이 어두운 곳에서 화장을 하면 메이크업이 잘 될 리 없다. 잘 보이는 곳에서 눈썹을 그려야 훨씬 쉽게 잘 그려진다.

메이크업을 잘 하려면 올바른 볼터치를 준비하는 것도 중요하다. 언제나 새로운 상품이 개발되기 때문에 시중에 어떤 화장용품들이 나와 있는지 잘 알아야한다. 메이크업을 이제 막 시작하려는 친구가 있다면 여러 친구들이 모였을 때 제대로 된 메이크업 키트를 가지고 있는지 서로 확인해 주자.

몇 년 동안 썼던 것은 버려도 된다. 지금 사용하는 것만 놔두고 나머지 화장품은 깨끗하게 정리하자. 화장품도 유효기간이 있고 오래되면 변질된다. 화장품을 빨리 사용하는 것도 자신의 건강을 돌보는 길이다. 마스카라의 사용기간은 3~6개월 정도, 모이스처라이저는 3~12개월, 컨실러와 블러셔, 아이섀도는 보통 12~18개월 정도 안에 사용해야 한다. 유기농 코너에서 산 제품들은 사용기간이 더 짧을 것이다.

당신이 사용하는 화장품의 '유통기한'을 발견했는가? 지났다면 아낌없이 버려야 한다.

원래 적게 가지고 있었다면 버리는 일도 그만큼 간단해진다. 골동품수준의 화장품들은 모두 버리고 지금 사용하는 것만 쟁반위에 예쁘게 진열한다. 은쟁반이나 크리스털 쟁반을 하나 마련하는 게 어떨까? 화장품과 메이크업 도구들을 함께 잘 진열해 두면 훨씬 쉽게 사용할 수 있다. 매일 화장하는 데 드는 시간도 많이 절약할 수 있다. 서랍 어디엔가 분명히 들어있던 아이섀도를 찾느라 서랍 속을 뒤지는 시간이 훨씬 줄어들지 않겠는가.

♠ 파티용 메이크업

클럽에서 새벽 두시까지 열심히 발바닥의 때를 벗기던 젊은 시절에는 우리도 훨씬 더 자극적이고 감각적인 화장을 했었다. 그래야 클럽의 번쩍거리는 조명 속에서 멋있게 보였기 때문이다. 이제 번쩍거리는 플래시 라이트와는 아무 상관없는, 좀 더 조용하고 개인적인 저녁을 보내는 일이 많아졌을 테니 화장을 더 자극적으로 고칠 필요도 없다. 아침에 화장을 했다면 저녁에는 마스카라를 덧바르는 정도면 충분하다. 특별한 모임이라고 해서 펄 섀도를 쇄골까지 바를 필요도 없다. 나이든 여성에게는 모두 성가신 일이다. 사귀는 사람이 있거나 새로운 자신을 발견하기 위해 멋지게 꾸미고 싶다 해도 너무 심한 화장은 자제하는 것이 좋다.

외모를 몇 년 정도 젊게 보이고 싶을 때나 자신감 있게 웃고 싶다면 하얀 치아를 유지해야 한다. 나이가 들어감에 따라 치아도 점점 더 누렇게 변한다. 레드와인이나 커피, 차, 혹은 청량음료를 계속 마시다 보면 점점 환한 웃음과 멀어질지 모른다. 약국에서 간단하게 살 수 있는 치아 미백용품을 써 보거나 치과의사에게 상담을 받아 보자. 치아를 하얗게 미백하면 훨씬 젊고 건강해 보일 것이다. 이에서 번쩍번쩍 광이 날 정도로 너무 희게 미백하는 것은 자제하자. 부자연스럽고 가짜 이처럼 보일 것이다.

♠ 메이크업 정보 수집 및 활용

허심탄회하게 상담 받을 수 있는 메이크업 아티스트를 소개 받자. 근사하게 화장을 하고 당신을 만나러 나온 친구가 있다면, 새로운 제품을 사용히는 게 있는지 물어 보자. "내가 이 제품을 몇 달 동안 사용해 봤는데 사람들이 모두

나보고 예뻐졌다고 그러네. 이 제품이 딱 맞는 것 같아!" 여성들은 얼마든지 정보를 공유할 수 있다.

(15장의 '정보교환의 날'을 반드시 읽어 보라. 친구들과 각자 사용하는 제품이나 서비스에 대한 정보를 주고받는 것은 정말 멋진 방법이다.)

좋은 추천정보를 얻을 수 있는 또 한 곳은 바로 헤어숍이다. 헤어숍에는 메이크업 아티스트도 있으니 설사 돈을 내고 상담을 받더라도 그만큼 가치가 있다. 당신이 묻기만 하면 지금 당신이 사용하고 있는 제품을 평가해 주고 적절한 정보도 줄 것이다. 당신의 얼굴 반쪽에 직접 메이크업 시범을 보여 주면 나머지 반쪽은 당신이 직접 해볼 수도 있다. 그럼 헤어숍을 나올 때는 '나도 문제없어!' 라고 저절로 외치게 될지 누가 아는가. 메이크업 아티스트는 예술가다. 다음 주에 가면 또 다른 메이크업 시범을 보여 줄지 모른다. 어떤 메이크업이든 마음에 들었다면 그 기술을 익히고 화장품을 구입하여 연습해 보자. 먼저 구입한 화장품이 아직 화장대에 떡하니 버티고 있겠지만 어쨌든 일 년 동안 모두 사용할 것이니 상관없다. 일 년 동안 여러 개의 화장품을 함께 쓴 덕분에 사람들의 찬사를 두 배로 받는다면, 그야말로 최선의 선택 아니겠는가?

웨딩 서비스 업체에는 메이크업 아티스트들에 대한 정보가 많다. 웨딩플래너를 알고 있다면 추천해 달라고 부탁하자.

성형외과에서도 의료지식과 경험이 많은 스킨케어 전문가와 피부과 전문의, 메이크업 아티스트에 대한 정보가 있을 것이다.

물론 백화점 화장품코너에서도 다양한 화장품과 메이크업 기술에 대해 배울 수 있다. 당신의 연령대와 비슷한 점원이 있다면 특히 그녀의 스타일이나 메이크업이 마음에 든다면 적극적으로 물어보자. 물론 물건을 파는 게 목적인 점원은 여러 가지 화장품을 한꺼번에 소개할 것이다. 일단 샘플을 얻어서 집에서 직접 시험해 보고 나중에 제품을 구입하면 된다. 의무적으로 제품을 구입할 필요는 없다. 자신이 물건을 팔지 못하더라도 당신에게 딱 맞는 다른 화장품을 알려 주는 점원을 만날 수도 있을 것이다.

디바의 센스

"전 매일 잠들기 전에 클렌징과 각질제거를 하고 스킨로션과 수분크림까지 바른답니다. 얼굴을 꼼꼼히 관리하는 편이죠. 그날 하루 있었던 일을 다시 뒤돌아보는 시간이기도 해요."

—로리(Lori)

● 정기적으로 뷰티 재충전하는 시간을 가실 때 발도 얼굴처럼 세심하게 관리하라.

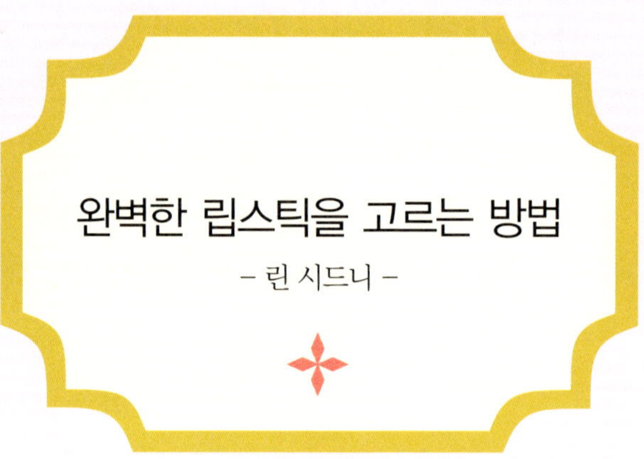

완벽한 립스틱을 고르는 방법

- 린 시드니 -

린 시드니는 메이크업 아티스트와 스타일 컨설턴트로 일하고 있다. 전직 패션 에디터로서 화장품과 이미지에 관해 다양한 글을 기고해 왔다.

자신에게 맞는 립스틱을 찾는 것은 예술이자 과학이다. 그러나 로켓 과학처럼 복잡하진 않다. 이제 도움을 구할 시간이 왔다. 백화점 화장품 코너의 경험 많은 컨설턴트에게 적당한 컬러의 립스틱을 구해 달라고 부탁해 보자. 그들에겐 실전에서 얻은 좋은 정보가 많다.

1. 립스틱을 바르는 가장 좋은 방법은 섞어서 바르는 것이다. 두 가지 컬러를 섞어 바르거나 먼저 립 라이너를 그리고 립스틱을 바르면 입술 모양도 뚜렷해지고 입체적인 입술을 표현할 수 있다. 너무 밝은 컬러의 립스틱이 있다면 그보다 어두운 컬러의 립스틱이나 립 라이너를 밑에 바르고 덧바르면 된다. 그럼 깊이감과 밝음을 동시에 표현할 수 있다. 립스틱 컬러는 마음에 들지만 너무 진하다 싶으면 누드 베이지컬러 립스틱을 조금 덧발라서 짙은 기운을 약하게 만들 수 있다. 너무 칙칙한 컬러라면 아예 구입하지 않는 게 좋겠다.

2. 입술 색깔 때문에 치아가 더 하얗게 혹은 더 누렇게 보인다. 진한 살구 컬러나 오렌지 러스트처럼 주황색 계열의 립스틱은 이를 누렇게 보이게 한다. 바이올렛 핑크나 퍼플 버건디 같은 자주색 계열도 컬러 대비가 심해서 이가 더 누렇게 보인다. 하얗게 반짝이는 미소를 가지고 싶다면 복숭아컬러나 연한 핑크, 차거나 따뜻한 기운이 없는 레드 계열의 립스틱을 사용한다.

3. 나이가 들면 매트한 크림색 립스틱에 반짝이는 립스틱을 조금 덧발랐을 때 가장 잘 어울린다. 반짝이는 립스틱만 바르면 펄 성분이 입술 주름 사이에 끼어서 오히려 역효과가 날 뿐이다. 은발의 여성일수록 반짝이는 펄 성분을 마지막에 조금만 덧발라주면 잘 어울릴 것이다. 펄이 들어가 반짝이는 립스틱은 절대 하나만 바르면 안 된다.

4. 당신이 좋아하던 립스틱이 단종된 데는 그만한 이유가 있다. 이제 새로운 것을 찾아 나설 때가 온 것이다.

5. 립스틱은 그냥 볼 때와 입술에 발랐을 때 컬러가 다르다는 여성이 종종 있다. 그것은 피부의 PH 밸런스 때문이다. 립스틱을 발랐을 때 오렌지 빛이 돈다면 자주색이 더 들어간 약간 차가운 컬러를 고른다. 그럼 발랐을 때 따뜻한 기운이 돌면서 당신이 원하던 컬러가 될 것이다. 발랐을 때 자주빛이 돈다면 조금 따뜻한 컬러를 골라야 바르고 몇 분이 지나면 차가운 기운이 가라앉을 것이다.

나는 아직도 낭만을 꿈꾸는 마흔 아홉 살의 여성이다. 스칸디나비아 사람들 특유의 감수성과 신중함도 가지고 있다. 명랑하면서도 엉뚱한 면도 있다. 소풍, 차와 음악을 좋아하고 시를 즐겨 읽는다. 몸을 움직이는 일이라면 무엇이든 좋아해서, 소매를 걷어 붙이고 가구를 리폼하거나 정원의 풀을 뽑기도 하고, 기계에 기름칠도 곧잘 한다. '비포 앤 애프터'를 비교할 수 있는 일이면 어떤 일이든 재미있게 할 수 있다. 1986년부터 남녀 구분 없이 각자 자신에게 맞는 컬러를 찾도록 교육하는 일을 하고 있다.

♣ 당신을 돋보이게 하기 위해 사용하는 컬러가 있다면?

—크고 동그란 제 눈에는 초콜릿 브라운이 잘 어울리는 것 같아요. 피부에는 핑크 샌드 컬러가 좋다고 생각하죠. 여성적인 면을 강조하기 위해 부드러운 우드 로즈 컬러를 즐겨 사용하는 편이에요.

♣ 당신의 장점을 부각시키기 위해 사용하는 방법이 있다면?

—저는 키에 비해 몸이 많이 마른 편이에요. 그래서 팔을 드러내는 옷을 좋아하죠. 가는 허리를 강조하기 위해 허리에 장식을 많이 하는 편이에요.

♣ 디바 스타일에 필요한 핵심 아이템이 있다면?

　-인디언 캐시미어 숄. 커다란 직사각형 패브릭에 핸드메이드로 자수가 놓아졌죠. 그랜드 캐년에서 석양을 보는 느낌이라고나 할까요. 어깨에 두르면 제 자신이 아주 매력적인 여성이 된 것 같아요.

♣ 당신의 머스트 헤브 액세서리는?

　-결혼반지! 결혼한 지 21년이 지났지만 여전히 너무 아끼는 반지예요. 초콜릿컬러의 작은 악어가죽 밴드의 시계도 좋아해요. 실용적이면서 세련된 골드워치죠. 할머니와 어머니가 한창 멋 부리실 때 사용하시던 주얼리와 벨트도 있어요.

♣ 오래되었지만 여전히 사용하는 것이 있다면?

　-앤 클라인 울 스웨터. 80년대쯤 샀으니 너무 오래된 것이지만 부드럽고 커다란 카울네크가 허리까지 떨어져서 아주 매력적이에요. 제 피부를 윤기 있게 살려 주는 옅은 살구컬러라 마음에 들어요. 그 스웨터를 입고 나가면 늘 칭찬을 듣죠.

> 카울네크(cowlneck) : 둥글게 접혀 드리운 것을 댄 네크라인; 그 네크라인을 한 의류

♣ 거금을 들였지만 전혀 후회하지 않는 아이템이 있다면?

　-골드컬러의 고풍스러운 가죽 재킷이 있는데, 정말 잘 샀다 싶어요. 허리와 옷깃 부분에 루슈 장식이 들어가 있죠. 청바지와 T셔츠에 그 재킷을 입고 굽에 거북이 무늬가 들어간 샌들을 신으면 멋진 스타일이 된답니다. 샌드컬러의 실크 크레이프 팬츠를 입고 액세서리를 해도 괜찮아요.

> 루슈(ruche) : 여성복의 깃이나 소매 끝에 다는 주름 끈, 주름 장식

> 크레이프 팬츠(crepe pants) : 직조법의 변화나 화학처리 또는 엠보싱 가공으로 표면에 주름이 생기도록 한 직물로 만든 바지

♣ 속옷 서랍에 들어 있는 것은?

　- 브라 3장(베이지컬러1, 크림컬러1, 끈이 떨어지지 않는 블랙컬러 브리

1), 밑위길이가 짧은 팬티 12장, T팬티 1장(언제 입었는지 기억은 나지 않지만), 추위를 많이 타기 때문에 속에 껴입을 수 있는 내복 대용 속옷 4벌.

♣ 당신이 신봉하는 패션 법칙이 있다면?

　-헤어컬러에 맞는 신발과 가방, 벨트를 가지고 있어야 한다고 생각해요. 그럼 어떤 옷을 입어도 매치시킬 수 있어요. 계절마다 샌들이나 부츠, 단화나 펌프스를 사는 편이죠. 내년이 되면 유행이 바뀔 테니 그때까지 열심히 그 신발들만 신을 거예요.

♣ 당신이 무시하는 패션법칙이 있다면?

　- 2년 동안 입지 않은 것이면 당장 버리라고 말하는 사람들이 있어요. 그러나 저는 오래 보관하는 편이죠.
정말 좋아하고 클래식한 스타일이라면 옷장에 잘 보관해 둬요. 매년 새로운 스타일로 입을 수 있는지 다시 살펴보죠. 액세서리도 오래 가지고 있는 편이고. 유행이 완전히 지났다고 생각한 것들만 처분해요.

● 뷰티캠프를 떠올려 주는 향수를 찾아보자.

♣ 다른 사람에게 알려주고 싶은 패션 아이디어가 있다면?

 – 자신을 표현하라고 말하고 싶어요. 지구상에 당신과 똑같은 사람이 또 있나요? 얼마나 대단한 축복이에요?

인간의 후각은 막강한 기억력을 자랑한다고 과학자들은 말한다. 혼잡한 거리를 지나다가 혹은 푸름 짙은 공원을 거닐다가 어떤 냄새 때문에 어린 시절 추억이 갑자기 생각나고, 그동안 잊고 있던 시절을 잠시 회상했던 경험, 다들 있을 것이다. 해외여행을 함께 갔던 친구가 여행 도중 향수를 산 적이 있다. 여행에서 돌아와 일주일 뒤 그 향수를 썼는데 갑자기 지난 여행의 추억이 떠올랐다고 한다. 결혼식과 신혼여행 때 향수를 사용했던 한 친구는 다시 그 향수를 썼더니 결혼서약문을 읽던 순간이 떠올라 사랑과 기쁨을 한 번 더 느낄 수 있었다고 했다. 백화점 향수 전문 코너에 가서 마음에 드는 향수가 있는지 살펴보자. 샘플을 얻어서 집에서 뿌려 보자. 연인을 만날 때도 향수를 뿌려 보자. 꼭 향수가 아니더라도 스킨 냄새나 비누 냄새도 좋다. 앞으로 세 번의 데이트를 할 때 향수를 뿌려 보자. 몇 달이 지나 그 향수를 다시 뿌린다면 분명히 당신은 뷰티캠프를 기억하게 될 것이다. 자신을 가장 소중하게 생각하면서 진정한 자신을 발견하기 위해 노력했던 시간을 말이다.

"저는 향수를 한 번에 많이 뿌리지 않아요. 향기 없는 화장품을 바르고 저만의 체취를 남기는 편이에요. 저만의 체취를 만들고 싶을 땐 세 가지 다른 화장품을 사용해요. 특히 데이트에 갈 때 전 향수를 뿌리지 않죠. 저녁 식사 자리에서 너무 짙은 냄새가 나면 상대방의 속이 불편할 테니까요." –데브라(Debra)

Chapter 14

디바의 실전 데이트

Diva dates

뷰티캠프는 여러 과정들이 쌓이고 쌓이면서 만들어지는 프로젝트다. 30일 전만해도 불가능하게 느껴졌겠지만, 이제 한번 뒤돌아보라! 당신이 어디까지 왔는지를!

지금까지 당신은 옷장도 정리하고, 당신만의 컬러, 스타일과 핏을 찾기 위해 노력했다. 그 결과 이제 이상한 옷차림을 하지 않게 되었다. 그리고 당신에게 맞지도 않고 컬러도 이상하고 진정한 당신을 표현해 주지 못하는 것은 모두 당신의 옷장에서 추방시켰다! 언제나 손에 들기만 하면 당신을 멋지게 완성시켜 줄 뷰티 번들이 옆에 있으니 뭘 고를지 고민할 필요도 없어졌다. 무엇보다 이제 당신이 좋아하는 것만 입게 되지 않았는가! 빈티지 목걸이가 아까워서 오랫동안 보석 상자에 두고 애지중지하고 있었는데 이제 매일 끼고 다니지 않는가! 헤어스타일, 메이크업도 업그레이드했다. 모든 사람들이 당신에게 너무 많이 변했다고 칭찬을 아끼지 않는다.

지금 당신에게 남은 것은 세 벌의 데이트 룩을 정하는 것이다. 정말 획기적인 발전이다! 당신의 노력을 스스로 칭찬하자. 세 번의 데이트를 하면서 자신을 새롭게 표현하는 것이 얼마나 크나큰 기쁨인지 느껴 보라.

바로 지금 데이트에 입고 갈 룩을 다시 고민하기 시작했는가? 좋은 현상이다. 어떤 사람들은 몇 주 앞서 정해 놓은 계획을 끝까지 고수하기도 하기도 하시반, 데이트 당일 집을 떠나기 전까지 날짜, 시간을 끊임없이 조정하는 사람들도 있다. 이제 몇 명의 디바 어드바이저들에게 데이트에 입고 나갈 옷을 고르는 법에 대해 배워 보자. 최종 결정에 큰 영감을 줄 디바 어드바이저도 만나게 될 것이다. 우선 344페이지를 펴서 디바 어드바이저 엘리슨 호티의 설명을 들어 보자.

♠ 아웃핏을 결정하는 방법

모나(Mona) : 제가 정말 전하고 싶은 감정, 분위기가 있다면 그 분위기에 맞게 옷을 정하죠. 액세서리가 모두 있는지 확인하기 위해 며칠 앞서서 계획을 세워요. 일단 룩을 정하고 나면 미리 입어 보면서 완벽한지 체크하죠. 아웃핏이 괜찮으면 비록 데이트 자체는 재미없어도 시간을 즐겁게 보낼 수 있죠!

디쟈(Dija) : 이상하게 들릴지 몰라도 가끔은 제가 하고 싶은 메이크업(예를 들어 자연스러운 혹은 도발적인 메이크업)에서 모든 걸 시작해요. 어떨 땐 가장 최근에 구입한 액세서리를 놓고 룩을 정하기도 하죠. 번트 오렌지 컬러의 스웨이드 샌들이 제 스타 아이템이 됐어요. 옷을 블랙과 화이트로 입고 그 신발을 신으니 전혀 뜻밖의 스타일이 됐거든요. 사람들이 저의 옷차림에 찬사를 보내 줬어요.

에이미(Amy) : 머릿속으로 무지개를 떠올리다 보면 가장 뚜렷하게 떠오르는 컬러가 있어요. 어떨 땐 '그래, 산호색을 입으면 정말 멋지겠다' 하는 생각이 들기도 하고, 또 어떨 때는 그린, 블랙 등 다른 컬러로 바뀌죠. 보통 컬러를 먼저 정하고 그 다음에 스타일을 결정해요. 헬스클럽에서 실내자전거를 타면서 그날 입을 옷을 떠올리죠. 그럼 운동이 힘들게 느껴지지 않아요. 옷에 대해 기분 좋은 생각만 할 수 있어 좋아요.

체리(Cheri) : 전 신발을 좋아하고 멋진 신발을 신으면 기분이 정말 좋아져요. 그래서 그날 혹은 그날 저녁에 신고 갈 신발을 먼저 정하고 그것에 맞는 옷을 정할 때가 많아요.

마지(Marji) : 전 입고 싶은 옷을 하나 골라요. 오랫동안 입지 않았던 옷일 수도 있고 산지 얼마 안 된 옷이거나 신발, 혹은 주얼리가 되기도 하죠. 제 기분을 나타내는 것이면 상관없어요. 그리고 그것을 일주일에 서너 번 계속 입는 거예요. 제 옷장에 있는 다른 아이템과 어떻게 어울리는지 계속 실험하는 거죠. 제가 좋아하는 질감, 컬러, 스타일로 된 것만 모은다는 게 쉬운 일은 아니죠. 그 다음엔 마치 예술가가 어떤 그림을 그릴 것인지 결정하는 것처럼 저도 옷장을 들여다보며 룩을 완성하죠. 창의성을 발휘해야 하는 일이에요.

카렌(Karen) : 전 옷장을 들여다보고 가장 끌리는 것을 골라요. 옷이 정말 몇 벌 없기 때문에 전체적으로 한 번 훑어보는 데 얼마 걸리지 않거든요. 거기다 계절에 맞는 신발과 액세서리도 눈에 잘 들어오도록 정리해 두었어요. 왠지 마음이 눈길이 가는 옷을 하나 집어 들고 그 다음에 격식 있게 차려입을 것인지, 편하게 입을 것인지 결정하는 편이에요.

♠ 얼굴을 돋보이게 하는 비결

데이트 룩에 대한 계획을 다시 살펴보면서 정말 중요한 사실을 발견했으면 좋겠다. 당신의 얼굴을 어떻게 강조할 것인가? 물론 아웃핏을 완성하는 것도 중요하지만 상대의 눈은 당신의 얼굴을 향하게 되어 있다. 아웃핏을 완성시키는 것이 얼굴 아닌가. 아래 사항을 체크해 보고 최소한 세 가지 정도는 적용시켜 보자. 디바로 변신한 당신을 어서 빨리 만나고 싶다!

- ♠ 브론즈 파우더나 핑크빛 볼터치는 얼굴 윤곽을 뚜렷하게 만든다.
- ♣ 립스틱 컬러는 입술에 입체감을 준다.
- ♠ 눈썹 모양은 뚜렷해야 한다.
- ♣ 머리에 하이라이트를 주면 시선을 끌 수 있다.
- ♣ 귀걸이는 당신의 얼굴에 빛을 더해 준다.
- ♣ 한 줄 이상의 목걸이를 옷깃 안쪽에 하고 목 단추를 풀면 얼굴에 빛과 컬러를 더할 수 있다.
- ♣ 속옷과 스카프의 컬러를 대조시키는 것처럼 얼굴부근에서 강한 색채 대비가 일어나면 얼굴 쪽으로 시선을 모을 수 있다.
- ♣ 목이나 귀에 다이아몬드나 광택이 있는 메탈 주얼리를 착용하면 얼굴이 환해지고 반짝인다.
- ♣ 안경이나 선글라스는 턱이나 볼이 아닌 당신의 눈에 시선을 쏠리게 하는 효과가 있다.
- ♣ 몸에 잘 맞는 터틀넥 상의를 입으면 얼굴을 부각시킬 수 있다.
- ♣ 탑이나 T셔츠의 목 부분에 비즈나 세퀸 장식을 하면 보석을 두른 것처럼 보인다.
- ♣ 헤어컬러와 같은 컬러를 벨트나 액세서리, 신발이나 코트처럼 옷의 한

부분에 반드시 한 번 더 사용한다.

♣ 눈동자 색깔도 벨트나 액세서리, 핸
드백이나 신발, 주얼리나 스카프,
숄, 케이프처럼 옷의 한 부분에 반드
시 한 번 더 사용한다.

♣ 진 재킷(혹은 비슷한 스타일의 상의)
의 옷깃을 위로 살짝 올리면 목은 부
드럽게 덮으면서 턱 부분이 개방된
효과를 낸다. 그럼 얼굴로 시선이 모
아진다.

♣ 숄칼라나 비정형 스타일의 옷깃은
얼굴 쪽을 시원하게 터 준다.

♠ 데이트 계획과 사후 평가

다음에는 낭신이 데이트에 입고 갈 룩에
대해 상세하게 기록해야 한다. 예를 들어 '디테일'이라는 항목 밑에 스카프
를 두르는 법, 브로치를 다는 위치 등 자세한 설명을 적는 식이다. 미리 세
가지 타입의 룩에 대해 자세히 살펴보면 여유를 즐길 자신감도 생길 것이다.
데이트가 끝나면 데이트가 잘되었는지, 고칠 점은 없는지 '결과' 코너에 적
어 보자.

데이트 룩이 잘 마무리 되었는지 확인하기 위해 사전에 입어 보자. 데이트
룩으로 나타내고 싶은 분위기를 스타일 단어로 설명해 보는 것도 좋은 방법

이다. 데이트 결과를 적을 때 데이트 룩이 스타일 단어를 잘 표현했는지 평가해 볼 수 있기 때문이다. 당신이 적어 놓은 스타일 단어 그대로 사람들이 칭찬할 수도 있다. "오늘 정말 빛이 난다.", "세련되고 우아한데." 같은 칭찬은 당신이 정말 집중했을 때 들을 수 있지 않을까. 정말 집중하고 노력했다면 충분히 그런 결과를 이룰 수 있다.

♣ 첫 번째 데이트 ♣

상의 :

하의 :

재킷 :

외투 :

신발 :

양말과 속옷 :

액세서리 :

핸드백 :

마무리 디테일 :

스타일 단어 :

파티 장소 :

결과

데이트 할 때의 기부으? :

데이트에 도움이 되었던 점 :

고쳐야 할 점 :

어떻게 고칠 것인가? :

상의 :

하의 :

재킷 :

외투 :

신발 :

양말과 속옷 :

액세서리 :

핸드백 :

마무리 디테일 :

스타일 단어 :

파티 장소 :

결과

데이트 할 때의 기분은? :

데이트에 도움이 되었던 점 :

고쳐야 할 점 :

어떻게 고칠 것인가? :

♣ 세 번째 데이트 ♣

상의 :

하의 :

재킷 :

외투 :

신발 :

양말과 속옷 :

액세서리 :

핸드백 :

마무리 디테일 :

스타일 단어 :

파티 장소 :

결과

데이트 할 때의 기분은? :

데이트에 도움이 되었던 점 :

고쳐야 할 점 :

어떻게 고칠 것인가? :

♠ 드레스 업, 드레스 다운

앞서 말했듯이 데이트 룩을 입어보고 속옷부터 빠진 것이 없는지 확인하기 위해 드레스 리허설을 할 시간이 필요하다. 전신 거울에 자신을 비쳐보자. 파티 장소에 따라 좀 더 격식을 차려야 할지 아니면 편하게 입어야 할지 정해야 한다. 다음의 방법을 사용해 보자.

당신의 아웃핏을 '드레스 업' 하려면 다음 몇 가지를 룩에 추가해야 한다.
1. 반짝거리는 상의, 스카프, 숄 혹은 핸드백
2. 메탈컬러의 하이힐이나 세련된 스타일의 펌프스
3. 우아하고 격식 있는 주얼리
4. 평상시 즐겨 입는 청바지가 아닌, 짙은 인디고컬러의(짙을수록 정장분위기가 난다)의 고급 청바지.
5. 실크 샤르뫼즈처럼 광택이 나는 소재의 옷
6. 패디큐어가 보이는 오픈 토 슈즈

당신의 아웃핏을 '드레스 다운' 하려면 다음 몇 가지를 룩에 추가한다.
1. 진 재킷
2. 천으로 된 벨트
3. 스웨이드 부츠
4. 끈을 발목에 감고 신는 캔버스화
5. 오토바이 재킷
6. 반짝임이 없는 숄이나 스카프
7. 실크 대신 면이나 린넨
8. 앞쪽이 트이지 않은 신발

전 소재 가방과 샌들(하이힐이 아닌),
메탈 소재 귀걸이(다이아몬드 제외)를
매치한 드레스 다운 아웃핏

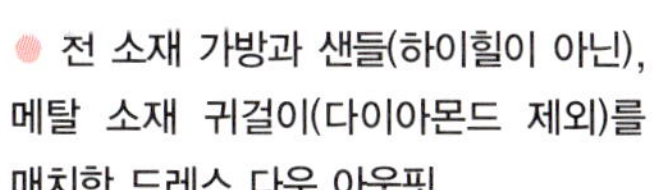

반짝이는 소재의 옷과 액세서리로
된 드레스 업 아웃핏

♠ 핸드백 연출기법

데이트에 가려고 문을 열기 전에 핸드백에 관한 수업을 들어야 한다. 멋진 애인과 낭만적인 저녁식사를 위해 아늑하고 비싼 레스토랑에 들어서면서 기내 가방처럼 커다란 가방을 어깨에 메고 들어오는 여자만큼 끔찍한 모습은 없다. 나 같으면 그 가방에 세게 맞기 전에 일단 피하고 볼 것이다. 내가 꾸며낸 이야기 같은가? 천만에, 모두 사실이다.

저녁 모임에 들고 나갈 가방은 낮 동안 들고 다니는 가방보다 작아야 한다. 지갑과 핸드폰, 필요한 화장품 도구가 다 들어갈 만큼 클 필요는 없다. 약 서너 시간 동안 쓸 것들, 안경, 립스틱, 집 열쇠나 차 열쇠, 손수건 정도를 넣을 수 있으면 충분하다. 그리고 택시비와 팁을 줄 정도의 현금과 크레디트 카드를 넣고, 예쁜 스타킹을 신었을 때는 만일에 대비하여 똑같은 것을 하나 더 준비한다. 손수건에 싸서 지갑에 넣어 두면 좋다.

너무 어렵게 생각하지 말자! 하나도 힘들지 않다. 필요하다면 핸드백에 꼭 넣어야 할 것들을 리스트로 만들어서 바인더에 넣어둔다. 외출하기 전에 한 번씩 살펴보면 고민하지 않아도 되니 편할 것이다. 나는 리스트를 만드는 게 정말 재미있다! 그러나 더 좋은 것은 핸드백을 중심으로 뷰티 번들을 만들어 두면 언제라도 외출준비 끝 아닌가! 특히 핸드백 뷰티 번들은 아주 간단하게 만들어야 쓸모가 있다. 그렇지 않으면 출근 가방을 들고 나가서 다른 사람의 눈치를 보게 될지도 모른다. 밖으로 나가라! 특별한 데이트에는 특별한 핸드백이 필요하다.

♠ 연습의 중요성

실전에 들어갈 때까지는 오로지 연습, 연습, 연습뿐이다. 매일 메이크업을 해서 화장법을 익히자. 새로 배운 것을 자연스럽게 몸으로 체득할 때까지 계속 연습해야 한다. 헤어디자이너가 알려준 헤어제품을 쓰는 것도 마찬가지다. 미숙하다는 생각이 들면, 헤어디자이너를 다시 찾아가 더 배워야 할 게 없는지 물어 보자. 50년 동안 살면서 한 번도 화장을 해본 적이 없다던 어떤 고객은 화장하는 법을 배우더니 거의 전문가의 경지에 올랐

다. 완전히 익힐 때까지 메이크업 아티스트를 붙들고 늘어져서 열심히 배웠기 때문이었다. 그녀는 외모도 멋있게 변했을 뿐 아니라 새로운 기술을 익혔다는 자신감에 훨씬 당당해졌다. 대학 교수였던 그녀는 매일 과제를 완수하는 것이 얼마나 중요한지 알고 있었던 것이다. 당신도 할 수 있다. 이번 달에 새로운 기술을 배웠으니 집에서 열심히 과제를 완수하고 세 번의 데이트 시험에서 A를 받기 바란다.

데이트 룩을 입어보고, 신발을 신고 걸어 보라. 자세 연습도 하라. 데이트 룩을 시험 삼아 입고 한 번 앉았다 일어섰더니 옷에 주름이 심하게 잡혔다고? 그래도 괜찮다. 데이트 룩을 바꿀 시간이 넉넉하기 때문이다.

♠ 즐거운 외출 준비

연인, 가족, 친구들과 멋진 데이트를 즐기려고 준비하는 과정은 소중한 경험이다. 함께 시간을 보내고 싶은 좋은 사람들이 주변에 있다니 얼마나 축복할 일인가? 서두르지 않고 천천히 준비하면서 그 과정을 즐기자. 멋진 저녁 시간이 되기 위해 준비하는 것 자체가 데이트의 만족감을 배가할 것이다. 생활 속의 디바들이 디바로 변신하는 과정을 여유 있게 즐기는 것이 얼마나 중요한지 일깨워 줄 것이다. 그들은 데이트 준비를 어떻게 하고 있을까?

트레이시(Tracy) : 음악이죠! 제 아이팟에 '준비' 라는 제목으로 저장해 놓은 곡들이 있어요. 저를 행복하게 만들어 주는 빠른 노래들이에요. 집 밖으로 나가고 싶은 분위기를 만드는 데 딱 맞죠.

킴(Kim) : 전 일단 샤워부터 해요. 시간이 없어서 샤워를 못하면 어딘가 잘못된 것 같은 느낌이 들어요. 깨끗한 몸으로 옷을 입고 깨끗한 얼굴에 메이크업을 하면, 그보다 더 즐거운 일이 어디 있겠어요? 준비하는 매 순간이 즐겁죠! 되도록 천천히, 생각을 많이 하면서 나갈 준비를 해요. 제 자신이 변하는 것을 제 눈으로 직접 확인하는 게 너무 즐거워요.

사라(Sarah) : 메이크업을 하는 동안 와인 한 잔하는 것을 즐긴답니다. 그럼 긴장이 풀려요.

콜린(Colleen) : 데이트 준비를 할 때는 제가 굉장히 특별하게 여기는 실크
슈미즈 드레스를 준비해 놓아요. 샤워를 끝내고 그 드레스를 먼저 입어요.
그 뒤에 메이크업을 하고 머리를 만지죠. 그 드레스를 입으면 제 스스로
우아해지는 기분이에요. 그런 기분은 데이트 내내 지속되지요.

테이시(Tacy) : 데이트에 입고 갈 옷은 그날 아침이나 하루 전에 미리 정해
놓죠. 아침 일찍 페디큐어와 매니큐어를 하고요. 그리고 얼굴 마사지와 눈
썹 정리를 해요. 데이트 시간이 다가오면 컨트리 음악을 틀어 놓고 초를
켜죠. 또 뜨거운 차를 마시며 온몸에 로션을 발라요. 데이트 장소가 어디
든 다리와 발은 꼭 부드럽고 예쁘게 가꾼답니다.

마지(Marj) : 데이트하려고 집을 나서기 전에 혹은 손님을 맞이하기 전에
항상 전신거울로 제 자신을 비춰 봐요. 옷과 핸드백
을 체크하는 거죠. 그럼 다른 사람에게 어떻
게 보일지 상상할 수 있거든요. 옷 꼬리표
가 그대로 달려 있거나 고양이털이
스커트에 붙어 있는 걸 확인할 수 있
어요. 그럼 다른 사람이 눈치 채기 전
에 바로잡을 수 있죠.

● 멋진 변신을 즐겨라!

♠ 외출하기 전, 마지막 체크업

당신의 데이트 룩을 완성하기 위해 마지막에 신경 써야 할 사항들을 적어 보았다.

● 드레스를 입고 데이트 준비를 시작해 보라.

1. 초조해하지 말자. 긴장하면 온 몸이 쉽게 뻣뻣해지는 사람이라면, 긴장을 푸는 연습을 해야 한다. 달랑거리는 귀걸이든, 팔목 주위를 빙빙 돌아가는 팔찌든, 아랫단이 가볍게 흔들거리는 스커트든, 무엇이든 항상 움직이는 것을 착용하라. 또한 부드러운 소재의 핸드백을 들어라. 얇은 스카프나 캐시미어 숄이 적당하다.

2. 개인적으로 좋아하는 향수를 뿌린다. 그러나 저녁식사일 때는 향수를 삼가자. 음식 냄새에 향수 냄새가 섞이면 좋지 않다.

3. 정장을 입었다면 그것과 전혀 어울리지 않는 의외의 패션 아이템을 하나 착용해 보라. 그리고 그것을 당신의 비밀무기로 활용하라. 자연스러운 분위기를 느끼려고 일부러 속옷을 입지 않고 데이트에 가는 여성도 있다. 아주 도발적인 컬러의 속옷을 입는 것은 어떤가? 물론 다른 사람은 볼 수 없겠지만 당신만은 알고 있으니 말이다. 당신이 한 번도 안 해

본 일을 시도해 보자.

4. 데이트를 할 때는 열린 마음을 갖자. 몸을 조금 노출하는 옷을 입어도 좋겠다. 얇은 프린트 탑처럼 피부가 드러나긴 하지만 직접적으로 보이지 않는 천으로 착시효과를 노려도 좋다. 발목을 조금 드러내거나, 날씨만 괜찮다면 오픈 토 슈즈를 신어도 좋다. 머리를 올려서 아름다운 목덜미와 귀를 노출해 보자.

5. 실력을 계속 업그레이드하라. 메이크업을 처음 하는 여성은 스스로 할 수 있는 것부터 시작하자. 일단 립스틱을 발라본다. 어느 정도 익숙해지면 눈썹을 그리고 립스틱을 발라본다. 그 다음엔 마스카라까지 바르면 얼굴이 더 아름다워질 것이다. 화장품을 바를수록 더욱 정돈되고 사랑스런 얼굴로 변할 수 있다. 완벽할 필요는 없다. 그저 지금까지보다 조금만 너 노력해 보자.

● 전혀 뜻밖의 속옷을 입어보는 것은 어떨까?

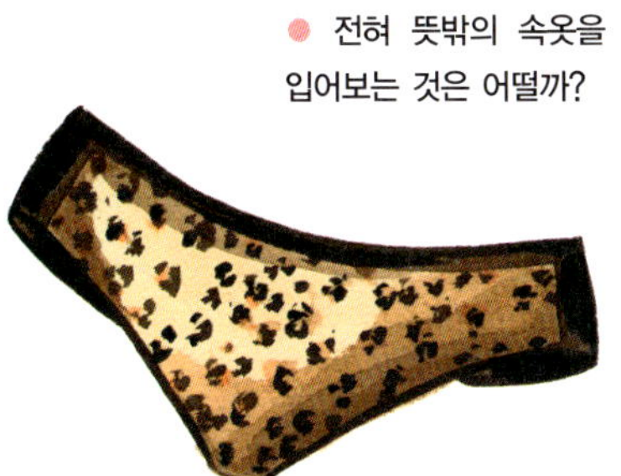

6. 스카프를 두르고 싶다면 어깨 위로 돌린 뒤 작은 핀으로 양쪽 어깨와 스카프를 고정시키자. 일단 집에서 먼저 스카프를 두르고 핀을 꽂아 본다. 그러면 실제 데이트를 할 때 여유롭고 자신감 있게 행동할 수 있다.

7. 항상 뒷모습을 확인하자. 옅은 컬러의 옷을 입을 때는 속옷이 보이지 않는지 세심하게 살펴야 한다. 속옷 패턴이 훤히 보이도록 옷을 입은 여성들을 수도 없이 봐 왔다. 당신은 그러지 말자.

8. 따뜻한 배웅을 받으며 집을 떠나자. 들뜬 마음이 안정될 것이다.

9. 하이힐을 신고 운전은 금물. 하이힐이 망가질 수 있다.

10. 나중으로 미루지 말자. 바로 지금 하자. 오늘 있을 데이트에 가장 좋은 옷을 입고 나가자. 디바들이여, 인생을 누리자.

11. 캐주얼한 데이트를 즐길 때는, 야구장을 통틀어 하이힐을 신은 여성이 당신 혼자라 해도 개의치 말자. 솔직하게 자신을 표현하고 싶은데 스니커즈는 상대방을 속이는 것 같은 느낌이 든다면 신지 말자. 당신 자신의 스타일을 표현하라. 다른 사람들은 청바지에 스웨터를 입는데 당신 혼자 정장을 입을 경우도 생길지 모른다. 그래도 그게 당신 스타일이라면 보여 주자.

"열심히 즐겨라! 당신은 그럴 자격이 충분하니까." 이제 하고 싶은 이야기를 다 한 것 같다. 뷰티캠프에서 내준 과제도 성실하게 수행하지 않았는가. 당신은 이제 완벽하게 준비를 마쳤다. 잠깐! 최고의 액세서리를 깜박할

뻔 했다. 당신의 멋진 미소를 잊지 말기를! 데이트를 마치면 지금까지의 대장정을 축하하는 시간을 가지고 싶다. 지금까지 나누지 못한 이야기도 나눌 수 있을 것이다. 그럼 당신과도 마음 편안하게 작별의 인사를 할 수 있을 것 같다.

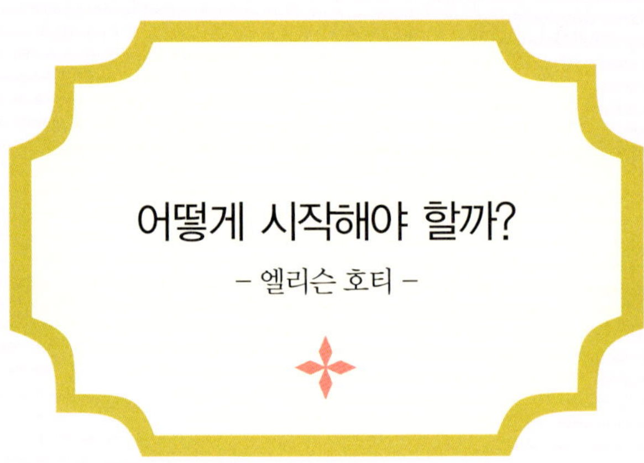

엘리슨은 전직 모델로서 유럽과 뉴욕에서 수많은 런웨이 위를 걸어본 사람이다. 뉴욕의 멋쟁이들이 모이는 멋진 파티를 모두 경험해 봤다고 한다.

모임에 온 사람들에게 최대한 좋은 인상을 남기고 싶은가?
이것부터 시작하라.

1. 활짝 웃자! 기분이 과히 좋지 않더라도 사람들에게 순백의 하얀 미소를 보내자.

2. 자신의 아웃핏을 사랑하자. 마지막 순간까지 결정을 못 내리다가 어렵사리 결정한 옷 아닌가. 설령 마음에 들지 않더라도 마음에 쏙 드는 옷을 입은 것처럼 행동하자.

3. 자세를 의식하자. 어깨, 등의 자세가 바른지, 턱을 올리고 있는지(너무 높이 들면 거만하게 보이니 주의!) 신경 써야 한다. 자신 있게 걸을 수 없는 신발은 신으면 안 된다. 의외로 사람들이 쉽게 눈치 챌 수 있다.

그럼 얼마나 창피하겠는가!

4. 멋진 코트를 입자. 날씨와 장소만 허락한다면, 벨벳이나 모피, 다른 어떤 화려한 소재의 옷으로 자신을 휘감아라. 그리고 파티 장소에 도착하면 허물을 벗듯 겉옷을 벗어라.

5. 너무 일찍 가도, 또 너무 늦게 도착해도 실례다. 두 경우 모두 파티를 연 호스트나 파티에 참석한 손님들에게 오해를 살 수 있으니 주의하자.

6. 디테일에 신경 쓰자. 서둘러서 머리와 메이크업을 하다보면 완벽한 마무리를 하지 못하는 경우가 생긴다. 신발을 닦지 못했거나 미처 하이힐을 준비하지 못하기도 한다. 그런 실수는 그대로 드러나게 마련이다.

7. 자신의 페이스대로 행동하자. 시간이 없어서 빨리 서둘러야 한다 해도 최대한 마음의 여유를 가지고 천천히 파티 장소에 들어가자. 헐레벌떡거리면 당신이 긴장해서 파티를 제대로 즐기지 못한다는 인상을 남길 뿐이다. 무엇보다 도착하자마자 술잔을 집어 드는 행동은 자제하자. "나 놀고 싶어 미치겠어요."라는 인상만 줄 것이다.

8. 무리가 없다면, 꽃다발을 준비하자(물론 파티를 연 호스트에게 선사할). 한 아름 꽃을 안고 파티에 참석하는 것 이상 멋있게 보이는 방법이 있을까?

9. 솔선수범하라. 자기소개를 해야 하는데 아무도 선뜻 나서지 않는다면, 당신이 먼저 시작해 보라. 자신감이 생긴다.

10. 칭찬을 받아들이자. 파티 장소에 도착한 당신의 멋진 모습을 보고 사람들이 찬사를 보낸다. 그런데 "그저 천 조각 하나 두른 것뿐인데요, 뭐?"라고 대답하면 멋진 이미지가 산산조각날 것이다. 진심을 담아 감사하다고 말하자. 당신의 멋진 이미지를 끝까지 유지할 수 있다.

11. 실내에서 선글라스는 절대 금물이다. 눈에 이상이 생겼다면 차라리 집에 있는 편이 낫다.

당신은 꽃다발을 받을 자격이 충분하다! 집으로 꽃 배달을 시켜라. 인터넷으로 당신에게 가장 잘 어울리는 꽃 한 다발을 주문하라. 첫 번째 데이트 직전에 도착하도록 주문하자. 뷰티캠프를 성공적으로 마친 피날레를 자축하는 의미다. 혹은 자주 찾는 플로리스트가 있다면 직접 방문하여 자신을 위한 꽃다발을 주문하라. 다른 사람에게 줄 것이냐는 질문을 받으면 당연히 그렇다고 대답하고 멋지게 포장해 달라고 부탁하자. 혹은 집 근처 꽃집에 자주 간다면 돈 생각하지 말고 마음껏 꽃을 고르자. 튤립 한 다발로는 부족하니 두 다발, 세 다발을 골라서 풍성한 꽃다발을 만들어 보자. 그럼 마음 한 가득 아름다움이 충만해질 것이다. 앞으로 다가올 데이트가 기대되지 않는가? 꽃다발은 그런 당신에게 자신감을 안겨 줄 것이다.

이렇게 멋지게 변신하다니!

[Chapter 15]

디바여, 영원하라!

Diva Forever

데이트는 어땠는가? 당신의 이야기가 너무 궁금하다. 파티 장소에 혜성처럼 나타났나? 사람들의 반응은 어땠는가? 당신의 사진을 열심히 찍어 준 사람이 있으면 좋겠다. 그렇다면 가장 마음에 드는 사진을 골라 예쁜 액자에 넣고 드레스 룸이나 화장대 위에 올려놓아 보자.

사진은 당신이 뷰티캠프를 성공적으로 졸업했다는 증거가 된다. 정말 축하한다! 오늘은 지금까지 우리가 걸어온 길을 되돌아보는 시간을 가지려고 한다. 약속한 대로 옷장에 관한 아이디어 몇 개도 더 전해주고, 디바 스타일을 계속 유지하는 방법도 알려줄 것이다.

한 달 전, 당신의 모습을 떠올려 보라. 어떤 점이 달라졌는가? 3장에서 당신이 처음 만들었던 네모 칸들을 생각해 보라. 낡은 틀을 벗어버리는 연습이었다. 이제 낡은 틀에서 조금은, 어쩌면 거의 대부분 벗어났으리라 믿는다. 당신은 게으름의 희생자가 되기를 거부하고 용기를 내어 새로운 선택을 했다. 진정한 자신이 되려고 노력한 끝에 디바로 새롭게 태어난 것이다! 나는 당신이 잘 해내리라는 것을 처음부터 알고 있었다! 이제 매일 즐겁게 옷을 입을 수 있으니 자신의 변신에 대해 디바 저널에 기록해 보는 건 어떨까? 정말 쓰고 싶은 말이 많지 않은가?

드디어 대단원의 막을 내릴 때가 됐다. 이제 자신의 컬러와 스타일, 핏을 생각하는 것이 중요한 하루 일과가 되지 않았나? 원할 때는 언제나 스타 아이템과 조연 아이템을 잘 섞어서 멋있게 옷을 입게 되었다. 좀 더 멋있고 자신감 있게 옷을 입고 싶다면, 거울 앞에서 조금만 시간을 더 보내자. 거울 앞에 서서 마음에 드는 자신의 스타일을 스스로 물어보고, 어떻게 입으면 멋있게 보일 수 있는지 생각해 보는 것이다. 그리고 스스로 설명해 보자. 물론 자신의 스타일을 항상 명확하게 설명할 수는 없을 것이다. 그러나 아침에 일어나서 어떤 옷을 입고 어떻게 자신을 표현하고 싶은지 고민하는 일이 점점 더 즐거워질 것이다. 실험을 즐기는 것이다!

만약 옷 입기 실험을 즐길 시간이 넉넉하지 않다면? 당신은 이미 몇 벌의 옷을 완전하게 매치해 놓았다. 그것을 잘 기록해서 바인더에 보관하자. 필요할 때마다 들춰볼 수 있는 만능 컨닝 페이퍼다. 디바 저널을 가까운 곳에 두고 자주 이용하자. 앞으로 사고 싶은 것과 당신만의 스타일 아이디어들도 열심히 기록하자.

촌티를 벗고 디바로 발전한 당신. 이제 당신의 사전에서 불가능이란 단어는 사라졌다. 자신을 발견하기 위해 여러 가지 다른 경험도 해보자. 스케치 강의를 듣는다거나 꽃꽂이, 태권도 강의를 들어 보라. 새로운 것을 경험하면서 당신은 성장한다. 오래된 습관에 더는 얽매이지 않게 될 것이다.

"오늘이 가면 또 하루 늙는 것이죠. 내일은 주름 하나가 또 늘겠죠. 다음 달이 다르고 내년이 다르고, 앞으로 10년 후면 지금의 모습과 많이 달라질 거예요. 그러니 제 자신을 표현하고 싶다면 바로 지금 해야지요. 좀 더 일찍 깨닫지 못한 게 약간 후회스러워요. 주일마다 왜 그렇게 딱딱하게 차려입고 교회에 갔는지. 이제 제 자신을 그대로 표현하고 싶어요. 저에겐 아주 중요한 일이죠." ─카렌(Karen)

♠ 깔끔하게 정리된 옷장의 아름다움

구닥다리들을 버리고 딱 필요한 것만 남은 당신의 옷과 액세서리를 잘 정리할 수 있는 아이디어를 주겠다고 말했으니 데브라가 그 약속을 지킬 것이다. 데브라는 옷장 속은 아니지만 목걸이를 잘 정리하는 방법을 알고 있다. 그녀의 욕실에 들어가면, 아름다운 인형이 걸려 있는데 인형의 목에 자신이 가장 아끼는 목걸이를 둘러놓았다. 아주 귀여운 발상 아닌가.

당신이 좋아하는 스타일의 이미지나 문구를 걸어 둘만한 장소를 찾아라. 옷장 안 선반 한 칸을 깨끗이 비워서 당신의 스타일을 나타내는 아이템으로 장식하라. 나는 나에게 영감을 주는 여러 가지 기념품들도 함께 장식해 놓았고, 3개월마다 한 번씩 바꾼다. 좋아하는 컬러가 생기면 그 컬러에 맞는 작은 아이템들로 장식하는 등 아이디어는 무궁무진하다.

재클린 케네디 오나시스, 코코 샤넬, 오드리 헵번처럼 존경하는 우상의 사진들을 드레스 룸에 걸어두는 여성도 만났다. 그것도 아주 큰 사진을! 작은 공간이라면 감각적인 액자들을 여러 개 진열하는 것도 좋나. 핸드백이나 구두를 진열해 놓은 여성들도 있다. 자신을 표현하는 옷을 입기에 좋은 자극이 될 것이다. 이 책에는 다양한 디바들이 전해주는 훌륭한 이야기들이 정말 많다. 당신도 형광펜으로 표시해 둔 곳이 있을 것이다. 좋은 문구를 발견했다면 액자 속에 담고 매일 읽으면서 감정의 동화를 느껴 보자.

데이트에 입고 나갈 옷을 그대로 매치해서 걸어 둘만한 공간이 있다면 더 좋겠다. 앤티크한 분위기를 좋아하는 어떤 고객은 옷장 옆으로 앤티크한 황동컬러의 코트 걸이를 세워 두었다. 그녀는 저녁 모임에 입고 나갈 옷을 이

침 일찍 준비해 두고, 핸드백, 목걸이, 스카프나 숄까지 함께 맞추어 옷걸이
에 걸어 둔다. 차선책으로 택할 수 있는 아이템도 함께 걸어 둔다고 한다. 가
끔은 생각이 바뀌기도 하니 말이다.

옷장은 항상 정리가 잘돼 있어서 10분 이내에 당신이 원하는 스타일을 완
성할 수 있게 하자. 컬러와 옷 종류(팬츠, 재킷, 상의)별로 분류해 놓자. 그럼
당신이 가진 옷을 한 눈에 파악할 수 있다. 옷걸이는 똑같은 것으로 통일한
다. 드레스 룸이 있다면 빠르게 손질 할 수 있도록 스팀다리미를 구비하자.

모든 것을 한눈에 볼 수 있도록 정리해야 한다. 벨트 걸이에 주얼리를 걸
어 두고 옷 밑에는 컬러를 맞추어 구두를 정리한다. 신발장에 잘 넣어두거나
깨끗한 비닐봉지에 넣어서 잘 보이게 정리하면 좋다.

● 고리가 여러 개인 옷걸이에
캐미솔을 모아서 걸어 두면 편하
게 골라 입을 수 있다.

옷걸이 위쪽 선반을 스웨터나 T셔츠 등을 보관하는 곳으로 사용하고 싶다면 꺼내기 쉽게 잘 개서 올려놓고 제일 밑쪽에 이름을 붙여 놓자. 깨끗한 옷장에서 창의력이 샘솟는다. 옷들이 서로 뒤엉켜서 꺼낼 때마다 덩어리로 떨어지면 모두 버리고 싶어질 것이다. 옷장은 스타일을 결정하는 신성한 장소다.

매번 파티에서 같은 사람들을 만날 때가 있다. 그럼 데이트 룩이 중복되지 않을까 걱정될 것이다. 그럴 때는 무조건 기억에만 의존하지 말고, 지난번에 입고 간 옷을 디바 저널에 기록해서 옷장 속에 붙여 놓는다. 혹은 벽걸이 달력에 적어도 된다. 만약 여러 사람 앞에 자주 나서야 하는 여성이라면 정말 중요한 사항이다.

당신이 가장 좋아하는 옷이나 액세서리를 각각 포스트잇에 적어서 달력에 붙여 놓으면 당신이 원하는 것을 잊지 않고 착용하거나 입을 수 있다. 똑같은 것만 착용하거나 옛날 습관으로 돌아가는 것을 방지하는 방법으로 효과적이다.

옷에 맞는 여분의 단추를 바느질 도구와 함께 서랍 대신 옷걸이용 주머니에 넣어서 보이는 곳에 걸어두는 것이 좋다. 보석상자를 옷장속이나 드레스룸에 놓고 주얼리를 수납하자. 옷장에 밝은 빛을 주자.

나는 작은 소품을 수납할 수 있는 용기도 예쁜 것을 좋아한다. 뚜껑이 있는 둥근 가죽 상자를 여러 개 마련하여 양말과 언더웨어를 따로 수납한다. 모자 상자에는 보정용 속옷이나 시러그, 숄, 장갑 같은 것을 넣어두면 예쁜 수납공간이 만들어진다. 집에 텅 빈 '구석'이 있다면 진정 당신만을 위한 공

간으로 탈바꿈시켜 보자. 당신이 좋아하는 상점에서 인테리어 아이디어를
얻어서 당신만을 위한 공간에 직접 활용해 보자.

● 모자 상자는 크기는 작고
단단한 아이템을 수납하는
데 적격이다.

당신의 방을 옷 입는 공간으로 아름
답게 꾸며 보라. 옷을 입는 신성한 공간
이라는 생각을 가지고.

♠ 재료를 잘 다루는 방법

당신의 미를 완성하는 재료들을 잘 다뤄야 한다. 멋진 아웃핏 리스트, 얼굴에 맞는 메이크업 스타일과 사용할 수 있는 제품 리스트, 가장 좋아하는 스타일을 나타내는 사진들처럼 다양한 스타일 재료들을 바인더에 보관하자.

참고 리스트를 적는 페이지를 만들어서 뷰티 케어나 스타일링에 관한 서비스를 받을 수 있는 곳의 이름과 주소, 서비스 시간을 적어서 보관하자. 한두 페이지로 요약하여 간단하게 찾아볼 수 있도록 하거나 컴퓨터 스프레드시트 프로그램을 이용하여 정리하자. 혹은 그냥 간단하게 손으로 적어서 보관해도 상관없다. 아직 받아본 적이 없는 서비스라도 다음 사항 정도는 알고 있으면 유익하다.

1. 헤어스타일리스트 – 특별행사나 단골 디자이너의 서비스를 받을 수 없을 때 한 명 더 알고 있으면 도움이 된다.

2. 컬러리스트 – 헤어스타일리스트를 제외한 염색 전문가를 알고 있으면 좋다.

3. 수선 전문점 – 여러 군데를 알고 있어야 한다. 청바지나 재킷만 고치거나 그보다 간단한 수선만 하는 등 각각 주로 수선하는 분야가 다를 수 있다.

4. 정리 전문가 – 옷장 정리가 힘든 사람은 정리 전문가의 도움을 받자. 아마 눈앞에서 기적이 일어날 것이다.

5. 이미지 컨설턴트 – 개인 이미지 컨설턴트는 당신의 스타일과 옷의 분위
   기를 정하는 데 도움을 주고 개인 트레이너처럼 체형 관리를 받을 수도
   있다. 입소문을 타고 유명해진 컨설턴트가 있는지 알아보자.

6. 드라이 클리너 – 즉시 빠르게 세탁해 주는 세탁소

7. 직조전문가 – 당신이 아끼는 캐시미어 스웨터에 좀이 슬면 이 번호가
   유용하게 쓰일 것이다.

8. 신발 수선점 – 신발과 핸드백은 수리해서 사용하자.

9. 주얼리 수리점 – 끊어진 목걸이를 새로 연결하고, 걸쇠 부분을 고칠 수
   있는 전문가다.

10. 메이크업 아티스트 – 특히 당신의 얼굴에 중요한 메이크업 기술과 제
    품들에 대한 정보를 계속 업그레이드시켜줄 것이다.

11. 스킨케어 전문가 – 당신의 피부를 건강하게 유지시켜 줄 전문가다.

12. 피부전문의 – 좀 더 전문적인 스킨케어 시술을 할 수 있는 전문 의사

13. 성형외과 전문의 – 물론 성형을 심각하게 고려하고 있는 경우

14. 쇼핑 친구 – 쇼핑을 함께 다니고 싶거나 패션쇼에 같이 가고 싶은 친
    구들 리스트를 만들어 둔다. 나는 앞서 말했지만 가장 친한 친구 두

명과 한 달마다 모임을 가진다. 우리는 패션, 쇼핑, 뷰티 케어에 대한 이야기를 좋아하고, 상대방이 간직하고 있는 디바 스타일을 겉으로 표현할 수 있도록 서로를 격려하는 사이다.

"지하철에서 이상형의 남자를 만났을 때 제가 준비된 상태였다는 게 너무 기뻤어요. 첫 남편과 사별하고 두 번째 인생을 시작해야겠다는 마음을 먹고 있었을 때였거든요. 그래서 매일 메이크업도 열심히 하고 옷도 갖춰 입고 다녔지요. 솔직히 제가 힘든 시기를 이겨내는데 패션의 도움이 컸어요. 여러 가지 면으로 저를 구해준 게 패션이에요. 제가 화장도 안 하고 부대 자루처럼 헐렁한 스웨터를 입고 다녔다면, 두 번째 남편처럼 매력적인 이태리 멋쟁이가 사귀려고 했을까요?"

—캐서린(Cathrine)

♠ 정보교환의 날 활용하기

이제 당신은 바쁜 일상생활 속으로 돌아가 정신없는 하루하루를 보내게 될 것이다. 그러나 친구들과 만나면서 스타일과 뷰티에 대해서도 공부할 수 있는 방법이 있다. 나는 그것을 '정보교환의 날' 이라고 부른다. 뷰티에 관한 간단한 아이디어에서부터 당신이 좋아하는 스타일리스트 이름까지 뷰티에 관한 정보를 친구들과 나누는 날이다.

나는 정보교환의 날을 이렇게 보낸다. 우선 친구들을 집으로 초대하여 포트럭 런치 파티를 연다. 나는 미리 주제를 정해놓고 그것에 맞는 정보를 서로 교환하자고 제안했다. 되도록 '보면서 토론하기' 시간을 갖자고 했다. 실제 제품이나 도구를 가져오고, 솜씨 좋은 전문가에 관한 정보나 책, 신문에

서 본 상품의 이름과 주소도 교환하자고 말이다. 찾은 자료는 복사해서 친구
들과 모두 나눠 갖기로 했다. 나는 친구들에게 이런 정보를 알려 주었다.

1. 보면서 토론하기 : 가장 최근에 찾은 '핫 아이템'에 대한 소개

2. 전문가 소개 : 정말 만족한 서비스를 받았던 뷰티 케어 전문가의 이름과
   전화번호 공개

3. 쇼핑 정보 : 별점 점수를 많이 받은 곳이나 쇼핑하기 즐거운 곳에 대한
   정보 교환

4. 변신 : 음악학원이나 요가 스튜디오, 서점처럼 한 시간 안에 나를 변화
   시킬 수 있는 곳에 대한 정보 교환. 혹은 멀리 떨어진 여행지, 하루 동
   안 즐길 수 있는 놀이동산처럼 나를 완전히 변하게 만들어 주는 장소들
   에 대한 정보 공개

정보교환의 날에는 친구들 5~8명이 모이면 충분하다. 나는 친구들의 이
야기를 통해 스킨케어 제품과 같은 미용용품을 살 수 있는 곳, 화장품 재료
에 대해 알아볼 수 있는 곳, 할인율이 좋은 근처 스파에 대한 정보 등 다양한
것을 알게 되었다. 정보교환으로 알게 된 것들을 요즘 매일 활용하고 있다.
정말이다!

♠ 새로운 패션 제안 & 시즌

평생 손도 한 번 대지 않을 것 같았던 옷도 이제는 입을 수 있지 않을까? 예전에는 숨기고 싶었던 부분을 드러내는 옷이나 컬러까지도 도전할 수 있을 것이다. 지금까지 상상하지 못한 스타일 솔루션을 발견할지 모르겠다. 물론 패션에 대해 마음을 열고 모두 받아들이겠다는 자세여야 가능한 일이다.

새로운 패션 시즌이 되면 당신이 할 일이 있다. 패션 에디터가 되어 보자. 당신이 좋아하는 것들을 나열해 놓고, 고른 것을 편집하여 당신에게 아주 잘 어울린다고 생각하는 것을 엄선하는 것이다. 그리고 직접 입어 본다. 옷으로 하는 실험이라고 생각하자! 당신의 또 다른 모습이 나타날 것이다. 옷만 있으면 할 수 있다.

지갑 없이 상점에 가자. 구경하는 데는 돈이 들지 않으니까. 또 그래야 충동구매를 막을 수 있다. 옷은 많이 볼수록 마음에 드는 것을 고르기 쉽다. 마음속 목소리가 시키는 대로 따라 가자. 당신의 마음을 울리는 컬러가 있는가? 살구컬러? 라일락? 골드컬러? 틸 블루? 디자이너들이 최근 들어 강조하는 부분이 있는가? 이번 시즌에는 소매 디자인에 집중하는 경향이고 당신이 팔에 자신 있다면, 바로 지금이 당신의 특별한 시즌이 될 것이다.

패션 트렌드는 적절하게 이용하기만 하면 우리를 더욱 젊고 산뜻하게 보이도록 만든다. 10대처럼 보여야 젊어지는 것은 아니다. 신선함, 열정, 생동감 같은 분위기를 발산할 수 있다면 그게 바로 젊음이다.

당신은 진정한 자신의 모습을 표현하고 싶을 것이다. 패션의 희생양이 되고 싶어 하는 여성은 아무도 없다. 그렇다면 자신의 직관을 따르자. 패션 트렌드를 따르되 50퍼센트만 받아들이자. 젊은이들이 모두 10센티미터에 가까운 플랫폼 슈즈를 신고 다녀도 당신은 4—5센티미터 정도 되는 플랫폼 슈즈를 신어야 한다. 여러 겹으로 겹쳐 입어 풍성한 볼륨감을 강조하는 게 트렌드라면, 당신은 패션모델의 반 정도만 볼륨을 나타내도록 해보자. 모델이 최근 유행 아이템을 한 번에 네 가지나 착용하고 나왔다면 당신은 두 가지 정도만 선택해서 직접 해보자. 그래도 많이 하는 것이다. 패션 트렌드는 무조건 따라야 하는 나라의 정책이 아니다. 당신 옷장을 패션 트렌드대로 무조건 바꿀 수는 없다. 명령하는 것도, 명령에 따르는 것도 모두 당신 스스로 할 일이다.

과거에 지나간 유행이 다시 돌아오기도 한다. '처음에 해본 것이면 두 번째는 해볼 필요가 없다'라는 말을 들어 봤는가? 나는 그렇게 생각하지 않는다. 한번 거쳐 간 유행도 다시 돌아와 나를 괴롭힌다. 레깅스가 또다시 유행하는 것을 보았을 때, 나는 정말 반대하고 싶었다. 그런데 아주 근사하게 레깅스를 매치시켜 입고 지나가는 내 나이 또래의 여성을 보고 나서 나는 비로소 내 나이에도 레깅스를 멋있게 입을 수 있다는 사실을 알았다. 유행이 또 돌아온다면 이번에는 좀 다른 식으로, 혹은 조금만 받아들이면 된다. '절대 안 돼!'라는 말은 하지 말자!

플랫폼 슈즈 : 구두 앞부분에 도톰한 굽이 있는 스타일

디바의 센스

"자신만의 심미안을 키우는 게 정말 중요해요. 아름다운 정원을 거닐고, 미술관에 가고, 온실에 가고. 아름다운 것들 볼 수 있는 곳이면 어디든 가봐야 한다고 생각해요. 우리는 아름다움을 좋아하니까요. 우리가 옷을 사랑하는 이유도 모두 미를 사랑하기 때문 아닐까요."

—제이린(Jalyn)

♠ 꾸준히 자신을 가꾸어라

이번 달에 당신은 자신에게 시간을 투자하여, 헤어드레서나 다른 미용 전문가 등 당신을 가꿔줄 수 있는 사람들을 만나보았다. 이를 계기로 다시 한 번 셀프케어의 중요성을 깨달았으면 한다. 일상에 치여 다시 온 몸에 기운이 빠진다는 생각이 들면, 혹은 뷰티 재충전이 필요하다면, 이제 소개하는 것처럼 고갈된 에너지를 채워줄 수 있는 방법을 찾아야 한다. 디바들은 자신을 잘 돌보는 방법을 알고 있다. 우리도 한번 배워 보자.

헬레나(Helena) : 작년에는 편안한 휴식이 될만한 약속들을 정말 많이 했어요. 이번 주에는 여자 친구와 함께 스파를 했죠. 해수욕도 하고 마사지도 받았어요. 같이 점심도 먹고요. 하루 동안 좋은 시간을 보내면서 서로에 대해 많은 것을 알게 되었죠.

일레인(Elaine) : 전 밤마다 전신욕을 해요. 하루도 빠짐없이.

안나(Anna) : 저는 뷰티 재충전 시간이 필요할 때마다 잡지를 들고 햇볕을 쬐러 나가죠(물론 선크림은 바르고). 힘든 하루가 끝나면 오일과 소금을 듬뿍 넣은 물에 전신욕을 하면서 책 읽는 것도 아주 좋아해요. 헬스장에 가서 운동도 열심히 한답니다. 운동이 끝나고 정말 멋진 몸매가 될 거라는 생각을 하면 기분이 정말 상쾌해져요.

다이애나(Diana) : 제 자신을 위로하기 위해 얼굴 관리와 페디큐어를 예약해요. 집 밖으로 나갈 시간이 없으면 집에서 한 20분 동안 푹 쉬면서 명상을 하거나 잠깐 눈을 붙이기도 하죠. 잠에서 깨면 인생이 새롭게 보이더라고요.

마지(Marj) : 매일 밤 저는 잠자리에 들기 전에 아로마 크림으로 발 마사지를 하면서 뷰티 재충전의 시간을 보내죠. 마사지는 저를 편안하게 만들어 줘요(옛날 무희들이 그랬다고 하죠). 마사지 크림의 라벤더 향이 잠 속으로 빠져들게 도와주는 것 같아요.

줄리(Julie) : 저를 위로하는 가장 좋은 시간은 요가를 할 때에요. 힘들지만 요가를 하고 나면 기분이 아주 좋아져요. 집에 와서는(보통 저녁에 하기 때문에) 와인을 한 잔 따르고 욕조에 물을 채우죠. 초에 불도 붙이고 편안한 음악도 틀어요. 그리고 전신욕을 하며 쉬는 시간을 가진답니다.

디자(Dija) : 전 우리 남편의 손에서 위안을 얻어요. 우리 남편이 발 마사지를 해주거든요. 그러면서 조용한 음악도 함께 듣지요. 제가 여름에 밖에 나가는 걸 너무 좋아해서, 우리는 밤마다 (벌레가 많이 없을 때) 담요와 초를 들고 뒷마당에 나가요. 자리를 깔고 남편과 함께 와인을 마시죠. 그럼 집에서 멀리 떨어진 곳에 와 있는 느낌이 들어요. 혼자 있는 시간을 즐기기도 하죠. 그럼 다른 사람의 인생은 어떨까 생각하면서 사색에 잠기게 돼요.

디바의 센스

"패션의 임무는 오직 하나다. 우리를 아름답게 만드는 것. 그러나 패션을 통해 우리가 아름답게 변하지 못하더라도, 크게 상관하지 말자." —크리스틴(Christine)

♠ 지금 이 감각을 유지하라

지금까지 많은 사람들의 이야기를 들었다. 성공적인 이야기도 듣고, 디바들의 옷장속도 살펴보았다. 어떤가, 좋은 아이디어가 떠올랐는가? 나는 좋은 아이디어를 많이 얻었다. 패션업계에서 20년 이상 종사해온 나로서도 뷰티캠프를 통해 새로운 아이디어를 얻게 되었다는 사실에 기분이 아주 좋다.

　나는 이제부터 신발에 대한 다양한 아이디어를 실험해 보려 한다. 캐서린의 이야기에서 영감을 얻어 핸드백을 이용한 다양한 스타일도 시도해 볼 것이다. 내가 사는 소노마는 저녁 날씨가 차가운데 그때 두를 만한 화려한 스카프나 숄을 찾아 봐야겠고, 색다른 망사 스타킹도 신어 봐야겠다. 랜디에게 컬러의 치유효과에 관한 이야기를 듣고 나서부터 메탈컬러의 화려함이 좋아졌다. 빈티지 주얼리와 가방, 코트도 더욱 눈여겨보게 되었고 굉장히 독특한 스타일도 시도하게 되었다. 고마워요, 멜리사! 요즘은 50년대 영화를 많이 보면서 여러 가지 패션 아이디어를 얻고 있다. 펠리시아의 조언을 들은 후부터 정기적으로 스킨케어를 받고 있다. 이런 점에서 나 또한 당신과 함께 이 뷰티캠프를 졸업하는 기분이 든다! 뷰티캠프를 당신과 함께 할 수 있어서 너무 즐거웠다. 정말 감사한다!

♠ 뷰티캠프를 마치면서

갑자기 이런 생각이 들었다. 내가 어떤 커피숍에 앉아있는데 멋진 디바가 들어온다. 나는 도저히 눈을 뗄 수 없어서 넋을 잃고 바라본다. 그런데 그 멋진 디바가 바로 당신인 것이다! 어떤가? 나는 당신의 스타일에 감탄할 것이다. 액세서리나 컬러를 어쩌면 그렇게 멋있게 매치했는지, 다양한 소재를 어쩌면 그렇게 잘 이용했는지 소스라치게 놀랄 것이다.

　지금까지 정말 길고 힘든 여행이었다. 숨겨져 있던 자기 자신을 발견하는 긴 여정 동안 당신과 함께 할 수 있어서 나에게도 정말 소중한 경험이었다. 당신 또한 불안해하며 내가 정말 멋있게 변신할 수 있을까, 내가 변한 모습에 다른 사람들이 불편해 하지 않을까 걱정도 많이 했을 것이다. 그런 고민을 접고 디바로 변신한 당신의 모습을 사람들 앞에 당당하게 보여라. 당신의 걱정과는 반대로 사람들은 변한 당신을 반갑게 맞이할 것이다. 자신을 소중하게 생각하는 당신을 아낌없이 칭찬하고, 심지어 당신을 따라하겠다는 사람들도 생길 것이다. 생전 모르는 사람들도 당신을 보고 미소 지을 것이다. 디바란 그런 사람이다. 당신도 훌륭한 디바로 다시 태어난 것이다!

　정말 축하한다. 이제부터 디바가 된 자신을 마음껏 즐기자!

패션 스타일을 창조하는 패션 리더들의 명언 한 마디

● **박종철(Fashion Designer)**
나 자신은 창의적이고 열정적이며 도전적인 디자이너가 되려고 항상 노력한다. 그리고 꽃과 나비, 나무와 하늘에서 색을 얻는다.

● **이신우(Total Coordinator)**
디자인은 언제나 정답이 없는 영역이며, 끊임없이 움직이고 변화를 추구한다.

● **박윤수(Fashion & Living Designer)**
소소한 일상조차 작품이 되게 하라.

● **코코 샤넬(Dress Designer)**
덜함이 더함이다. 사치는 내부가 외부만큼 아름다울 때 존재한다.

● **마크 제이콥스(Fashion Designer)**
사람들은 나를 쾌락주의자라고 할지 모르겠으나 나는 내가 좋아하는 일을 하고 내가 흥미롭다고 느껴지는 일을 할 뿐이다.

● **두리정(Fashion Designer)**
자연스런 텍스처의 흐름 속에서 모르고 있었던 내 몸의 아름다움을 발견하는 기쁨이 제 옷의 또 다른 무기이다.

● **카림 라시드(Industrial Designer)**
디자이너라는 사람은 주변의 모든 것을 실시간적으로 아주 날카롭게 보고 있는 사람이다. 쓰레기통을 디자인하는 일과 인생을 디자인하는 일은 근본적으로 같다.

● **서은영(Fashion Stylist)**
스타일은 첫인상을 좌우한다. 나를 보여주는 작은 시작인 동시에 타인에 대한 배려이다.

● **이브 생 로랑(Fashion Designer)**
스타일이 없는 옷은 잊혀지게 마련이지만 스타일이 있는 옷은 영원하다.